工程造价人员技能提升培训丛书

工程造价鉴定
十大要点与案例分析

刘　江　编著

中国建筑工业出版社

图书在版编目（CIP）数据

工程造价鉴定十大要点与案例分析 / 刘江编著. —
北京：中国建筑工业出版社，2023.3（2024.11重印）
（工程造价人员技能提升培训丛书）
ISBN 978-7-112-28390-3

Ⅰ.①工… Ⅱ.①刘… Ⅲ.①建筑造价管理 Ⅳ.
①TU723.3

中国国家版本馆CIP数据核字（2023）第032600号

本书按照工程造价鉴定的程序将如何做好工程造价鉴定工作精简为十大要点，即有效启动工程造价鉴定、正确接受或拒绝工程造价鉴定、精准实施工程造价鉴定、出具全面的工程造价鉴定意见书、工程造价鉴定人员出庭作证、正确处理与工程造价专家辅助人的关系、重新鉴定、工程造价鉴定与工程竣工结算审计的区别、工程造价鉴定中鉴定权与审判权分析、做经得起历史检验的工程造价鉴定档案。另外，本书也介绍了工程造价鉴定实施主体应当承担的法律责任，以此让其对工程造价鉴定工作保持警惕心和敬畏感；同时也在最高人民法院官方网站筛选了8个建设项目案件的判决书，并对其作了详细分析，与读者共享；最后为工程造价鉴定机构和工程造价鉴定人员摘选了部分与工程造价鉴定有关的法律法规，以便于在鉴定工作中查阅。

本书主要作为工程造价鉴定机构和工程造价鉴定人员的参考用书，也可供建设工程专业律师使用，还可供高校工程管理及相关专业学生和其他有志于学习和从事工程造价鉴定工作的专业人员学习使用。

责任编辑：周娟华
责任校对：孙　莹

工程造价人员技能提升培训丛书
工程造价鉴定十大要点与案例分析
刘　江　编著
*
中国建筑工业出版社出版、发行（北京海淀三里河路9号）
各地新华书店、建筑书店经销
北京建筑工业印刷厂制版
建工社（河北）印刷有限公司印刷
*
开本：787毫米×1092毫米　1/16　印张：24½　字数：399千字
2023年4月第一版　2024年11月第五次印刷
定价：**99.00**元
ISBN 978-7-112-28390-3
（40828）

序

建筑业作为我国国民经济的支柱产业之一，在中国特色社会主义现代化建设中，发挥着越来越重要的作用。大量的高层建筑、巨型建筑不断建造和涌现，在祖国的大地上增光添彩的同时，也带来了质量、工期和造价管理问题。由于工程建设过程复杂，施工周期长，环境影响大，定价过程特殊，所以工程造价问题既是工程项目管理的核心问题，也是发承包双方关注的焦点。由于工程造价涉及发承包双方巨大经济利益，造价管控过程复杂多变，往往争论不息、纠纷不断，最终走向诉讼。工程价款的诉讼大多需要工程造价鉴定。由于工程项目的特殊性、长期性、专业性，所以工程造价鉴定证据数量繁多，鉴定过程复杂，鉴定意见难以把控。

我们应该认识到，司法鉴定制度是诉讼制度的补充，是解决诉讼涉及的专门性问题、帮助司法机关查明案件事实的司法保障制度，对于维护社会公平正义、推进全面依法治国具有重要意义。如何合法、独立、客观、公正地进行工程造价司法鉴定，是摆在工程造价鉴定机构和鉴定人面前的难题。2017年，住房和城乡建设部与国家质量监督检验检疫总局联合发布了国家标准《建设工程造价鉴定规范》GB/T 51262—2017，使工程造价鉴定工作开始走向规范化、标准化和法治化。

工程造价鉴定机构一般都由工程造价咨询企业组成，造价鉴定人也由一级注册造价工程师担任。不可讳言，由于工程造价鉴定机构特别是鉴定人，他们长期从事传统工程造价咨询业务，如工程预算编制、竣工结算审核等，所以他们咨询思维固化，经常会把造价咨询的模式带入造价鉴定工作，导致造价鉴定工作出现“以鉴代审”或“以补充资料为名久拖不决”等事情发生。这在不知不觉中损害了自己的效益，损害了司法的权威，也侵犯了当事人的合法权益。

本书作者在大量的工程造价咨询和工程造价鉴定实践中，敏锐地关注到这些问题，并试图利用自己的专业知识和法律知识解决这些问题。本书作者刘江先生具有一级注册造价工程师、注册监理工程师、高级工程师、高级经济师等多个职业资格及技术职称，是西南交通大学工程管理专业及中国政法大学诉讼法专业双硕士，担任四川志恒工程管理咨询有限公司及四川巴斯数据科技有限公司总经理，兼任四川省成都市、遂宁市等地仲裁委员会仲裁员，中国工程造价管理协会造价纠纷调解员，四川省造价工程师协会全过程工程咨询专业委员会委员等职务。在工程造价鉴定、仲裁等方面有较高的技术水平和丰富的实践经验。刘江先生花了近一年时间收集了大量的资料和案例，笔耕不辍，最终将这本书《工程造价鉴定十大要点与案例分析》呈现给读者。

工程造价司法鉴定作为一种独立证据，是工程造价纠纷案调解和判决的重要依据，在建筑工程诉讼活动中起着至关重要的作用。本书着力解决司法鉴定制度中的司法鉴定程序问题，本书按照工程造价鉴定的程序和内容将做好工程造价鉴定工作精简为十大要点，并对每一要点作出详细的说明和解析，供造价鉴定人理解和采用。本书也介绍了工程造价鉴定实施主体应当承担的法律责任，让其对工程造价鉴定工作保持警惕心和敬畏感。同时还在最高人民法院官方网站筛选了8个建设项目案件的判例，并对其作了详细分析，与读者共享。本书最后为工程造价鉴定机构和鉴定人员摘选了部分与工程造价鉴定有关的法律法规，以便于在鉴定工作中查阅。本书的一大亮点是对工程造价鉴定人如何出庭作证进行了说明和分析。出庭作证一直是造价鉴定人员的短板，甚至使一些造价鉴定人畏惧。本书对此专门安排了一个章节，介绍造价鉴定人出庭作证的背景、法律依据、程序、应该准备的事项、如何发言以及如何保障自己的权益等内容。这些论述应该会让造价鉴定人对出庭作证豁然开朗、如释重负，以后会坦然面对。本书的另一大亮点是对鉴定权和审判权的地位、作用和区别进行了详尽说明。“以鉴代审”经常被很多人诟病，但原因何在呢？主要是因为造价鉴定人没有认识和处理好鉴定权和审判权的问题，本书对此也专门安排了一个章节，从鉴定权和审判权的来源、构成、特征等内容进行剖析，并介绍了混淆两种权利的后果和厘清两种权利的意义。通过这些论述，会让造价鉴定人把全部精力都投入属于自己的鉴定权范畴，而不去触碰属于法官的审判权范畴。

未来建筑业将通过创新、技术、改革、人才四大驱动，打造“中国建造”

升级版。重点将在“两新一重”、城市更新、乡村振兴、生态环保、军民融合等领域，构建科研、设计、生产加工、施工装配、运营等全产业链融合一体的智能建造产业体系新格局，实现产品高质量和产业高循环，推动建筑业的工业化、数字化、智能化、绿色化发展。建筑业的高速度和高质量发展，一定离不开法律法治的保驾护航，离不开对民主、法治、公平、正义的需求，高质量高水平的工程造价鉴定就能够提供这种需求。希望本书能给予读者在今后的工程造价鉴定实践中提供很好的帮助。

四川省造价工程师协会会长
西华大学教授
陶学明
2023 年 3 月

前　言

根据法院对外委托专业机构电子信息平台显示，建设项目案件的数量与日俱增，而由于建设项目本身的复杂性导致工程造价鉴定意见也异常复杂，工程造价鉴定意见书少则百页，多则几百页，甚至上千页。工程造价鉴定意见作为法定的八大证据之一，经常影响着人民法院或仲裁机构的判断方向，于是实务工作出现“打官司就是打鉴定”的局面。

鉴定制度是诉讼制度的补充，要在建设项目案件中实现党中央“努力让人民群众在每一个司法案件中感受到公平正义”的目标，则首先必须确保工程造价鉴定的公平正义，否则，建设项目案件中难以实现党中央对人民群众的承诺。

工程造价鉴定的实施主体是工程造价鉴定机构和工程造价鉴定人员，工程造价鉴定机构是在各地法院对外委托专业机构电子信息平台上登记备案的工程造价咨询企业，工程造价鉴定人员是全国注册造价工程师或一级造价工程师。两个实施主体在从事工程造价鉴定工作以前，基本都是在从事传统的造价咨询工作。但工程造价鉴定与传统的工程造价咨询有着非常大的区别。工程造价鉴定机构和工程造价鉴定人员要确保工程造价鉴定的公平正义，则必须充分学习了解工程造价鉴定的程序内容和实体内容。

为了让工程造价鉴定机构和工程造价鉴定人员转化思维方式，快速准确地开展工程造价鉴定工作，为建设项目案件提供优质高效的工程造价鉴定意见。我将自己从事工程造价鉴定工作十余年的经验汇总成本书，为广大工程造价鉴定机构和工程造价鉴定人员在从事工程造价鉴定工作时提供有章可循的参考依据。本书既包含工程造价鉴定的程序内容，也包含工程造价鉴定的实体内容。

本书按照工程造价鉴定的程序将如何做好工程造价鉴定工作精简为十大要点，即如何有效启动工程造价鉴定、如何正确接受或拒绝工程造价鉴定、如何精准实施工程造价鉴定、如何出具全面的工程造价鉴定意见书、如何出庭作证、如何正确处理与工程造价专家辅助人的关系、如何应对重新鉴定、如何区别工程造价鉴定与工程竣工结算审计、如何分析工程造价鉴定中鉴定权与审判权、如何做经得起历史检验的工程造价鉴定档案。另外本书也介绍了工程造价鉴定实施主体应当承担的法律责任，以此让其对工程造价鉴定工作保持警惕心和敬畏感；同时也在最高人民法院官方网站筛选了 8 个建设项目案件的判决书，并对其作了详细分析，与读者共享；最后为工程造价鉴定机构和工程造价鉴定人员摘选了部分与工程造价鉴定有关的法律法规，以便于在鉴定工作中查阅。

本书主要作为工程造价鉴定机构和工程造价鉴定人员从事造价鉴定工作的参考用书，也可供当事人、建设工程专业律师使用，还可作为高校工程管理及相关专业学生和其他有志于学习和从事工程造价鉴定工作的专业人员学习使用。

工程造价鉴定工作同时涉及工程造价技术、管理和法律等相关领域的知识和能力，由于编者水平和时间有限，书中难免有不当之处，敬请读者批评指正。

目　录

第一章

工程造价鉴定综述

第一节　司法鉴定概论

工程造价鉴定行为发生于诉讼或仲裁过程中，其本质属于准司法行为。所以要学好工程造价鉴定，则必须首先学习司法鉴定。本节主要介绍司法鉴定的概念、属性、功能、基本原则及分类等内容。

一、司法鉴定的概念

鉴定，即鉴别审定事物的真伪、优劣。“鉴”为仔细审视、查验、鉴别；“定”为认定或判定。鉴定即是指具有专门知识或技能的人，经过一定程序和科学实验，对特定客体的本质特征及其周边关系所作的识别与判断。司法鉴定是指在司法过程中的鉴定。“司法鉴定”一词在我国存在的历史较短。20 世纪 50 年代中期，我国在学习苏联经验、模式的同时，从俄语翻译中引入“司法鉴定”，该词源于 1955—1996 年苏联专家楚贡诺夫编写的《司法鉴定》讲义的名称。所以说，“司法鉴定”是在苏联司法经验的基础上，直接从俄语中翻译过来的法律专业术语。与此同时，我国的一些鉴定机构也开始以“司法鉴定”为前缀进行命名。如 1955 年 7 月“最高人民法院华东分院法医研究院”更名为“中央司法部法医研究所”的同时，成立“司法鉴定科学研究所”，承担法医学和刑事技术的检验鉴定工作。2005 年 2 月 28 日第十届全国人民代表大会常务委员会第十四次会议通过的《全国人民代表大会常务委员会关于司法鉴定管理问题的决定》第一条对“司法鉴定”作了明确的解释，这也是我国第一次对“司法鉴定”进行了权威的界定，“司法鉴定”是指在诉讼活动中鉴定人运用科学技术或者专门知识对诉讼涉及的专门性问题进行鉴别和判断并提供鉴定意见的活动。从此，“司法鉴定”一词开始由专业领域的习惯表述上升为国家层面的法律用语。

二、司法鉴定的属性

（一）司法鉴定的基本性质

司法鉴定既不是行政行为，也不是司法行为和一般的科学技术行为。司法鉴定是一种运用科学技术、专门知识、职业技能和执业经验为诉讼活动，尤其是司法审判活动提供技术保障和专业化服务的司法证明活动，其本质是科学性与法律性的有机统一，是一种准司法行为。

司法鉴定活动具有双重性。司法鉴定活动是一种科学实证活动，其实施过程中必须遵守科学的相关规定；同时司法鉴定也是一种诉讼参与活动，其实施过程中也必须遵守诉讼法等其他法律法规的规定。所以说，司法鉴定活动是一种在司法限制下的科学实证活动，同时接受两种法律法规或规范的约束，具有双重性。

对司法鉴定实施主体的管理具有双重性。司法鉴定实施主体在鉴定过程中受司法制度的管理和约束，如鉴定的启动制度，鉴定意见的举证、质证等制度都由诉讼法、证据法等调整。而司法鉴定实施主体的执业准入管理，鉴定机构的设立、授权、资质管理等又属于行政管理的范畴。

司法鉴定制度与诉讼制度的关系密切。在一定意义上，司法鉴定是为诉讼制度服务的，主要目的是为法官在诉讼中正确理解证据和认定案件事实提供可靠的证据方法。诉讼制度是司法鉴定存在的前提，司法鉴定作为司法制度的重要组成部分，其科学与否是衡量诉讼立法是否完备的重要标志之一。

（二）司法鉴定的基本属性

司法鉴定的基本性质决定了司法鉴定的基本属性。司法鉴定的成果，即司法鉴定意见是一种证据，《中华人民共和国民事诉讼法》（2021年12月24日第四次修正）第六十六条规定：“证据包括：（一）当事人的陈述；（二）书证；（三）物证；（四）视听资料；（五）电子数据；（六）证人证言；（七）鉴定意见；（八）勘验笔录。”第（七）项即为司法鉴定的成果，即“鉴定意见”。这种证据除具备普通证据的属性之外，还包含以下属性，即法定性、独立性、客观性、综合性。

1. 法定性

司法鉴定的法定性表现在其实施主体和实施过程中的每一个环节都必须遵循法律法规的规定。如司法鉴定的实施主体必须具备法定资格，即鉴定机构和鉴定人员必须同时具备相应法定资格；司法鉴定的启动必须符合相关的法律法规，不能随意或自由启动；鉴定机构首先由当事人协商确定，协商不一致的可以由法官采用抽签等方式选择；鉴定实施过程必须受到法律和科学技术的双重制度约束；鉴定意见是否能得到采信，必须经过质证程序，如果当事人申请鉴定人员出庭作证，相关人员必须出庭作证，否则会影响鉴定意见的采信。司法鉴定主要是为司法审判服务的，司法鉴定活动是司法活动的重要组成部分，所以司法鉴定及其成果——鉴定意见都必须具有法定性的属性。

2. 独立性

只有独立才能公正，只有公正才能实现党中央“努力让人民群众在每一个司法案件中感受到公平正义”的目标。司法鉴定机构和司法鉴定人员在诉讼活动中保持独立地位，依法独立执业是保障司法鉴定活动客观公正的内在要求。如司法鉴定中保持独立性是程序公正的需要；进行科学技术活动时，保持独立性是科学精神的体现和要求，也是保障鉴定结果客观真实的前提条件；在双方当事人之间保持独立性是司法鉴定权威性的基本保障；对于法官，司法鉴定保持独立性也是公正的一个重要保证。

基于司法鉴定在诉讼过程中的独立地位和独立执业的要求，司法鉴定机构和司法鉴定人员在鉴定活动中既不对法院或法官负责，也不对当事人负责，而是应该对法律负责、对科学负责，对所鉴定的事实负责，最终对案件负责。因此，独立性既是司法鉴定的基本属性，也是鉴定公正的前提和保障，更是司法公正的基础。

3. 客观性

司法鉴定的客观性来自科学规律及定理对其提出的基本要求。司法鉴定意见的可靠性和可采信性，取决于两个方面：第一，法律程序的保障，法律保障鉴定意见的合法性和公信力；第二，鉴定意见的客观性，鉴定意见的客观性由鉴定行为的科学性、专业性及统一性保障。司法鉴定是科学认识证据的重要方法和手段，同时司法鉴定也以科学技术为生命线，没有科学技术则司法鉴定就是空中楼阁。司法鉴定意见的可靠性取决于其实施过程和手段的专业性。司法鉴定的专业性首先指实施主体都是专业的，鉴定机构和鉴定人员必须有相应的专业资格认证。他们依据专业技术理论、知识和方法，采用专业技术设备和手段，按照专业技术程序规范和技术标准规范的要求，对专门性问题进行识别、比较和认定、评判，并得出专业性结论。统一性主要指对实施主体的要求必须统一和采用的科学技术方法及标准必须统一。

4. 综合性

司法鉴定既是一项多学科交叉的技术实证活动，也是诉讼过程中的参与活动，在一些重大疑难和特别复杂的案件或是突发的重大公共事件中，往往需要综合运用经济学、管理学、社会学、法律和专业技术五大领域的理论、知识、方法和技术。所以，司法鉴定的综合性有时也特别突出，这对于司法鉴定人员来说要求也特别高。

三、司法鉴定的功能

（一）司法鉴定可以弥补法官在专门性问题上的认识不足

毋庸置疑，法官是法律方面的专家，理解并运用法律是法官职业化的基本要求与必备素质，但随着现代社会的高速发展以及科学技术的不断更新与进步，司法实践中案件事实涉及的专业问题远远超出了普通人的认知程度，也超出了法律的边界。但法官对诉诸法院的案件，不得以诉讼中需要判断的事实超出其认知能力而拒绝作出裁判。法官对诉诸法院的争议问题作出判决是其理应承担的一种责任。事实上，法官不得拒绝义务与其认知能力的欠缺之间的矛盾，迫使法律不得不寻求解决机制以弥补法官在专业问题上的认知短板。诉讼活动中引入现代科学技术，运用科技手段帮助法官解决专门性问题已成为当下必然的选择。于是，司法鉴定制度成为司法制度中不可或缺的制度之一。

司法鉴定制度在弥补法官对专门性问题的认识不足的同时，也使一部分鉴定权被让予了鉴定机构和鉴定人员，有时候有些鉴定人员似乎成为判断专门性问题的法官，更有甚者，出现了“打官司”演变成了“打鉴定”的窘境。必须要在弥补法官专业知识不足的同时，严防鉴定权越位于审判权，严防法官过度依赖司法鉴定，严防“以鉴代审”。我国三大诉讼法均明确规定，包括鉴定意见在内的所有证据必须经质证主体质证后，才能作为审判的依据。

（二）司法鉴定可以扩大法官的认识范畴

司法鉴定在现代诉讼中的应用，是通过科学技术手段，获取鉴定对象中与案件事实相关的客观信息。司法鉴定人员在实施鉴定工作以后向法官提供的鉴定意见，是其利用自身的知识结构、专业技能以及执业经验等方面的专长，对于诉讼中所涉及的专门性问题形成的专业判断。司法鉴定人员作出的专业判断，有助于扩大法官认识对象的范围。而之前法官的认知只能来自于双方当事人和法官自身对案件的判断。所以说，司法鉴定在一定程度上帮助法官理解了某些专门性问题，从而扩大了法官的认识范畴。

（三）司法鉴定可以对其他证据的证明力进行印证和补强

司法鉴定的功能在于从专业角度为诉讼双方当事人提出的主张提供意见或支撑。对于特定领域的一些规则、惯例以及专业术语等，普通人往往难以理解，而通过司法鉴定进行解释和说明后，有利于帮助双方当事人及法官更好地判断、理解各方的意见或主张。

四、司法鉴定的基本原则及分类

（一）司法鉴定的基本原则

司法鉴定是指在诉讼活动中，鉴定人运用科学技术或专门知识对涉及诉讼的专门性问题进行检验鉴别和判断并提供鉴定意见的活动。其具有法律性和科学性的双重特征，是法律性和科学性的统一，即司法鉴定是一种根据法律规定开展的科学实证活动。所以司法鉴定的基本原则应既反映其法律性，又反映其科学性。具体包含以下六个基本原则。

1. 依法鉴定原则

依法鉴定原则指司法鉴定从程序到实体，从形式到内容，从技术手段到技术标准都必须遵守相关的法律、法规或规范的规定。依法鉴定原则要求鉴定过程所涉及的鉴定主体、鉴定客体、鉴定内容、鉴定程序、鉴定方法等都必须符合相关法律、法规或规范的规定。鉴定机构和鉴定人员必须取得相应的资格或准入条件，同时接受监督，对于弄虚作假，出具虚假鉴定意见的鉴定机构和鉴定人员，需要承担行政责任、民事责任以及刑事责任。

2. 尊重科学原则

司法鉴定活动是在法律规范下的科学实证活动，因此客观真实、按客观规律办事是司法鉴定活动应该遵守的根本原则，也只有如此，司法鉴定活动的程序才能符合客观规律，司法鉴定意见才能客观反映事实，才能顺利通过当事人的质证，才能被法官采信。

3. 独立鉴定原则

为避免权势、人情、金钱等其他外界因素的干扰，鉴定机构和鉴定人员必须坚持独立鉴定原则，确保鉴定意见的客观性和公正性，为法律负责，为司法案件负责。

4. 鉴定公开原则

鉴定公开原则主要针对鉴定活动方式，如鉴定项目公开、鉴定收费公开、鉴定方法公开、鉴定手段公开、鉴定标准公开、鉴定依据公开、鉴定程序公开、鉴定机构和鉴定人员信息公开等。鉴定公开原则可以让鉴定机构和鉴定人员接受有效的监督，促使鉴定活动更加科学、客观、公正。正所谓“阳光是最好的防腐剂”，只有坚持鉴定公开原则，才能有效防止暗箱操作等怪象，才能确保司法公正。

鉴定公开原则可以使当事人在诉讼活动中更加积极配合，从而提高其对鉴定意见的认可度，提升司法鉴定的公信力，强化司法鉴定的透明度，深化外部力量对司法鉴定的监督。

5. 鉴定公正原则

鉴定公正原则指鉴定机构和鉴定人员在鉴定活动中必须保持中立的地位，不受其他组织或其他人员的干扰，不偏袒任何一方当事人。公正是人类追求的价值目标。公正包含公平与正义，实现公平与正义是构建和谐社会的必然要求，而法律作为规范社会个体行为的基本准则，则是实现公平正义的基础条件。司法鉴定制度是我国司法制度的重要内容，坚持司法鉴定公正原则不仅符合我国社会主义法制的价值理念，更是司法鉴定应该有的本质要求。司法鉴定活动必须坚持“以事实为依据，以法律为准绳”的原则，贯彻公开、公平、公正的理念，最终确保司法公正。只有实现司法鉴定公正，才能保证鉴定意见公正，进而推动司法公正。

6. 遵守规范、标准原则

司法鉴定活动是一种基于法律框架下的科学实证活动，其在实施过程中，必须遵守操作规范、技术标准等原则。否则，程序合法但内容不符合行业规范、标准的司法鉴定活动及司法鉴定意见也不可能被当事人认同，当然更无法让法官采信。所以，遵守规范、标准原则是司法鉴定的一条基本原则。

（二）司法鉴定的分类

司法鉴定的分类方式很多，可以按鉴定学科分类，也可以按鉴定执业范围分类，还可以按鉴定客体、鉴定所处的程序等分类。根据本书的内容需要，只阐述按执业范围的分类。

根据《全国人民代表大会常务委员会关于司法鉴定管理问题的决定》（2015年4月24日修正），2015年最高人民法院、最高人民检察院、司法部发布的《关于将环境损害司法鉴定纳入统一登记管理范围的通知》和司法部、环境保护部发布的《关于规范环境损害司法鉴定管理工作的通知》，以及2000年司法部发布的《司法鉴定执业分类规定（试行）》（2001年1月1日起施行）第四至十六条等的规定，司法鉴定按执业范围可以分以下五类。

1. 法医类鉴定

法医类鉴定主要包含法医病理鉴定、法医临床鉴定、法医精神病鉴定、法医物证鉴定和法医毒物鉴定。

2. 物证类鉴定

物证类鉴定主要包含文书鉴定、痕迹鉴定和微量物证鉴定。

3. 声像资料鉴定

声像资料鉴定主要包含计算机鉴定和声像资料鉴定。

4. 环境损害鉴定

环境损害鉴定主要包含污染物性质鉴定、地表水和沉淀物环境损害鉴定、空气污染环境损害鉴定、土壤与地下水环境损害鉴定、近海海洋与海岸带环境损害鉴定、生态系统环境损害鉴定和其他环境损害鉴定。

5. 其他类鉴定

其他类鉴定主要包含司法会计鉴定、建筑工程鉴定和知识产权鉴定。其中，建筑工程鉴定主要包含建筑工程质量鉴定、工程质量事故鉴定和工程造价鉴定等。

第二节　工程造价鉴定综述

上节介绍了什么是司法鉴定。那什么是工程造价鉴定呢？由司法鉴定的分类内容可以看出，工程造价鉴定属于司法鉴定第五类其他类鉴定中建筑工程鉴定的一个分支，所以工程造价鉴定就是司法鉴定的一个分支，是工程造价与司法的有机结合。本节主要介绍工程造价鉴定的法律依据、基本术语、基本原则及法律意义等内容。

一、工程造价鉴定的法律依据

《中华人民共和国民事诉讼法》（2021年12月24日第四次修正）第七十九条规定："当事人可以就查明事实的专门性问题向人民法院申请鉴定。当事人申请鉴定的，由双方当事人协商确定具备资格的鉴定人；协商不成的，由人民法院指定。"

《中华人民共和国仲裁法》（2017年9月1日第二次修正）第四十四条规定："仲裁庭对专门性问题认为需要鉴定的，可以交由当事人约定的鉴定部门鉴定，也可以由仲裁庭指定的鉴定部门鉴定。"

《最高人民法院关于适用〈中华人民共和国民事诉讼法〉的解释》（法释〔2015〕5号）（2022年3月22日第二次修正）第一百二十一条规定："当事人申请鉴定，可以在举证期限届满前提出。申请鉴定的事项与待证事实无关联，或者对证明待证事实无意义的，人民法院不予准许。人民法院准许当事人鉴定申请的，应当组织双方当事人协商确定具备相应资格的鉴定人。当事人协商不成的，由人民法院指定。符合依职权调查收集证据条件的，人民法院应当依职权委托鉴定，在询问当事人的意见后，指定具备相应资格的鉴定人。"

建设工程纠纷案件因其本身具有复杂性与专业性，导致委托人在判断时难度加大，更加需要委托第三方鉴定机构对专门性问题进行鉴定，比如对工程造价的鉴定就必须委托专门从事工程造价鉴定的鉴定机构进行。

2017年8月31日中华人民共和国住房和城乡建设部与中华人民共和国国家质量监督检验检疫总局联合发布《建设工程造价鉴定规范》GB/T 51262—2017，并于2018年3月1日正式实施，第2.0.1条规定，工程造价鉴定“指鉴定机构接受人民法院或仲裁机构委托，在诉讼或仲裁案件中，鉴定人运用工程造价方面的科学技术和专业知识，对工程造价争议中涉及的专门性问题进行鉴别、判断并提供鉴定意见的活动”。

根据《建设工程造价鉴定规范》GB/T 51262—2017第2.0.1条内容的规定，可以从五个方面理解工程造价鉴定：第一，工程造价鉴定发生的时间为诉讼或仲裁活动中；第二，实施工程造价鉴定活动的主体是造价鉴定机构及造价鉴定人员，且均应具备相应资格或准入条件；第三，工程造价鉴定的对象是诉讼或仲裁涉及的专门性问题；第四，工程造价鉴定的方式是运用工程造价方面的科学技术或专门知识进行鉴别和判断；第五，工程造价鉴定的成果是工程造价鉴定意见。《建设工程造价鉴定规范》GB/T 51262—2017的出台，为我国工程造价鉴定工作提供了有力的执行标准。

二、工程造价鉴定的基本术语

（一）工程造价鉴定（以下简称造价鉴定）

工程造价鉴定指工程造价鉴定机构接受委托人委托，在诉讼或仲裁案件中，工程造价鉴定人员运用工程造价方面的科学技术和专业知识，对工程造价争议中涉及的专门性问题进行鉴别、判断并提供工程造价鉴定意见的活动。

本书仅介绍涉案项目在民事诉讼或仲裁过程中的造价鉴定，涉及其他阶段如刑侦或刑事案件等的造价鉴定按其他相关规定执行。

（1）在一些工程合同纠纷案件审理中，造价鉴定主体就专门性问题出具的造价鉴定意见在辅助委托人对待证事实的认定上发挥了重要作用，造价鉴定意见一经采信便可作为判决的依据。

（2）根据《中华人民共和国民事诉讼法》（2021年12月24日第四次修正）第七十九条和《中华人民共和国仲裁法》（2017年9月1日第二次修正）第四十四条的规定，鉴定是委托人委托鉴定人对专门性问题进行鉴别、判断，出具鉴定意见的活动，属于委托人调查、收集、核实证据的职权行为。

（3）只有委托人委托造价鉴定机构对专门性问题进行鉴别、判断的行为才是造价鉴定，出具的才是造价鉴定意见；其他由当事人或项目相关方委托的，则属于传统的造价咨询服务，其出具的成果称为造价咨询报告或造价咨询成果。

（二）鉴定项目

鉴定项目指对其工程造价进行鉴定的具体工程项目。

（1）当事人对部分案件事实有争议的，仅对争议的事实进行造价鉴定，但争议事实范围不能确定时，或者双方当事人请求对全部事实进行造价鉴定的除外。

（2）一方当事人提交了工程竣工结算书，另外一方当事人不对结算书的具体项目提出异议，而是对整个结算书不认可。这时，就只能对整个项目进行造价鉴定。

（3）当事人只申请就争议部分进行造价鉴定，经委托人审查后同意当事人的申请。造价鉴定机构接到造价鉴定任务委托书之后，根据对案件的分析提出需要对全部项目进行造价鉴定的，经委托人同意，可以对全部项目进行造价鉴定。

（三）鉴定事项

鉴定事项指鉴定项目工程造价争议中涉及的问题，通过当事人的举证无法达到高度盖然性证明标准，需要对其进行鉴别、判断并提供造价鉴定意见的争议项目。

（1）《现代汉语词典》中对“盖然性”的解释是：“有可能但又不是必然的性质。高度盖然性，即根据事物发展的高度概率进行判断的一种认识方法，是人们对事物的认识达不到逻辑必然性条件时不得不采用的一种认识手段。”

（2）高度盖然性的证明标准是将这一认识手段运用于民事审判中，《最高人民法院关于适用〈中华人民共和国民事诉讼法〉的解释》（法释〔2015〕5号）（2022年3月22日第二次修正）第一百零八条规定：“对负有举证证明责任的当事人提供的证据，人民法院经审查并结合相关事实，确信待证事实的存在具有高度可能性的，应当认定该事实存在。”即在证据对待证事实的证明无法达到确实充分的情况下，如果一方当事人提出的证据已经证明该事实发生具有高度的可能性，人民法院即可对该事实予以确认。

（四）委托人

委托人指委托造价鉴定机构对鉴定项目进行造价鉴定的委托人，本书中的委托人指人民法院和仲裁机构。

（1）委托人的定义规定来自于《中华人民共和国民事诉讼法》（2021 年 12 月 24 日第四次修正）第七十九条和《中华人民共和国仲裁法》（2017 年 9 月 1 日第二次修正）第四十四条的规定。

《中华人民共和国民事诉讼法》（2021 年 12 月 24 日第四次修正）第七十九条规定："当事人可以就查明事实的专门性问题向人民法院申请鉴定。当事人申请鉴定的，由双方当事人协商确定具备资格的鉴定人；协商不成的，由人民法院指定。"

《中华人民共和国仲裁法》（2017 年 9 月 1 日第二次修正）第四十四条规定："仲裁庭对专门性问题认为需要鉴定的，可以交由当事人约定的鉴定部门鉴定，也可以由仲裁庭指定的鉴定部门鉴定。根据当事人的请求或者仲裁庭的要求，鉴定部门应当派鉴定人参加开庭。当事人经仲裁庭许可，可以向鉴定人提问。"

（2）工程造价鉴定包含人民法院诉讼过程中的造价鉴定和仲裁机构仲裁过程中的造价鉴定。

（五）工程造价鉴定机构（以下简称造价鉴定机构）

工程造价鉴定机构指接受委托人委托从事工程造价鉴定的工程造价咨询企业。

（1）根据《国务院关于深化"证照分离"改革进一步激发市场主体发展活力的通知》（国发〔2021〕7 号）的规定，2021 年 7 月 1 日起，取消工程造价咨询资质的审批。因此 2021 年 7 月 1 日以前从事造价鉴定工作的造价鉴定机构必须具备工程造价咨询资质，并且只能根据资质等级范围承接业务，如具有乙级工程造价咨询资质的造价鉴定机构只能从事工程造价在 2 亿元以下的涉案建设项目的造价鉴定工作；2021 年 7 月 1 日以后从事造价鉴定工作的造价鉴定机构，则无需具备工程造价咨询资质证书。最终哪些工程造价咨询企业可以成为造价鉴定机构，需要关注委托人在建立造价鉴定机构信息平台时提出的具体要求。

（2）从事造价鉴定工作的前提是进入各级人民法院或当地仲裁机构的造价鉴定机构信息平台。有些仲裁机构并未设立造价鉴定机构信息平台，如成都仲裁委员会就未设立造价鉴定机构信息平台，在仲裁项目需要进行造价鉴定时，则借用成都市中级人民法院的造价鉴定机构信息平台选取造价鉴定机构，或者由当事人各自推荐备选造价鉴定机构名单，再由当事人共同确认最终的造价鉴定机构。

（六）工程造价鉴定人员（以下简称造价鉴定人员）

工程造价鉴定人员指受造价鉴定机构委派，负责鉴定项目造价鉴定工作的全国注册造价工程师或一级造价工程师。

（1）只有全国注册造价工程师或一级造价工程师才是适格的造价鉴定人员，才可以实施造价鉴定。

（2）二级造价工程师不可以独立成为造价鉴定人员，但可以作为造价鉴定人员的助理，协助造价鉴定人员实施一些造价鉴定的辅助性工作。

（3）造价鉴定人员的执业证书注册专业必须与拟鉴定项目的专业一致，造价鉴定人员另外提供与拟鉴定项目专业一致的证明资料除外，如学历证明、培训合格证明等。目前我国注册造价工程师按专业分为土木建筑工程、安装工程、交通运输工程和水利工程四类。

（4）造价鉴定人员只能在一家造价鉴定机构从事造价鉴定业务，不得同时在两家或两家以上的造价鉴定机构从事造价鉴定业务，否则会违反《注册造价工程师管理办法》的规定，同时也会成为当事人攻击造价鉴定意见的把柄。

（5）造价鉴定人员需要遵守回避制度，具体可参考本书第三章第一节关于回避的内容。

（七）当事人

当事人指造价鉴定项目中的各方法人、自然人或其他组织。

（1）当事人指与工程造价鉴定项目相关的各方当事人。

（2）法人由其法定代表人进行诉讼，自然人可以自行进行诉讼，其他组织由其主要负责人进行诉讼。

（八）当事人代表

当事人代表指造价鉴定过程中，经当事人授权以当事人名义参与提交证据、现场勘验、就造价鉴定意见书反馈意见等鉴定活动的组织或专业人员。

（1）本条内容根据《中华人民共和国民事诉讼法》（2021 年 12 月 24 日第四次修正）第六十一条的规定编制。

（2）现场勘验、计量计价核对工作一般由当事人或其代理人完成，当事人或其代理人因缺乏专业知识无法完成的，可以聘请造价专家辅助人完成该工作。如果需要造价专家辅助人出庭质证并提问，需要先向委托人提出申请，委托人同意后造价专家辅助人方可出庭进行质证或向造价鉴定人员进行询问。对于造价专家辅助人的详细阐述见本书第七章相关内容。

（九）证据

证据指当事人向委托人提交的，或委托人调查收集的，存在于各种载体上的记录。包括：当事人的陈述、书证、物证、视听资料、电子数据、证人证言、造价鉴定意见以及勘验笔录。

由造价鉴定机构出具的造价鉴定意见属于证据，不属于结论，必须经过当事人质证之后才能作为认定事实的依据，最终是否被采信，由委托人综合判断后决定。

（十）举证期限

举证期限指委托人确定当事人应当提供证据的时限。

（1）确定举证期限，法律规定了委托人确定和当事人协商并经委托人准许两种方式。

（2）人民法院确定举证期限，第一审普通程序案件不得少于十五日，当事人提供新的证据的第二审案件不得少于十日。

（3）对于反驳或抗辩证据，委托人可以酌情确定。

（4）举证时限针对主要证据发挥作用，补强证据作为佐证，当事人要求对主要证据来源、形式上的瑕疵予以补强的，不受举证期限的限制，委托人可以酌情确定举证期限。

（十一）现场勘验

现场勘验指在委托人组织下，当事人及其代理人、造价鉴定机构和造价鉴定人员以及需要时参加勘验的第三方专业勘验人，在现场凭借专业工具和专业技能、专业方法，对拟鉴定项目进行查勘、测量等收集证据或核实证据的活动。

（1）组织现场勘验是委托人的职权，现场勘验本身不是证据，但其勘验结果——勘验笔录是证据，而且是法定的八大证据之一。

（2）勘验必须由委托人组织，在实际造价鉴定工作中，委托人若因工作或其他原因未自己组织而是委托造价鉴定人员组织的，造价鉴定人员应当告知当事人，并在勘验结束后及时向委托人汇报现场勘验的情况，并提请人民法院法官或仲裁机构仲裁员在勘验笔录上签字确认。造价鉴定机构对委托人未亲自组织的现场勘验工作应特别注意，尤其是程序上的问题，否则可能会被当事人或其代理人以此攻击造价鉴定意见无效。

（3）现场勘验除收集证据外，也可以对双方当事人有争议的证据进行现场核实或作出判断。

（十二）造价鉴定依据

造价鉴定依据指鉴定项目适用的法律、法规、规章、专业标准规范、计价依据，以及当事人提交的经过质证并经委托人认定或当事人一致认可后用作造价鉴定的证据。

（1）造价鉴定依据分为两大类：第一类为法律依据或基础依据，即鉴定项目适用的法律、法规、规章、专业标准规范、计价依据；第二类为事实依据，即当事人提交的经过质证并经委托人认定或当事人一致认可后用作造价鉴定的证据。

（2）事实依据只有经过当事人质证和委托人认定具有证明力之后，造价鉴定人员才能将其作为造价鉴定的依据。

（十三）计价依据

计价依据指由国家和省、自治区、直辖市建设行政主管部门或行业建设管理部门编制发布的适用于各类工程建设项目的计价规范、工程量计算规范、工程定额、造价指数、市场价格信息等。

计价依据包含三个方面：第一个是计价方法和程序的计价规范，即国家标准《建设工程工程量清单计价规范》GB 50500 以及水利、电力、公路、铁路、水运、石化等专业工程的计价规范；第二个是工程量计算的计量规范，即国家标准《房屋建筑与装饰工程工程量计算规范》GB 50854 以及水利、电力、公路、铁路、水运、石化等专业工程的工程量计量规则；第三个是工程价格计算的依据，即当地计价定额、市场价格信息或造价指标等。

（十四）造价鉴定意见

造价鉴定意见指造价鉴定人员根据鉴定依据，运用科学技术和专业知识，选用适当的鉴定方法，经过法定的造价鉴定程序就工程造价争议事项的专门性问题作出的造价鉴定结论，表现为造价鉴定机构对委托人出具的鉴定项目造价鉴定意见书及补充造价鉴定意见书（若有），或对原造价鉴定意见书进行的补正（若有）。

（1）2005 年 2 月 28 日经第十届全国人民代表大会常务委员会第十四次会议通过的《全国人民代表大会常务委员会关于司法鉴定管理问题的决定》将以前的“鉴定结论”修改为“鉴定意见”。

（2）造价鉴定工作的成果是造价鉴定意见，造价鉴定意见的表现形式是造价鉴定意见书。

（3）造价鉴定意见是民事诉讼中的一种法定的证据，但其证明力并不必然大于其他证据，需要当事人对其进行质证后才能确定其证明力。

三、工程造价鉴定的基本原则

《建设工程造价鉴定规范》GB/T 51262—2017 第 1.0.3 条规定：“工程造价鉴定应当遵循合法、独立、客观、公正的原则。”合法、独立、客观、公正四个原则伴随造价鉴定工作的始终，必须严格执行。

（一）合法鉴定原则

合法鉴定原则贯穿于造价鉴定全部活动，其实质是实现造价鉴定活动的规范化、标准化、制度化。主要包含以下几个方面。

1. 造价鉴定主体合法

造价鉴定主体包含造价鉴定机构和造价鉴定人员，2021 年 7 月 1 日以前的工程造价鉴定机构必须具备工程造价咨询资质，2021 年 7 月 1 日工程造价咨询资质取消后，暂无其他规定，造价鉴定机构一般应在委托人鉴定机构信息平台内；造价鉴定人员必须具备全国注册造价师或一级造价工程师资格，二级造价工程师只能作为造价鉴定助理人员，且造价鉴定人员和助理人员的专业应当与拟鉴定项目的专业相符。

2. 造价鉴定程序合法

造价鉴定程序合法指接受造价鉴定的委托、实施鉴定、出具造价鉴定意见书、补充造价鉴定意见书（若有）、对原造价鉴定意见书进行补正（若有）等各个环节必须符合相关法律法规和规章的规定。如果有时效规定，还应符合规定的时效。造价鉴定时效应为有效鉴定时间，即总时间扣除当事人举证、现场勘验等时间后的净时间。

3. 造价鉴定依据合法

造价鉴定依据合法指造价鉴定依据的来源和确定必须符合相关法律法规和规章的规定，且符合造价鉴定中鉴定权与审判权的划分界限。所有造价鉴定依据只能来自于委托人，造价鉴定机构和人员不得私自从任何一方当事人处接收（受）鉴定资料，更不能直接作为造价鉴定依据。

4. 造价鉴定范围合法

造价鉴定范围合法指造价鉴定实施的范围应符合造价鉴定委托书的规定，不得超出或缩小委托书要求的造价鉴定范围。造价鉴定人员若发现造价鉴定委托书中的造价鉴定范围与待证事实之间存在差异或不匹配，可以提请委托人确定，无论委托人是否对造价鉴定委托书中的范围进行修改，造价鉴定人员应严格执行委托人最后的决定。

5. 造价鉴定意见书合法

造价鉴定意见书合法指造价鉴定意见书必须具备法律规定的文书格式和必备的各项内容，造价鉴定意见书必须符合委托人对证据的要求和法律规范的规定。

（二）独立鉴定原则

独立鉴定原则在造价鉴定中处于保障地位，造价鉴定主体只有独立鉴定，不受外界因素干扰，才能出具公平公正的造价鉴定意见。独立鉴定原则主要包含以下几个方面。

1. 造价鉴定机构组织独立

造价鉴定机构在实施鉴定过程中，不得受外界因素的干扰，进而影响造价鉴定人员的判断。如某造价鉴定项目的当事人为得到对自己有利的造价鉴定意见，通过行业主管部门的熟人和造价鉴定机构的税务主管人员去影响造价鉴定机构的判断，造价鉴定机构迫于主管部门和税务主管人员的压力不得已去干扰造价鉴定人员的鉴定行为。

2. 造价鉴定人员工作独立

造价鉴定人员虽然接受造价鉴定机构的委派对拟鉴定项目实施造价鉴定，但其是专业造价鉴定人员，必须有自己的专业判断，不能迫于造价鉴定机构的压力而改变其判断，但必须遵守造价鉴定机构的正常行政管理制度，不得以独立鉴定来对抗造价鉴定机构的内部相关管理制度。

3. 造价鉴定机构之间独立

当事人对造价鉴定过程或结果提出异议，需要重新鉴定且应得到委托人准许。造价鉴定机构之间无隶属关系，造价鉴定意见不受相互制约或影响，无服从与被服从的关系。所以重新鉴定的造价鉴定机构与出具原造价鉴定意见的造价鉴定机构无任何关系，重新鉴定的造价鉴定机构也无需参照原造价鉴定机构确认的既有事实或顾及原造价鉴定机构的情绪、面子等。

4. 造价鉴定人员意见独立

造价鉴定人员根据证据材料、造价专门知识，独立进行鉴别和判断并提供造价鉴定意见，当有多个造价鉴定人员参加造价鉴定且对某些问题意见不一致时，应分别注明不同意见及理由。造价鉴定人员的意见独立适用于法医类鉴定、物证类鉴定、声像资料鉴定、环境损害鉴定，这毋庸置疑，但这一点在造价鉴定中是否适用，值得商榷。

5. 独立鉴定与接受监督的关系

独立鉴定和接受监督并不矛盾，而是相互制约、相互促进，确保造价鉴定活动及造价鉴定意见的客观、公正。造价鉴定人员不得以独立鉴定为由恶意逃避造价鉴定机构或其他部门的正常监督与管理。

（三）客观鉴定原则

客观鉴定原则在造价鉴定中处于首要地位。客观鉴定原则要求造价鉴定人员牢固树立科学精神，重视科学方法和技术创新，优化造价鉴定流程，正确把握客观事实与法律事实的关系，将主观的认识变为客观的判断。主要包含以下几个方面。

1. 造价鉴定依据真实、客观

所有造价鉴定依据均应当经过当事人质证，经委托人审查之后方能用于造价鉴定工作，否则不得作为造价鉴定的依据。

2. 造价鉴定方法科学、客观

即采用科学、先进的而不是落后的造价技术方法，对造价鉴定事项进行定性或定量的鉴别和判断。

3. 造价鉴定意见准确、客观

即对造价鉴定事项按照专业科学思维而不是主观随意地进行分析、判断，从而确定鉴定事项的造价鉴定意见。

（四）公正鉴定原则

造价鉴定人员在实施造价鉴定时应居中立之地位，再现案件事实真相，维护社会及司法的公平正义。公正鉴定原则包含造价鉴定活动程序公正和造价鉴定意见实体公正两个方面，在造价鉴定中处于核心地位。公正是人类价值追求的体现，造价鉴定必须坚持“以事实为依据，以法律为准绳”，确保造价鉴定公正，维护造价鉴定的公信力，最终提高司法的公信力。公正鉴定原则主要包含以下几个方面。

1. 造价鉴定立场公正

造价鉴定机构和造价鉴定人员要保持立场公正，不偏袒任何一方当事人，也不接受委托人任何有指向性的指令，但正常的业务交流与沟通除外。

2. 造价鉴定行为公正

造价鉴定机构和造价鉴定人员在实施造价鉴定过程中，必须秉公鉴定，不徇私情，不吃请，不受贿，不索贿，不受任何因素干扰。

3. 造价鉴定程序公正

造价鉴定受托、鉴定证据收集与确定、鉴定实施、补充鉴定、重新鉴定、造价鉴定意见的质证等各个鉴定环节，都应体现公正公平，最终确保整个鉴定公正。

4. 造价鉴定方法公正

造价鉴定采用的步骤、依据、方法、标准均应公正。

5. 造价鉴定意见公正

应保障造价鉴定意见的真实性、客观性、准确性、完整性，体现造价鉴定的根本目的。造价鉴定意见不是为当事人服务的，也不是为法官或仲裁员服务的，而是为法律服务。

（五）保密鉴定原则

《司法鉴定程序通则》（2015 年 12 月 24 日修订）第六条规定："司法鉴定机构和司法鉴定人应当保守在执业活动中知悉的国家秘密、商业秘密，不得泄露个人隐私。"为保护国家机密和当事人的隐私，同时为保证造价鉴定结果的合理、合法、公平、公正，造价鉴定机构及造价鉴定人员除遵守合法、独立、客观、公正四个原则之外，还必须遵守保密鉴定原则。

《建设工程造价鉴定规范》GB/T 51262—2017 也对造价鉴定机构和造价鉴定人员的保密义务作了要求，如第 3.1.5 条规定："鉴定机构和鉴定人应履行保密义务，未经委托人同意，不得向其他人或者组织提供与鉴定事项有关的信息。法律、法规另有规定的除外。"

保守国家秘密、商业秘密、案内秘密等不应公开的信息既是造价鉴定机构和造价鉴定人员的法律义务，也是造价鉴定人员的职业纪律和职业道德。造价鉴定机构和造价鉴定人员保守秘密的义务贯穿于整个造价鉴定活动始终。对于保密的期限而言，有些保密是永久的，如国家机密；有些保密是短期的，如造价鉴定意见。具体保密期限根据具体项目情况确定。

四、工程造价鉴定的法律意义

造价鉴定的结果是造价鉴定意见。造价鉴定意见是八种法定的证据之一。《中华人民共和国民事诉讼法》（2021 年 12 月 24 日第四次修正）第六十六条规定："证据包括：（一）当事人的陈述；（二）书证；（三）物证；（四）视听资料；（五）电子数据；（六）证人证言；（七）鉴定意见；（八）勘验笔录。证据必须查证属实，才能作为认定事实的根据。"从形成时间来看，造价鉴定意见形成于诉讼或仲裁活动之中，在诉讼之前形成的意见即使有委托人委托也不是造价鉴定意见。未经委托人委托的造价咨询机构出具的报告，只是一般的造价咨询意见，不具有造价鉴定意见的证据属性。

与其他证据种类不同，造价鉴定意见作为法定证据具有以下特点：第一，造价鉴定意见形成于诉讼或仲裁过程中，而其他证据往往形成于诉讼或仲裁活动之前；第二，造价鉴定意见形成于诉讼或仲裁过程中，双方当事人均可以全程参与其中并充分提出自己的意见，并且该意见可能还会对造价鉴定意见产生一定影响，而其他证据往往是一次性收集完毕，当事人大多是事后提出异议；第三，造价鉴定意见的出具人是与涉案项目不相关的独立第三人即造价鉴定机构，造价鉴定机构具有中立和高公信力的天然特性，而其他证据大多是当事人自行收集，且一般都是为了证明自己的主张而收集的；第四，造价鉴定机构出具造价鉴定意见是有偿服务，一般先由申请造价鉴定的一方当事人垫付，最后由委托人判定或裁定谁来承担，而当事人收集其他证据一般不需要支付相应费用或费用自行承担。

因为造价鉴定由委托人在诉讼活动中委托进行，双方当事人共同参加，所以造价鉴定意见的证明力和公信力也更高吗？这个答案是否定的。实际上，造价鉴定意见从本质上来讲，属于言词证据，并非具有天然的高度证明力。证据的证明力与证据形式并无直接关联。同样，造价鉴定意见的证明力并不绝对高于检测、测量、审计、咨询、专家意见等，证明力大小应在具体案件中具体分析。

造价鉴定意见是造价鉴定机构对双方当事人争议事项表达的意见，适用于双方存在争议的情况，如果双方当事人就争议事项已经形成合意，达成了一致的意思表示，则一般应该以双方当事人的意思表示为准，但损害国家或第三方的利益除外。如造价鉴定机构对某涉案项目造价的鉴定意见为 8500 万元，而双方当事人已经一致认为工程造价为 8900 万元，并形成了结算协议，且签字盖章确认，即形成了合意。此时，结算协议的证明力就高于造价鉴定意见，当事人也不能以造价鉴定意见否定双方达成的结算协议。

第二章

十大要点之一
——有效启动工程造价鉴定

造价鉴定的启动是一个非常重要的环节，启动如果有问题，则此项工作满盘皆输，造价鉴定意见最终也不会被当事人认可和被委托人采信。所以启动工作必须合法合规，以确保后续工作的合法有效。本章主要介绍造价鉴定启动的法律依据、启动主体及启动时间、委托人对启动工作的审查等内容。

第一节 启动工程造价鉴定的法律依据

成功的开始意味着事情成功了一半，但事情开始如果有问题，则肯定不可能成功。造价鉴定的启动作为造价鉴定活动的开始，必须做到有法可依，合法合规，否则不得轻易启动。《中华人民共和国民事诉讼法》（2021 年 12 月 24 日第四次修正）等法律对鉴定的启动作了相关的规定。

（1）《中华人民共和国民事诉讼法》（2021 年 12 月 24 日第四次修正）第七十九条规定："当事人可以就查明事实的专门性问题向人民法院申请鉴定。当事人申请鉴定的，由双方当事人协商确定具备资格的鉴定人；协商不成的，由人民法院指定。当事人未申请鉴定，人民法院对专门性问题认为需要鉴定的，应当委托具备资格的鉴定人进行鉴定。"

（2）《中华人民共和国仲裁法》（2017 年 9 月 1 日第二次修正）第四十四条规定："仲裁庭对专门性问题认为需要鉴定的，可以交由当事人约定的鉴定部门鉴定，也可以由仲裁庭指定的鉴定部门鉴定。"

（3）《最高人民法院关于适用〈中华人民共和国民事诉讼法〉的解释》（法释〔2015〕5 号）（2022 年 3 月 22 日第二次修正）第一百二十一条规定："当事人申请鉴定，可以在举证期限届满前提出。申请鉴定的事项与待证事实无关联，或者对证明待证事实无意义的，人民法院不予准许。人民法院准许当事人鉴定申请的，应当组织双方当事人协商确定具备相应资格的鉴定人。当事人协商不成的，由人民法院指定。符合依职权调查收集证据条件的，人民法院应当依职权委托鉴定，在询问当事人的意见后，指定具备相应资格的鉴定人。"

（4）《最高人民法院关于民事诉讼证据的若干规定》（法释〔2019〕19 号）第四十一条规定："对于一方当事人就专门性问题自行委托有关机构或者人员出具的意见，另一方当事人有证据或者理由足以反驳并申请鉴定的，人民法院应予准许。"

（5）《最高人民法院关于审理建设工程施工合同纠纷案件适用法律问题的

解释（一）》（法释〔2020〕25 号）第三十条规定："当事人在诉讼前共同委托有关机构、人员对建设工程造价出具咨询意见，诉讼中一方当事人不认可该咨询意见申请鉴定的，人民法院应予准许，但双方当事人明确表示受该咨询意见约束的除外。"第三十二条规定："当事人对工程造价、质量、修复费用等专门性问题有争议，人民法院认为需要鉴定的，应当向负有举证责任的当事人释明。当事人经释明未申请鉴定，虽申请鉴定但未支付鉴定费用或者拒不提供相关材料的，应当承担举证不能的法律后果。一审诉讼中负有举证责任的当事人未申请鉴定，虽申请鉴定但未支付鉴定费用或者拒不提供相关材料，二审诉讼中申请鉴定，人民法院认为确有必要的，应当依照民事诉讼法第一百七十条第一款第三项的规定处理。"

第二节　启动工程造价鉴定的主体及时间

根据《中华人民共和国民事诉讼法》（2021 年 12 月 24 日第四次修正）第七十九条、《中华人民共和国仲裁法》（2017 年 9 月 1 日第二次修正）第四十四条、《最高人民法院关于民事诉讼证据的若干规定》（法释〔2019〕19 号）第四十一条以及《最高人民法院关于审理建设工程施工合同纠纷案件适用法律问题的解释（一）》（法释〔2020〕25 号）第三十条、第三十二条的规定，当事人有权就查明事实的专门性问题向委托人提出造价鉴定申请。另外，如果当事人未申请造价鉴定，委托人对专门性问题认为需要进行造价鉴定的，应当委托具备专业资格的造价鉴定机构进行鉴定。

由此可见，启动造价鉴定的主体一般包含两个：

（1）任何一方当事人；

（2）委托人，即人民法院或仲裁机构。

一般以当事人的启动为主，以委托人的启动为辅。因为造价鉴定意见属于法定证据形式，就待证事实的专门性问题申请造价鉴定是当事人履行其举证责任的内容，在需要运用工程造价鉴定意见证明自己提出来的事实主张时，当事人应当申请鉴定。委托人应对当事人进行释明。

法律虽然赋予了委托人依职权启动造价鉴定的权利，但实际的诉讼或仲裁活动中，委托人依职权启动造价鉴定的情形越来越少。原因有两个：第一，《中华人民共和国民事诉讼法》（2021 年 12 月 24 日第四次修正）第六十七条规定："当事人对自己提出的主张，有责任提供证据。当事人及其诉讼代理人因客观原因不能自行收集的证据，或者人民法院认为审理案件需要的证据，人民法院应当调查收集。人民法院应当按照法定程序，全面地、客观地审查核实证据。"这个法律规定就是谁主张谁举证的原则，委托人依职权启动造价鉴定就是没有将第六十七条的规定即谁主张谁举证的原则落到实处。第二，委托人依职权启动造价鉴定，则由谁来预缴造价鉴定费用是一个难题，很难解决。基于以上两个原因，通常情况下委托人很少依职权启动造价鉴定，除非委托人认为该造价鉴定意见直接影响到国家、集体或第三方利益而当事人又不主动申请造价鉴定，才会主动依职权启动造价鉴定。

根据《最高人民法院关于适用〈中华人民共和国民事诉讼法〉的解释》(法释〔2015〕5号)(2022年3月22日第二次修正)第一百二十一条“当事人申请鉴定，可以在举证期限届满前提出……”的规定可以看出，当事人对造价鉴定的申请应该在举证期限内提出。如果超过举证期限提出，委托人应当按照《最高人民法院关于适用〈中华人民共和国民事诉讼法〉的解释》(法释〔2015〕5号)(2022年3月22日第二次修正)第一百零一条和第一百零二条规定的逾期举证的相关规则予以处理。第一百零一条规定：“当事人逾期提供证据的，人民法院应当责令其说明理由，必要时可以要求其提供相应的证据。当事人因客观原因逾期提供证据，或者对方当事人对逾期提供证据未提出异议的，视为未逾期。”第一百零二条规定：“当事人因故意或者重大过失逾期提供的证据，人民法院不予采纳。但该证据与案件基本事实有关的，人民法院应当采纳，并依照民事诉讼法第六十八条、第一百一十八条第一款的规定予以训诫、罚款。当事人非因故意或者重大过失逾期提供的证据，人民法院应当采纳，并对当事人予以训诫。当事人一方要求另一方赔偿因逾期提供证据致使其增加的交通、住宿、就餐、误工、证人出庭作证等必要费用的，人民法院可予支持。”具体的规定也可参考本书第四章第二节的相关内容。

第三节　委托人对工程造价鉴定启动的审查

当事人申请进行造价鉴定是造价鉴定启动的基本条件，但并不必然产生造价鉴定启动的法律后果，是否启动造价鉴定，由委托人根据案件的实际审理需要决定。当事人申请造价鉴定后，委托人在审查是否启动时应充分分析造价鉴定与待证事实的关系，同时充分听取双方当事人对启动造价鉴定的意见，因为启动造价鉴定是当事人的重要诉讼权利之一。

一、对申请造价鉴定的事项与待证事实无关联或对证明待证事实无意义的造价鉴定启动申请，应不予批准

具体可以参考以下法律的规定：

（1）《最高人民法院关于适用〈中华人民共和国民事诉讼法〉的解释》（法释〔2015〕5号）（2022年3月22日第二次修正）第一百二十一条规定："申请鉴定事项与待证事实无关联，或者对证明待证事实无意义的，人民法院不予准许。"第三百九十七条规定："审查再审申请期间，再审申请人申请人民法院委托鉴定、勘验的，人民法院不予准许。"

（2）《最高人民法院关于民事诉讼证据的若干规定》（法释〔2019〕19号）第三十一条规定："当事人申请鉴定，应当在人民法院指定期间内提出，并预交鉴定费用。逾期不提出申请或者不预交鉴定费用的，视为放弃申请。"

（3）《最高人民法院关于审理建设工程施工合同纠纷案件适用法律问题的解释（一）》（法释〔2020〕25号）第二十八条规定："当事人约定按照固定价结算工程价款，一方当事人请求对建设工程造价进行鉴定的，人民法院不予支持。"第二十九条规定："当事人在诉讼前已经对建设工程价款结算达成协议，诉讼中一方当事人申请对工程造价进行鉴定的，人民法院不予准许。"

（4）《最高人民法院关于人民法院民事诉讼中委托鉴定审查工作若干问题的规定》（法〔2020〕202号）第1条规定："严格审查拟鉴定事项是否属于

查明案件事实的专门性问题，有下列情形之一的，人民法院不予委托鉴定：① 通过生活常识、经验法则可以推定的事实；② 与待证事实无关联的问题；③ 对证明待证事实无意义的问题；④ 应当由当事人举证的非专门性问题；⑤ 通过法庭调查、勘验等方法可以查明的事实；⑥ 对当事人责任划分的认定；⑦ 法律适用问题；⑧ 测谎；⑨ 其他不适宜委托鉴定的情形。”第 2 条规定：“拟鉴定事项所涉及的鉴定技术和方法争议较大的，应当先对其鉴定技术和方法的科学可靠性进行审查。所涉鉴定技术和方法没有科学可靠性的，不予委托鉴定。”

二、委托人在审查一审案件的造价鉴定启动时应注意的问题

（1）申请造价鉴定的事项是否属于待证事实，如果是，原则上应尊重当事人的权利；如果不是，应及时向当事人进行释明并给予申请人充分发表意见的机会。

（2）一方当事人提出造价鉴定，另一方当事人是否同意鉴定；如果不同意，需要给予其说明理由的机会。最终是否启动，由委托人决定。

（3）双方对造价鉴定的范围和依据有无异议。

（4）双方对造价鉴定的方法有无异议。

（5）对造价鉴定所需要的各种证据资料进行质证和审查。

三、委托人在审查二审或再审案件中的造价鉴定启动时应注意的问题

（1）建设项目诉讼案件当事人在二审中申请造价鉴定的，需要分别进行处理：

① 如果一审法院已经委托造价鉴定机构出具造价鉴定意见，则当事人在二审时就相同问题提出的造价鉴定申请，除非申请人证明一审期间出具的造价鉴定意见符合法律规定的重新鉴定或者补充鉴定的条件，否则不予准许；

② 当事人一方在一审时已经提出造价鉴定申请，一审法院未予准许，二审法院认为有必要进行造价鉴定的，可以准许当事人在二审中提出来的造价鉴定申请。

（2）建设项目诉讼案件中当事人在一审、二审中均未申请造价鉴定，再审时才申请进行造价鉴定的，根据《最高人民法院关于适用〈中华人民共和国民事诉讼法〉的解释》（法释〔2015〕5号）（2022年3月22日第二次修正）第三百九十七条“审查再审申请期间，再审申请人申请人民法院委托鉴定、勘验的，人民法院不予准许”的规定，应不予准许。

对于建设工程合同纠纷而言，越早确定是否应当启动造价鉴定，案件也往往会越早得到解决。一些看起来深不可测、难以解决的专业问题，在造价鉴定过程中或者造价鉴定之后，将迎刃而解。对委托人而言，在“是否启动造价鉴定”这个问题上悬而不决、迟疑不决，其实是下下策。应根据当事人的申请结合案件的实际审理需要尽快确定是否启动造价鉴定。

四、启动造价鉴定的相关审判案例

（一）中华人民共和国最高人民法院（2020）最高法民再360号

争议焦点：建设工程价款结算已有结算书，发包人和承包人均同意司法鉴定的，法院或者仲裁机构是否可以启动司法鉴定程序？

最高院观点：虽然《最高人民法院关于审理建设工程施工合同纠纷案件适用法律问题的解释（二）》（法释〔2018〕20号）第十二条规定，当事人在诉讼前已经对建设工程价款结算达成协议，诉讼中一方当事人申请对工程造价进行鉴定的，人民法院不予准许，但本案中鉴定程序的启动经过了双方当事人的同意，故原审法院未采信结算书而启动鉴定程序并无不当。

说明：《最高人民法院关于审理建设工程施工合同纠纷案件适用法律问题的解释（二）》（法释〔2018〕20号）第十二条已经作废，《最高人民法院关于审理建设工程施工合同纠纷案件适用法律问题的解释（一）》（法释〔2020〕25号）第二十九条的规定与之相同，当事人在诉讼前已经对建设工程价款结算达成协议，诉讼中一方当事人申请对工程造价进行鉴定的，人民法院不予准许。

（二）中华人民共和国最高人民法院（2020）最高法民申5266号

争议焦点：发包人不认可对工程项目预算出具的评审报告，是否需要通过司法鉴定程序确定工程造价？

最高院观点：亦龙公司以佳世达造价公司出具的《预（决）算评审报告》为证据请求以此评审报告评估的工程总价认定案涉工程价款。一、二审中，固阳县政府、固阳县交通局均主张《预（决）算评审报告》是内蒙古自治区财政厅对国有资金使用情况的跟踪审计，不能作为案涉工程结算依据。经查，从《预（决）算评审报告》的内容看，该评审报告是佳世达造价公司根据内蒙古自治区财政厅的通知要求，对案涉项目预算进行的评审，评审目的、评审依据、评审方法和程序均与工程造价的审计或鉴定有一定区别。据此，发包方不认可以此评审报告进行工程造价结算，具有事实依据。至此，在双方对工程结算价款没有达成一致意见的情况下，亦龙公司作为实际施工人对其主张的工程价款负有举证责任。在一审法院释明后，亦龙公司申请鉴定又撤回，原审判决认定其提起诉讼的证据尚不充分，并无不妥。亦龙公司可在有充分有效的证据证明工程价款数额后再行提起诉讼，不存在丧失追索工程款权利的情形。

（三）中华人民共和国最高人民法院（2019）最高法民申 4906 号

争议焦点：逾期竣工天数可由裁判者根据案件事实进行认定的，可否不再启动司法鉴定程序？

最高院观点：原审法院认定逾期竣工天数可由法院根据案件事实进行认定，因而未要求鉴定机构就此问题出具鉴定意见，不违反法律规定。

第三章

十大要点之二——正确接受或拒绝工程造价鉴定

当事人申请启动造价鉴定且经过委托人准许或委托人依职权直接启动后，即可以选择并确定造价鉴定机构，造价鉴定机构可以由双方当事人协商确定，如果协商不一致，则由委托人指定。为确保公开、公平、公正，委托人一般会选用摇号或抽签的方式在本级或上级法院鉴定机构信息平台上随机选择，选择确定好造价鉴定机构后，委托人即可向造价鉴定机构发出造价鉴定委托书。造价鉴定鉴定机构接收到委托人发出的造价鉴定委托书后，可以接受，也可以拒绝。具体如何选择，根据实际情况处理。本章主要介绍造价鉴定机构在接受或拒绝委托时应完成的步骤和应注意的事项等内容。

第一节　正确接受工程造价鉴定委托

一、接受委托人工程造价鉴定委托

委托人将造价鉴定项目委托给造价鉴定机构属于委托制，不属于协议制，所以造价鉴定项目一般不需要签订造价鉴定协议（若委托人有特殊要求，则应以委托人的特殊要求为准），造价鉴定机构应于收到造价鉴定委托书之日 7 个工作日内（或根据委托书上要求的工作日或日历天确定）给委托人回函，确认接受造价鉴定项目委托的，该委托关系自动形成。

针对造价鉴定属于委托制的问题最高人民法院在“最高人民法院办公厅关于《黑龙江省司法鉴定 管理条例（草案修改稿）》有关问题意见的复函（2015 年 9 月 21 日法办函〔2015〕558 号）”第二条给出了明确的答复：二、关于委托法院与鉴定机构签订司法鉴定委托书和鉴定协议书的问题。人民法院对外委托鉴定，是对待证事实的寻证活动，受证据规则和诉讼法的调整，是审判工作的延伸，是司法活动的组成部分，不同于其他法人组织、社会团体以及个人的委托鉴定行为。人民法院在对外委托时，不与鉴定机构签订鉴定协议书。《最高人民法院对外委托鉴定、评估、拍卖等工作管理规定》规定，人民法院在委托鉴定时向鉴定机构出具委托书。

造价鉴定委托书中一般包含鉴定机构名称，委托鉴定的目的、范围、事项，鉴定要求，委托人的名称等信息。《建设工程造价鉴定规范》GB/T 51262—2017 第 3.2.2 条对造价鉴定委托书的内容也作了相应规定：“委托人向鉴定机构出具鉴定委托书，应载明委托的鉴定机构名称、委托鉴定的目的、范围、事项和鉴定要求、委托人的名称等。”（《工程造价鉴定委托书》样式见本章第七节。）

委托人委托的造价鉴定若属于重新鉴定，则应当在委托书中载明。造价鉴定机构若发现需要鉴定的项目为重新鉴定项目，但委托书中又没有载明，应及时与委托人联系说明情况。若确定为重新鉴定的，原造价鉴定意见不得作为认定案件事实的依据。

造价鉴定机构给委托人的回复函(《关于接受工程造价鉴定委托的回复函》样式见本章第七节)一般应包含以下内容：

(1)同意接受委托人造价鉴定委托书中的意思表示；

(2)造价鉴定实施方案；

(3)回避声明和公正承诺；

(4)实施造价鉴定所需的证据材料；

(5)造价鉴定项目负责人及其联系方式；

(6)造价鉴定费用及收取方式；

(7)造价鉴定机构或造价鉴定人员认为应当写明的其他事项。

为提高造价鉴定工作效率，造价鉴定机构编制的《造价鉴定人员组成通知书》(《工程造价鉴定人员组成通知书》样式见本章第七节)可以与回复函同时提交委托人。《造价鉴定人员组成通知书》中应载明鉴定人员的姓名、执业专业及注册证号、专业技术职称等信息。造价鉴定机构应当安排与造价鉴定项目专业对口、经验丰富的造价鉴定人员组成造价鉴定工作小组，实施造价鉴定工作。造价鉴定工作小组可以由两类人员构成：一类是造价鉴定人员，必须是全国注册造价工程师或一级注册造价工程师；另一类是辅助人员，可以由二级造价工程师担任，为造价鉴定人员处理一些辅助性的工作，也可以由精通设计、施工以及其他专业的专业人士担任，为造价鉴定人员提供专业的技术支撑。造价鉴定机构在成立造价鉴定工作小组时，务必重视造价鉴定人员的专业组成，避免造价鉴定人员专业符合要求导致造价鉴定意见不被采信或者成为当事人攻击造价鉴定意见的切入点。造价鉴定人员需要对本次造价鉴定活动作出承诺，即签署《造价鉴定人员承诺书》(《工程造价鉴定人员承诺书》样式见本章第七节)。

造价鉴定机构在填写造价鉴定人员专业时，应根据注册证书中载明的专业填写。目前我国注册造价工程师或一级注册造价工程师的注册专业有四类，即土木建筑工程、交通运输工程、水利工程、安装工程。如果造价鉴定人员除注册证书的专业外，还具备其他专业能力，应至少具有其他证明，如学历证明、培训合格证明等。在房屋建筑工程的造价鉴定中，一般都包含土木建筑工程和安装工程专业，因此造价鉴定机构应当安排具有土木建筑工程和安装工程专业的造价人员作为造价鉴定人员，避免因缺少安装工程专业的造价鉴定人员而被当事人以鉴定人员不具备资格提出质疑或申请重新鉴定。

当事人对造价鉴定人员并无选择权。一般是由造价鉴定机构根据拟鉴定项目的实际情况结合鉴定机构内部造价鉴定人员情况，选择最合适的造价鉴定人员负责该项目的造价鉴定工作。

造价鉴定机构承接造价鉴定业务原则上不受区域或地域限制，但具体应根据涉案项目的管辖法院或当事人约定的仲裁机构的要求执行。目前，大多高级人民法院和中级人民法院都有造价鉴定机构信息平台，进入平台之后才有参与抽签摇号的资格，即才有资格从事造价鉴定工作，承接造价鉴定业务。

二、造价鉴定机构和造价鉴定人员的回避

（一）造价鉴定机构和造价鉴定人员的主动回避

由于建设工程项目的特点，如果造价鉴定机构和造价鉴定人员已经接受过一方当事人的委托，对鉴定项目做过其他内容的咨询，如项目投资咨询、项目论证、勘察设计、工程监理、工程施工管理、招标代理或造价咨询等，或与当事人一方或其代理人有近亲属关系或者利害关系的，则在造价鉴定时，应该主动向委托人申请回避。造价鉴定机构和造价鉴定人员的主动回避的内容详见《工程造价鉴定人员组成通知书》的内容。

由当事人共同协商选定的造价鉴定机构，不受上述内容的约束。

（二）造价鉴定机构和造价鉴定人员的被动回避

造价鉴定机构应当向委托人提交《工程造价鉴定人员组成通知书》，该通知书有两个作用：第一，是让委托人了解造价鉴定机构的人员安排计划，证明其安排的造价鉴定人员专业对口且有能力完成该造价鉴定业务；第二，是发给双方当事人，让双方当事人确认造价鉴定机构和造价鉴定人员是否需要回避。如果当事人认为造价鉴定机构和造价鉴定人员需要回避，造价鉴定机构应当接受其申请并作出是否回避的决定，如当事人不接受造价鉴定机构的决定，造价鉴定机构应向委托人反映，并提请委托人作出是否回避的决定，造价鉴定机构必须完全服从委托人作出的是否回避的决定。

三、造价鉴定机构对造价鉴定委托书有不同意见时具有向委托人释明的义务

造价鉴定机构接受委托人的委托并对案件争议初步了解后，当对委托书委托的鉴定范围、鉴定事项和鉴定要求有不同意见时，应向委托人释明，释明后由委托人决定是否修改，最终委托人无论决定是否修改，造价鉴定机构和造价鉴定人员均必须按委托人的决定实施造价鉴定工作。由于委托人对专业知识的欠缺，所以其起草的造价鉴定委托书并不一定能达到判决或裁决的需要，造价鉴定机构对其释明可以确保委托书委托的鉴定内容更能证明待证事实。同时，当鉴定范围和鉴定事项等存在问题导致鉴定意见不被采信时，造价鉴定机构也可以规避相应责任。

如何厘清造价鉴定委托书与待证事实的关系，行使对委托人的释明义务，可以参考本书第四章第一节的相关内容。

第二节　正确拒绝工程造价鉴定委托

造价鉴定机构在收到委托人的造价鉴定业务委托书后，若发现委托的鉴定事项已超出造价鉴定机构自身的经营范围、委托鉴定事项的专业超出注册并执业于造价鉴定机构的造价鉴定人员的专业能力、鉴定要求不符合造价鉴定机构所在行业的执业规则和相关技术规范以及其他不符合其他法律法规规定情形的，造价鉴定机构应在收到造价鉴定委托书之日起 7 个工作日内（或委托书上要求的工作日或日历天）通知委托人并说明拒绝的理由（《关于拒绝工程造价鉴定委托的回复函》样式见本章第七节）。

造价鉴定机构拒绝委托人的委托，不是对其不负责任，而是更加负责、守法的表现。拒绝委托人的委托是造价鉴定机构的权利，但造价鉴定机构必须本着实事求是的原则拒绝，不得滥用拒绝权利去推脱一些难度大、周期长、收费低的造价鉴定项目，否则委托人一旦发现造价鉴定机构滥用拒绝权利，应当给予相应的处罚。

第三节　对于工程造价鉴定业务委托部门的思考

由人民法院哪个部门起草造价鉴定业务委托书并进行造价鉴定过程沟通协调更有利于造价鉴定工作的开展和实施呢？目前主流的委托主体有两个，第一是人民法院技术室，第二是人民法院主审法官或业务庭承办法官。由于对于仲裁机构的规定各地并不统一，因此暂不作讨论，造价鉴定机构承接造价鉴定业务时以各地仲裁机构的规定为准。

一、由人民法院技术室委托

由技术室统一委托，便于人民法院对造价鉴定机构进行管理、考核，同时可以避免审判法官和当事人接触造价鉴定机构和造价鉴定人员之后有意或无意误导他们，可能造成造价鉴定意见的偏差或使鉴定主体有所偏袒。有些人民法院为规避该问题，要求造价鉴定人员在出具造价鉴定意见之前不得与审判法官联系。

造价鉴定是一项复杂的技术经济和法律结合的活动，造价鉴定过程中遇到的问题经常是法律和技术经济问题交织在一起的难题，很难分清楚哪些是法律问题、哪些是技术经济问题。造价鉴定人员如果在出具造价鉴定意见之前未与主审法官沟通，就会造成主审法官对造价鉴定意见的内容一无所知，对造价鉴定争议的问题更是摸不着头脑，造价鉴定人员对法律问题也无从下手或不能下手，勉强去做，很有可能会侵占法官的审判权。最终，造价鉴定意见的质量可想而知，然而这个造价鉴定意见却是法官审判的重要依据或参考。

二、由人民法院主审法官或业务庭承办法官委托

由人民法院主审法官或业务庭承办法官统一委托，便于主审法官或业务庭承办法官与造价鉴定机构和造价鉴定人员充分沟通，有利于快速推动造价鉴定工作，从而推动整个案件的审判速度。如江苏省高级人民法院出台《建设工程

施工合同纠纷案件委托鉴定工作指南》（江苏省高级人民法院审判委员会纪要〔2019〕5号），明确规定了由主审法官以书面形式明确委托的事项；上海市高级人民法院出台《关于规范全市法院对外委托鉴定工作流程与时限的通知》（2020年5月），明确了造价鉴定机构与业务庭承办法官沟通鉴定前期准备事项，主要包括鉴定事项、鉴定范围、鉴定目的和鉴定期限。

主审法官或业务庭承办法官与双方当事人及其代理律师接触时间较长，因此可能会有所偏袒，一旦法官立场偏移，很有可能会影响造价鉴定机构和造价鉴定人员鉴定时的态度、立场或中立程度，进而造成鉴定不公和司法不公。

三、造价鉴定机构的应对措施

造价鉴定机构和造价鉴定人员作为造价鉴定工作的实施主体，无论接受人民法院技术室的委托还是接受主审法官或业务庭承办法官的委托，其服务的对象永远都是委托人、永远都是法律，而不是具体的哪一个部门、哪一个法官。在造价鉴定过程中，造价鉴定机构和造价鉴定人员必须时刻坚持“以事实为依据，以法律为准绳”的原则，贯彻公开、公平、公正的理念，最终确保造价鉴定公正。只有实现造价鉴定的公正，才能保证造价鉴定意见公正，进而推动司法公正。

第四节　工程造价鉴定费用

一、工程造价鉴定费用收取的时间

《最高人民法院关于民事诉讼证据的若干规定》（法释〔2019〕19号）第三十一条规定："当事人申请鉴定，应当在人民法院指定期间内提出，并预交鉴定费用。逾期不提出申请或者不预交鉴定费用的，视为放弃申请。对需要鉴定的待证事实负有举证责任的当事人，在人民法院指定期间内无正当理由不提出鉴定申请或者不预交鉴定费用，或者拒不提供相关材料，致使待证事实无法查明的，应当承担举证不能的法律后果。"

根据上述规定，若申请造价鉴定的当事人不预交造价鉴定费用，视同放弃鉴定。所以，申请造价鉴定的当事人必须先预交造价鉴定费用，否则需要承担举证不能的法律后果。即造价鉴定机构收取造价鉴定费用的时间应为接受造价鉴定任务之后，开始实施造价鉴定之前。

对于未收到或未全部收到造价鉴定费用就开始实施造价鉴定工作的造价鉴定机构，如果在实施过程中，遇到当事人撤诉或鉴定终止等情形，造成其无法收到或不能全部收到相应造价鉴定费用的，由造价鉴定机构自行承担后果，委托人不承担任何责任。

一般建议造价鉴定机构收到全部造价鉴定费用之后再开始实施造价鉴定，否则一旦开始或即将出具造价鉴定意见，而当事人仍然不缴费，造价鉴定机构此时通常会处于两难的局面，如果不出具造价鉴定意见，该意见留在手上一文不值，而且还会被委托人批评，因为当事人不缴费会被视同放弃鉴定；如果出具造价鉴定意见，则更有可能收不到造价鉴定费用。还有一种可能是某一方当事人如果知晓造价鉴定的结果对自己不利，也有可能撤诉或与另一方和解，此时收费就难上加难了。

二、工程造价鉴定费用收取的金额

国家发展改革委于2015年2月11日发布《国家发展改革委关于进一步放开建设项目专业服务价格的通知》(发改价格〔2015〕299号),2015年3月1日起实施,废止了建设项目前期工作咨询费、工程勘察设计费、招标代理费、工程监理费、环境影响咨询费五项建设项目专业服务价格标准,全面实行市场调节价。随后,全国各省也陆续取消或废止了造价咨询收费的计算标准。

全国各地陆续取消或废止造价咨询(含造价鉴定)收费文件后,造价鉴定费用开始全面采用市场调节价格,即由造价鉴定机构和预交造价鉴定费用的当事人根据项目的实际情况结合市场价格水平协商确定拟鉴定项目的造价鉴定费用,协商时大多会参考涉案项目所在地已废止或已停止使用的原造价咨询(含造价鉴定)收费文件。造价鉴定费用可以约定计算比例,也可以直接按绝对金额包干并声明如果委托方单方面取消造价鉴定委托或终止造价鉴定的,造价鉴定费用不予退还或调整。

造价鉴定费用和造价鉴定人员出庭作证费用是两个独立的费用,不可混淆。《最高人民法院关于民事诉讼证据的若干规定》(法释〔2019〕19号)第三十八条对造价鉴定人员出庭的费用作了规定:"当事人在收到鉴定人的书面答复后仍有异议的,人民法院应当根据《诉讼费用交纳办法》第十一条的规定,通知有异议的当事人预交鉴定人出庭费用,并通知鉴定人出庭。有异议的当事人不预交鉴定人出庭费用的,视为放弃异议。"因此,造价鉴定人员出庭作证的费用应单独向申请造价鉴定人员出庭作证的一方当事人收取。但若因造价鉴定意见书含糊其辞或模棱两可,导致造价鉴定意见不明确或有瑕疵而需要造价鉴定人员出庭作证时,出庭作证费用应由造价鉴定机构和造价鉴定人员自行承担。

造价鉴定机构接受造价鉴定委托之后,尽量先与委托人指定的缴纳造价鉴定费用一方当事人联系,确定好造价鉴定收费标准或金额后再发出《造价鉴定费用缴费通知单》(《工程造价鉴定费用缴费通知单》样式见本章第七节)。

第五节　工程造价鉴定准备会

已确定造价鉴定机构且当事人一方已预交造价鉴定费之后，委托人可以主动组织造价鉴定人员、当事人及其代理人召开造价鉴定准备会。若委托人未组织，造价鉴定人员可以提请委托人组织，是否组织由委托人决定。造价鉴定准备会主要可以包含以下四项内容：第一，造价鉴定人员根据涉案项目的实际情况，向委托人提出需要补充鉴定材料的时间，委托人根据举证时限并征求双方当事人的意见后确定具体时间；第二，对于双方存在争议的鉴定材料，委托人在听取双方当事人及造价鉴定人员意见后确定是否作为造价鉴定依据；第三，委托人就造价鉴定的范围、标准和方法听取双方当事人及造价鉴定人员的意见，并作出决定；第四，委托人要求造价鉴定人员提出造价鉴定的方法和步骤，并在征求双方当事人意见后作出决定。

在委托人主导、造价鉴定人员参与的造价鉴定准备会上，双方当事人达成的有关造价鉴定标准、方法、范围等合意均应当及时记录，并经参会人员签字确认后可以作为造价鉴定的依据。委托人召开造价鉴定准备会，可以促成双方当事人对有些事情的争论事项达成一致意见，帮助造价鉴定人员确定计算的基础和方法，也可以在很大程度上为造价鉴定机构和造价鉴定人员减少工作量。特别对于那种证据矛盾的造价鉴定，通常情况下如果委托人在造价鉴定之前无法确定或不确定相关情况，造价人员应该出具两份或多份造价鉴定意见供委托人判断使用，但如果委托人在造价鉴定之前就可以根据责任划分确定按某一种解释进行造价鉴定，则造价鉴定人员只需要出具一份造价鉴定意见，大大减少了其造价鉴定的工作量。

造价鉴定准备会是统一思想、减少争议、确定造价鉴定总体方向的会议，有助于防止造价鉴定工作走弯路，有助于委托人、造价鉴定人员与双方当事人及其代理人建立互信，增强对案件的整体把握，与庭前会议有异曲同工之妙，委托人和造价鉴定人员应充分运用。当委托人未组织造价鉴定准备会时，造价鉴定机构和造价鉴定人员应主动提请其组织，但最终是否组织，以委托人的决定为准。

第六节　工程造价鉴定方案

《建设工程造价鉴定规范》GB/T 51262—2017 第 3.6.2 条规定："鉴定人应根据鉴定项目的特点、鉴定事项、鉴定目的和要求制定鉴定方案。方案内容包括鉴定依据、应用标准、调查内容、鉴定方法、工作进度及需由当事人完成的配合工作等。鉴定方案经鉴定机构批准后执行，鉴定过程中需调整鉴定方案的，应重新报批。"

拟鉴定项目无论是否组织造价鉴定准备会，但都必须编制造价鉴定方案。造价鉴定方案通常也需要当事人质证。造价鉴定方案一般主要包含项目概况、鉴定目的、鉴定范围、鉴定依据、鉴定方法说明、鉴定实施步骤、所缺资料、鉴定时间安排、鉴定人员、鉴定费用、其他需要说明的问题（《工程造价鉴定方案》样式见本章第七节）。一般造价鉴定方案中比较容易产生争议的主要是鉴定范围和鉴定方法。委托人应积极掌握案件审理的主导权，尽量促使双方当事人对造价鉴定方案中的鉴定范围和鉴定方法达成一致。确实存在异议的，可以综合听取当事人和造价鉴定人员的意见后作出决定。当事人对造价鉴定方案的认同可以视为双方新的约定，对双方均有约束力。

委托人对造价鉴定机构上报的造价鉴定方案应主动参与审查，要牢牢把握案件审理的主动权，避免忽视造价鉴定方案而任由造价鉴定机构和造价鉴定人员按照自己的思路进行造价鉴定，致使不经意间就发生了"以鉴代审"的怪象。

第七节　工程造价鉴定委托阶段相关样表

一、工程造价鉴定委托书样表（具体以委托人的工程造价鉴定委托书实际表格为准）

工程造价鉴定委托书

委托人		立案庭联系人（姓名、电话）	
联系地址		承办法官或助理	
工程造价鉴定机构			
是否属于重新鉴定	列明是否属于重新鉴定，如是，则列明原造价鉴定机构和造价鉴定人员		
鉴定范围			
鉴定目的			
鉴定费用			
鉴定材料	详细列明材料目录，如果鉴定材料太多，可以单列清单作为附件		
鉴定提示	《最高人民法院关于民事诉讼证据的若干规定》（法释〔2019〕19号）相关条文：第三十四条、第三十五条、第三十六条、第三十七条、第四十条、第四十二条、第八十一条等		

二、关于接受工程造价鉴定委托的回复函

关于接受工程造价鉴定委托的回复函

________________（委托人）：

我公司收到贵方就________________项目（案号：__________）发出的工程造价鉴定委托书，现回复如下：

1. 我公司接受贵方委托，工程造价鉴定工作按照贵方的要求和《建设工程造价鉴定规范》GB / T 51262—2017规定的程序以及相关法律法规的要求进行。

2. 我公司将在本函发出之日，向贵方送达《工程造价鉴定组成人员通知书》，请贵方及时告知各方当事人，以便当事人决定是否申请工程造价鉴定人员回避。

3. 在工程造价鉴定过程中，若遇有《建设工程造价鉴定规范》GB/T 51262—2017第3.3.6条规定情形之一的，我公司有权终止造价鉴定，并根据终止的原因及责任，酌情退还有关工程造价鉴定费用。

4. 工程造价鉴定期限按贵方要求的时间计算，但需扣除当事人的举证时间和现场勘验的时间。

5. 工程造价鉴定费用：《工程造价鉴定费用缴费通知单》会与本函同时发出。

6. 联系方式

联系地址：

联系人：

联系电话：

工程造价鉴定机构：

日　　　　期：

三、工程造价鉴定人员组成通知书

工程造价鉴定人员组成通知书

________________（委托人）：

根据《建设工程造价鉴定规范》GB/T 51262—2017 的有关规定，现将贵方委托的________（案号：______）一案的工程造价鉴定人员组成名单通知如下：

鉴定人：______。专业及注册证号：______________。职称：______。

鉴定人：______。专业及注册证号：______________。职称：______。

鉴定人：______。专业及注册证号：______________。职称：______。

辅助人：______。专业及注册证号：______________。职称：______。

辅助人：______。专业及注册证号：______________。职称：______。

辅助人：______。专业及注册证号：______________。职称：______。

注：此处仅列样表，人员数量根据规范要求和实际项目情况需要确定。

1. 本工程造价鉴定机构声明：

（1）没有担任过鉴定项目咨询人；

（2）与鉴定项目没有利害关系（除该项目的工程造价鉴定费用外）。

2. 工程造价鉴定人员声明：

（1）不是鉴定项目当事人、代理人的近亲属；

（2）与鉴定项目没有利害关系；

（3）与鉴定项目当事人、代理人没有其他利害关系。

如果当事人对以上工程造价鉴定人员申请回避，请在收到本通知之日起 5 个工作日内书面向委托人和本工程造价鉴定机构提出，并说明理由。

3. 本工程造价鉴定机构和工程造价鉴定人员承诺：

遵守民事诉讼法、仲裁法及仲裁规则的规定，不偏袒任何一方当事人，按照委托书的要求，廉洁、高效、公平、公正地出具工程造价鉴定意见。

工程造价鉴定机构：

日　　　　　期：

四、工程造价鉴定人员承诺书

工程造价鉴定人员承诺书

本人接受委托人委托，作为诉讼或仲裁参与人参加诉讼或仲裁活动，依照国家法律法规和委托人的相关规定完成本次工程造价鉴定活动，承诺如下：

一、遵循科学、公正和诚实原则，客观、独立地进行工程造价鉴定，保证工程造价鉴定意见不受当事人、代理人或其他第三方的干扰。

二、廉洁自律，不接受当事人、诉讼代理人及其请托人提供的财物、宴请或其他利益。

三、自觉遵守有关回避的规定，及时向委托人报告可能影响工程造价鉴定意见的各种情形。

四、保守在工程造价鉴定活动中知悉的国家秘密、商业秘密和个人隐私，不利用工程造价鉴定活动中知悉的国家秘密、商业秘密和个人隐私获取利益，不向无关人员泄露案情及鉴定信息。

五、勤勉尽责，遵照相关工程造价鉴定管理规定及技术规范，认真分析判断专业问题，独立进行检验、测算、分析、评定并形成工程造价鉴定意见，保证不出具虚假或误导性工程造价鉴定意见；妥善保管、保存、移交相关造价鉴定材料，不因自身原因造成工程造价鉴定材料污损、遗失。

六、按照规定期限和委托人要求完成工程造价鉴定事项，如遇特殊情形不能如期完成的，应当提前向委托人申请延期。

七、保证依法履行工程造价鉴定人员出庭作证义务，做好工程造价鉴定意见的解释及质证工作。

本人已知悉违反上述承诺将承担的法律责任及行业主管部门、委托人给予的相应处理后果。

工程造价鉴定人员：

工程造价鉴定机构：

日　　　　　期：

五、关于拒绝工程造价鉴定委托的回复函

关于拒绝工程造价鉴定委托的回复函

________________（委托人）：

我公司收到贵方就________________项目（案号：______）的发出工程造价鉴定委托书，现回复如下：

1. 我公司拒绝贵方的委托。

2. 我公司拒绝贵方委托的原因：__________（可以单选或多选）。

（1）委托事项超出我公司的业务经营范围；

（2）工程造价鉴定要求不符合本行业职业规则或相关技术规范；

（3）委托事项超出我公司专业能力和技术条件；

（4）其他不符合法律、法规规定的情形。

详细说明：____。

3. 资料退还目录。

4. 联系方式

联系地址：

联系人：

联系电话：

工程造价鉴定机构：

日　　　　　　期：

六、工程造价鉴定费用缴费通知单

工程造价鉴定费用缴费通知单

________________（当事人）：

我公司于______年___月___日收到________（委托人）发出的工程造价鉴定委托书，对______________（项目）工程造价进行鉴定。委托人指定贵单位为工程造价鉴定费用预缴人，工程造价鉴定费用按以下原则计算：

____。

请自接到本通知后十日内到我公司缴纳工程造价鉴定费或直接将造价鉴定费转入本公司账户。若逾期不缴费，由此造成的后果由贵方全部承担。

公司办公地址：

公司开户行：

开户名：

公司账号：

财务联系人：

联系电话：

备注：汇款时请注明鉴定事项。

工程造价鉴定机构：

日　　　　期：

备注：本通知单一式三份，报委托人一份，送缴费人一份，工程造价鉴定机构留底一份。

七、工程造价鉴定方案

工程造价鉴定方案

<table>
<tr><td rowspan="2">项目概况</td><td>涉案项目名称：</td></tr>
<tr><td>一、涉案项目相关单位
1. 委托人：
2. 原告：
3. 被告：
4. 工程造价鉴定机构：
二、项目概况
1. 项目名称：
2. 项目地址：</td></tr>
<tr><td>鉴定范围及目的</td><td>一、案件编号：
二、鉴定范围：
三、鉴定目的：
四、委托期限：</td></tr>
<tr><td>实施鉴定</td><td>一、鉴定依据：
二、鉴定方法：
三、鉴定实施步骤：
四、鉴定人员安排：
五、鉴定时间安排：
六、应补充的资料：
七、其他说明：</td></tr>
<tr><td>鉴定费用</td><td></td></tr>
<tr><td>备注</td><td></td></tr>
</table>

工程造价鉴定机构：

日　　　　　　期：

备注：本方案一式四份，报委托人一份，送双方当事人各一份，工程造价鉴定机构留底一份。

第四章

十大要点之三
——精准实施工程造价鉴定

造价鉴定的实施是造价鉴定人员运用专门的知识和技能，同时运用必要的现场勘验等技术手段，对建设工程合同纠纷案件中发生的造价争议问题进行分析、计算、鉴别、判断的活动。只有造价鉴定人员做到精准实施造价鉴定工作，造价鉴定意见才能被当事人认可、被委托人采信。造价鉴定人员在实施造价鉴定过程中除认真完成造价鉴定工作之外，还应做好造价鉴定工作的日常记录工作，记录好造价鉴定过程中每一事项发生的时间、事由、形成机理等，并进行唯一性、连续性标识，便于起草造价鉴定意见和出庭作证时使用，这也可以使造价鉴定工作具有可追溯性。本章主要介绍如何分析造价鉴定委托书与待证事实的关系、如何正确收集与采信证据、如何确定造价鉴定的期限、如何选择正确的鉴定方法和程序、如何实施合同争议的造价鉴定、如何实施计量争议的造价鉴定、如何实施计价争议的造价鉴定、如何实施工期索赔争议的造价鉴定、如何实施费用索赔的造价鉴定、如何实施工程签证的造价鉴定、如何实施合同解除的造价鉴定、如何实施证据欠缺的造价鉴定、如何与当事人核对、如何终止造价鉴定等内容。

第一节 厘清工程造价鉴定委托书与待证事实的关系

委托人起草的造价鉴定委托书是造价鉴定机构和鉴定人员实施造价鉴定工作的基本依据，造价鉴定机构和鉴定人员必须严格遵守，且不得任意扩充或缩减造价鉴定委托书的鉴定事项、鉴定范围、鉴定要求等内容，否则造价鉴定意见将无法被采信。

造价鉴定人员接受造价鉴定机构委派后，应认真仔细分析拟鉴定涉案项目的具体情况，厘清造价鉴定委托书中的鉴定事项、鉴定范围、鉴定要求等内容与待证事实的关系，本次造价鉴定意见是否能够起到证明待证事实的作用。如若发现即使严格按照造价鉴定委托书中的鉴定事项、鉴定范围、鉴定要求等内容实施造价鉴定，最终的造价鉴定意见也无法证明待证事实，无法满足委托人在审判或裁决时的需要，则应提请委托人对造价鉴定委托书进行重新确认，并以自己的专业提出合理化建议，委托人如果确认修改，则按修改之后的内容执行；但其如果不进行修改，造价鉴定机构依然必须按原有造价鉴定委托书实施鉴定。

如某中级人民法院关于原告与被告建设用地使用权出让合同纠纷一案造价鉴定委托书中对造价鉴定范围作如下描述："对因生活污水排放管道的存在，某小区车库减少而给原告造成的经济损失；计算原告维护生活污水排放通道所支出的费用进行司法鉴定。"造价鉴定机构收到造价鉴定委托书后，对该鉴定项目进行了分析。认为本委托为造价鉴定的委托，但鉴定范围第一条为经济损失，该鉴定应为评估类鉴定，而非造价类鉴定。造价鉴定机构分析后及时与人民法院法官取得联系，人民法院授权造价鉴定机构与原告联系询问。造价鉴定机构取得人民法院法官同意且授权后，通知本案原告向其进行询问，经询问后明确了原告的诉讼请求，确认鉴定范围中第一条确实属于评估类鉴定，而非造价类鉴定。询问结束后鉴定机构将《询问笔录》提交给人民法院法官确认，并对法官进行了说明。人民法院法官认可本次询问结果，重新起草了"造价鉴定委托书”，分别委托了造价鉴定和评估鉴定两家鉴定机构。该案件的造价鉴定工作得到了某中级人民法院的高度认可。在二审时，其所在地高级人民法院也非常认可造价鉴定机构当时的处理方式。

另外，某基层人民法院就某厂房墙面防水修复费用委托造价鉴定，委托内容有两项：① 对房屋墙面修复费用进行评估；② 对案涉房屋内墙造价进行评估。经过与委托人沟通后，造价鉴定机构确认该项目为未完工程，且建设单位认为已实施部分的防水存在质量问题，需要修复。造价鉴定机构提出，未完部分根据图纸和现场可以确定，但鉴定修复费用则需要有修复方案，而双方当事人并未对修复方案形成合意，人民法院最后决定先启动质量鉴定，由质量鉴定单位出具修复方案，造价鉴定机构再根据修复方案计算修复费用。为提高时效，造价鉴定与质量鉴定同步进行。该造价鉴定项目的委托人对造价鉴定的沟通与建议非常满意。

造价鉴定人员根据专业知识分析、研究造价鉴定委托书，厘清造价鉴定委托书与待证事实的关系是一项非常重要的工作，必须引起造价鉴定机构和造价鉴定人员的高度重视。实践中不但要去做，而且要做好。当发现造价鉴定委托书与待证事实不匹配时，要及时与委托人联系，向委托人书面释明原因，最终由委托人自行决定是否接受，但无论委托人如何决定，造价鉴定机构和造价鉴定人员均必须完全按委托人最终的决定实施鉴定。即使向委托人所作的释明并未改变委托人的想法，在最终因委托书导致造价鉴定意见无效或不被采信时，造价鉴定机构和造价鉴定人员也可以很大程度上规避自己的风险。

第二节 完整收集与正确分析证据

完整地收集造价鉴定证据，是实施造价鉴定工作的根本。正确地分析造价鉴定证据，是实施造价鉴定工作的核心。

一、证据的收集

（一）造价鉴定机构和造价鉴定人员应自备的证据

工程造价的确定与涉案项目实施时的法律法规、标准规范以及各种生产要素的价格存在密切联系。为做好造价鉴定工作，造价鉴定机构和造价鉴定人员应当自行准备与之相关的法律法规、标准规范的资料。若当事人约定的依据不是国家标准或行业标准，而是当事人自己的企业或团体标准，则应当由当事人提供并提交。

造价鉴定机构和鉴定人员应建立自己的工程数据指标库，收集行业和不同业态不同阶段的建设项目技术及经济指标，以满足造价鉴定工作的需要，特别对于那些由于当事人提供资料的欠缺而无法采用详细的分部分项清单计价进行造价计算的情况，采用估算指标或概算指标计算也是一个很好的方法。如某涉案项目是房屋建筑，因证据欠缺最后参照类似项目指标按建筑面积计算出工程造价，但此方法需要提请委托人确认，是否可以采用，必须经委托人同意。

除以上应该自备的证据外，造价鉴定人员不得主动取证。

（二）由委托人移交的证据

根据《中华人民共和国民事诉讼法》（2021 年 12 月 24 日第四次修正）第六十七条“当事人对自己的主张，有责任提供证据”、六十八条“当事人对自己提出的主张应当及时提供证据”和《中华人民共和国仲裁法》（2017 年 9 月 1 日第二次修正）第四十三条“当事人应当对自己的主张提供证据”的规定，当事人应将证据提交给委托人，当确定进行造价鉴定时，由委托人移交给造价鉴定机构，移交时应制作《送鉴证据材料目录》（《送鉴证据材料目录》样式见本章第十五节）。

委托人移交给造价鉴定机构的证据主要包含以下内容：

（1）起诉状（仲裁申请书）、反诉状（仲裁反申请书）及答辩状、代理词；

（2）证据及《送鉴证据材料目录》；

（3）质证记录、庭审记录等卷宗材料；

（4）造价鉴定机构认为需要的其他资料。

造价鉴定机构接收委托人移交的资料后应出具接收清单。委托人应向造价鉴定机构提供真实、完整、充分的鉴定材料，并对其真实性、合法性负责。委托人应注明质证及证据认定情况；未注明的，造价鉴定机构应当及时提请委托人明确质证及证据认定情况。

所有证据都必须经过质证，否则造价鉴定机构不得使用。质证应由委托人组织当事人进行。实际造价鉴定工作中委托人可能会委托造价鉴定机构组织质证，造价鉴定机构实施过程中务必作好质证记录，实施结束后及时提请委托人确认并签字。

由于建设工程涉及的专业复杂、环节众多，所以证据体系也异常复杂。造价鉴定机构接收到委托人移交的鉴定材料后应及时进行分析，若仍需要提供相应材料，应及时提请委托人向当事人转交补充证据的函件。造价鉴定机构和造价鉴定人员不得私自要求当事人提供证据资料。若造价鉴定机构收取的资料为复印件、扫描件、拍照件、影印件等，应与证据原件进行对比核实，确保复制品的真实性，避免造价鉴定意见因证据的不真实而不被采信。

如果委托人授意造价鉴定机构代为接收当事人提交的证据材料，造价鉴定机构应向当事人发出正式通知要求当事人提交证据材料（《造价鉴定机构要求当事人提交证据材料的函》样式见本章第十五节）。

（三）由当事人提供的证据

当事人提起诉讼或仲裁申请的，应向委托人提交相应的证据，这个是常识，也是法律的规定和要求。但由于建设项目的复杂性，当事人在第一次开庭时往往可能并未提供造价鉴定所需要的设计图纸、施工方案、变更索赔、技术签证等资料，在开庭时经过当事人申请，委托人同意决定启动造价鉴定之后，再要求当事人在举证期限内向委托人提供造价鉴定所需要的证据资料。实践中，委托人有时也会让造价鉴定机构代为接收当事人提交的证据。

委托人让造价鉴定机构代为接收当事人提供的证据材料时，造价鉴定人员应当提请委托人确认当事人的举证期限，并要求当事人在举证期限内提交证据资料，否则后果自负。举证期限的确定是委托人的职权，造价鉴定机构不得擅自给当事人确定举证期限。

造价鉴定机构接收当事人提交的证据材料后，应当给当事人出具资料收据，收据中主要包含证据名称、页数、份数、原件或复印件以及签收日期及签收人，需要时造价鉴定机构应当加盖其公章。委托人并未委托造价鉴定机构代为接收资料的，如发生当事人直接将证据材料交给造价鉴定机构或造价鉴定人员的，造价鉴定机构或造价鉴定人员应当告知当事人将证据材料提交给委托人，坚决不能擅自接收当事人的证据材料。造价鉴定机构收到当事人提交的证据材料后，不得擅自使用，更不能擅自将其作为造价鉴定的依据，而应及时移交给委托人，并提请委托人组织质证并确认证据的证明力，证明力确认后再移交给造价鉴定机构作为造价鉴定的依据。

若委托人不但让造价鉴定机构代为接收证据材料，还要求其代为进行证据交换或组织质证，造价鉴定人员应当对证据材料逐一登记，无论当事人有无异议都应当详细记载并形成书面资料，并请双方当事人核实后签字，并将签字后的书面资料报送委托人。若一方当事人拒绝参加证据交换，造价鉴定机构应报告委托人，由委托人决定证据的使用。若参加证据交换的人员不是诉讼或仲裁中的合法人员，应要求其出具授权委托书，以证明其身份合法。《最高人民法院关于民事诉讼证据的若干规定》（法释〔2019〕19 号）第五十七条规定："证据交换应当在审判人员的主持下进行。"所以造价鉴定机构和造价鉴定人员代为行使主持证据交换的权力时，应当严格按照法律的规定执行。

当事人向造价鉴定机构申请延长举证期限的，造价鉴定机构应及时提请委托人确认是否同意延期。造价鉴定机构或造价鉴定人员不得违反法律，擅自对当事人表态，决定延长举证期限。

当事人提交给委托人或造价鉴定机构的资料根据涉案项目的具体情况一般应包含以下内容：

（1）合同类文件：施工合同、专业或劳务分包合同、补充合同、采购合同、租赁合同、会议纪要等。

（2）招标投标类文件：招标文件、标前会议纪要、投标文件、澄清函或答疑文件、中标通知书、评标报告、招标人标底等。

（3）标准、规范及有关技术类文件：造价鉴定机构和造价鉴定人员应当自行准备与之相关的法律法规、标准规范的资料；若当事人约定的依据不是国家标准或行业标准，而是当事人自己的企业或团体标准，则应当由当事人提供并提交。

（4）图纸类文件：初步设计图纸、施工图纸或竣工图纸。

（5）造价类文件：工程量清单、投标报价书或报价单、施工过程中的进度款支付凭证、工程结算书或招标控制价文件等。

（6）施工过程类文件：开工报告、会议纪要、工程变更、签证、工程洽商、施工记录、施工日志、有关通知、信件、数据电文等以及当事人举证的其他资料。

（7）工程验收类文件：隐蔽验收记录、中间验收记录、竣工验收记录。

（8）影响工程造价鉴定的其他相关资料，如起诉状、答辩状等，此部分内容也可以由委托人提供。

（9）对于工程总承包项目的诉讼或仲裁案件，“发包人要求”是非常重要的证据材料，一般列明项目的目标、范围、设计和其他技术标准，包括对项目的内容、范围、规模、标准、功能、质量、安全、节能、生态保护、工期、验收等的明确要求。

当事人提交的证据材料目录可以参照《送鉴证据材料目录》进行制作。

（四）证据的补充

由于建设工程的复杂性，在造价鉴定过程中造价鉴定人员或者当事人都会要求增加补充证据。造价鉴定人员根据鉴定实际认为需要补充证据材料的，应提请委托人通知当事人补充证据材料（《提请委托人补充证据的函》样式见本章第十五节）。对于委托人组织质证并认定的补充证据，造价鉴定人员可以将其直接作为证据，对于委托人直接转交但未质证的补充证据，造价鉴定人员应提请委托人组织质证并确认补充证据的证明力。当事人主动向造价鉴定人员提出需要补充证据的，造价鉴定人员应及时报告委托人，并告知当事人应向委托人提出申请，是否接受补充，由委托人决定。造价鉴定人员应当遵守法律规定，不得擅自通知当事人补充证据。

对于由申请造价鉴定的当事人提供确有困难的证据，该当事人可以向委托人申请，由委托人依职权采集。如承包人作为申请造价鉴定一方当事人确实无法提供建设项目施工图纸或竣工图纸，可以提请委托人确认由发包人提供或从当地档案馆调取。当当事人逾期向造价鉴定机构提交补充证据时，造价鉴定人员应及时告知当事人向委托人提出申请，由委托人决定是否接受逾期的补充证据。造价鉴定人员严格按照委托人的决定执行。

（五）造价鉴定人员通过询问当事人调查的证据

预缴造价鉴定费用一方当事人往往先于另一方当事人与造价鉴定机构和造价鉴定人员接触，所以其有可能会占据优先地位，导致造价鉴定人员不能客观公正地了解案情。另外，对一些不完整、表达不清晰的证据，需要双方当事人共同进行澄清。基于以上原因，造价鉴定人员可以对当事人进行调查询问，但询问进行之前，应当提请委托人批准，造价鉴定人员不得私自对当事人进行询问。

造价鉴定人员在询问过程中应做好询问笔录，并让当事人签字确认，不能一问了之（《询问笔录》样式见本章第十五节）。造价鉴定人员在询问中必须保持中立，态度和蔼，平易近人，不能有偏向性或诱导性，也不能妄加评论。询问笔录应报委托人确认，经过委托人组织质证之后才可以作为造价鉴定的依据，不能直接采用。

造价鉴定人员除可以询问当事人，对于一些特别复杂的建设项目，也可以向本机构以外的相关专家进行咨询或询问，但最终造价鉴定意见应由造价鉴定人员及造价鉴定机构共同出具，并加盖相关印章。

（六）现场勘验

现场勘验是委托人特殊的职权行为。现场勘验既是调查收集证据的方式，也是核实证据的手段。现场勘验是一个过程，不是证据，但其结果却是一个很重要的证据，即勘验记录或勘验笔录是造价鉴定的重要依据，也是八种法定证据之一。《中华人民共和国民事诉讼法》（2021 年 12 月 24 日第四次修正）第六十六条规定："证据包括：（一）当事人的陈述；（二）书证；（三）物证；

（四）视听资料；（五）电子数据；（六）证人证言；（七）鉴定意见；（八）勘验笔录。证据必须查证属实，才能作为认定事实的根据。”现场勘验是造价鉴定工作中一个非常重要且必要的程序，其可以由当事人提出，也可以由造价鉴定人员提出。一方当事人不参加现场勘验或者参加现场勘验后对勘验笔录不认可或不签字的，不影响现场勘验工作的正常进行。

1. 当事人提出现场勘验

一方当事人或双方当事人要求造价鉴定人员对拟鉴定项目进行现场勘验时，造价鉴定人员应告知委托人并提出书面申请，经委托人同意并组织现场勘验时，造价鉴定人员应当积极参加。造价鉴定机构接受委托人要求通知当事人现场勘验的，应向双方当事人发出书面现场勘验通知书（《现场勘验通知书》样式见本章第十五节），该通知书虽然由造价鉴定机构发出，但视同委托人的通知。造价鉴定人员在现场勘验过程中充当勘验人的角色，会同各方当事人共同参加勘验，现场勘验过程中应做好现场勘验笔录，现场勘验笔录应记载勘验的时间、地点、勘验人、在场人、勘验经过、结果，并经勘验人、在场人签字确认，现场勘验笔录不限于文字记载，也可以绘制测量图纸或拍照摄影，绘制的测量图中应当标明时间、方位、绘制人、身份等内容（《现场勘验笔录》样式见本章第十五节）。在场人若拒绝在笔录上签字，不影响现场勘验工作的进行。

现场勘验应由委托人组织实施，实际工作中有些委托人为了方便或因为工作繁忙委托造价鉴定机构组织现场勘验，这个做法是错误的。但在实践中此做法却并不罕见。造价鉴定机构接到此类委托时应该拒绝，若实在无法拒绝，应提请委托人组织；若委托人执意让造价鉴定机构组织，造价鉴定机构应做好与委托人的请示与联系记录，同时做好现场勘验笔录，现场勘验工作结束后，提请委托人在现场勘验笔录上签字确认。

造价鉴定人员不得擅自同意一方当事人或双方当事人现场勘验的请求，也不得擅自进行现场勘验。造价鉴定人员现场勘验时，应保护他人的隐私和尊严。

现场勘验时应注意以下内容：

（1）现场勘验笔录应如实记载现场勘验当时的客观情况，不能掺杂现场勘验人员的主观推测和分析判断的内容，做到如实反映，全面记载，不扩大、不缩小、不走样。

（2）现场勘验笔录文字的记载内容应明确，不能模棱两可、左右摇摆，不能用不确定的词语，诸如大概、好像、可能等。

（3）现场勘验笔录应在现场勘验过程中即时作出，完整地反映现场勘验的经过和结果，不能事后补记。

（4）现场勘验笔录应该由在场且经授权的当事人或其代理人或其代表核实签字确认。

2. 造价鉴定人员提出的现场勘验

造价鉴定人员在鉴定实施过程中，根据实际鉴定工作需要，认为需要现场勘验时，应向委托人提出现场勘验的申请，委托人同意后，由委托人组织造价鉴定机构与双方当事人一起进行现场勘验，造价鉴定机构应向当事人发出《现场勘验通知书》（《现场勘验通知书》样式见本章第十五节）。造价鉴定人员不得擅自进行现场勘验。造价鉴定机构提出的现场勘验与当事人提出的现场勘验在执行过程中的注意事项和内容没有区别，造价鉴定人员应作好《现场勘验笔录》（《现场勘验笔录》样式见本章第十五节）。

3. 现场勘验时第三方专业机构的聘请

造价鉴定标的物若有特殊要求需要聘请第三方专业机构进行现场勘验的，造价鉴定机构应向委托人说明理由，提请委托人、当事人委托第三方专业机构进行现场勘验。委托人同意并组织现场勘验的，造价鉴定人员应当参加，并作好现场勘验笔录。

4. 现场勘验笔录的作用

现场勘验是一个过程，现场勘验笔录是现场勘验的结果，该结果是造价鉴定的一个重要法定证据，但该证据需要经过委托人组织当事人进行质证后才能作为造价鉴定的依据。当事人参与了现场勘验，但对现场勘验笔录既不予签字确认，又不提出具体意见，不影响造价鉴定人员根据现场勘验笔录进行鉴定。现场勘验笔录也应当由双方当事人进行质证。

5. 现场勘验时应注意的问题

（1）现场勘验笔录应该顶格填写，避免留白，防止事后添加文字。

（2）若现场勘验时间较长，比如需要一整天时间，可以先将上午半天进行现场勘验笔录签字确认，防止人员在下午疲惫，心情烦躁，导致最后一两个问题不能达成一致而使相关人员拒绝在整个现场勘验笔录上签字，遇到这样的情况对造价鉴定人员来说是很难堪的。

（3）现场勘验笔录应该全面、客观、中立地记录能够反映案件事实的情况，不得先入为主，选择性地勘验局部。

（4）现场勘验拍照时，不仅要取全景，还要适时聚焦和取舍，还要拍摄委托人和造价鉴定人员、当事人同框的照片，以此证明都有哪些人参与现场勘验。

（5）造价鉴定人员应允许当事人对现场勘验笔录进行拍照或复印留底。

二、证据的采用分析

证据应当在法庭或仲裁庭上出示，由当事人互相质证。未经当事人质证的证据，不得作为认定案件事实的依据。当事人无法联系或当事人放弃质证的，造价鉴定材料应当经合议庭或仲裁庭确认。对当事人有争议的材料，不得直接交由造价鉴定机构和造价鉴定人员选用，应由委托人予以确认。

（一）证据采用分析的原则

在造价鉴定中，由于建设工程的复杂性，对证据的采用分析也异常复杂，尤其是对于当事人互相质疑的疑难问题，更是难上加难。一般根据《中华人民共和国民事诉讼法》（2021 年 12 月 24 日第四次修正）、《中华人民共和国仲裁法》（2017 年 9 月 1 日第二次修正）、《最高人民法院关于适用〈中华人民共和国民事诉讼法〉的解释》（法释〔2015〕5 号）（2022 年 3 月 22 日第二次修正）等的规定，对于证据的采用分析，可以按以下原则理解。

1. 质证是当事人的权利

质证是在委托人的主持下，由一方当事人通过听取、审阅、辨认、核对等方法，对另一方当事人提交法庭的证据材料的三性作出判断，即真实性、关联性和合法性，对无异议的证据予以确认，对有异议的证据提出质疑的程序。质证是当事人的权利，也是诉讼或仲裁的基本制度与程序。但造价鉴定人员必须明白，不是所有经过质证的证据都可以直接作为认定事实的依据，即作为造价鉴定的依据。造价鉴定人员应根据造价专业知识对质证后的证据进行判断、鉴别。

2. 认定与采信证据是委托人的权力

委托人应当按照法律程序，全面、客观地审查证据，对证据有无证明力或证明力大小作出判断或认定。判断或认定工作需要委托人运用逻辑思维和日常生活经验法则反复思考、评议。对证据中涉及的专门性问题，如造价的确定，就需要委托专门的造价鉴定机构完成。证据的采信是委托人根据法律的规定，在对各种证据材料认定的基础上，选用证明力和可信度高的证据的行为。证据的认定和采信之间存在着前提和结果的关系，认定是采信的前提，采信是认定的结果。

3. 建设工程造价鉴定独有的原则

由于工程建设项目情况复杂，内容繁多，双方提交的资料总量多、次数多，如果每个资料都需要开庭质证，那将严重影响质证、庭审乃至诉讼或仲裁的时效性。所以，在建设项目诉讼或仲裁过程中，委托人常常会直接将施工图纸、竣工图纸、施工方案、技术资料等移交给造价鉴定人员，或者直接通知当事人将上述资料交给造价鉴定人员。

在造价鉴定过程中，按照法律对当事人自认的相关规定，只要双方当事人对某一证据无异议，或者双方当事人提交了相同的证据，如施工合同，造价鉴定人员即可直接将该证据作为造价鉴定依据。这样做既尊重了当事人的权利，又提高了造价鉴定的效率，进而提高了司法的效率。

在造价鉴定过程中，如果双方当事人对某一证据存在异议或者证据本身就是前后矛盾的，造价鉴定人员应当提请委托人进行认定，如果委托人无法认定或没有时间认定，造价鉴定人员应将存在争议或前后矛盾的不同证据单独列项进行鉴定，根据自己的专业判断出具两种可供选择的造价鉴定意见，并在造价鉴定书中进行详细说明。在委托人认定证据之前作出两种可选择的造价鉴定意见，虽然增加了造价鉴定机构和造价鉴定人员的工作量，但提高了造价鉴定的效率，也尊重了当事人的诉讼或仲裁权利和委托人的审判权，更是避免了“以鉴代审”怪象的出现。

（二）造价鉴定人员提请委托人确认后可以作为造价鉴定依据的事项

证据的认定与采信由委托人进行，因此造价鉴定人员对以下事项应提请委托人确认，确认后可以直接作为鉴定依据。

1. 委托人已经查明的与造价鉴定事项相关的事实

如工程质量是否经过验收、工程质量是否合格或是部分质量合格还是全部质量合格等内容，便于造价鉴定人员在鉴定过程中考虑是否单独列项，便于委托人的使用。

2. 委托人已经认定的与造价鉴定事项相关的法律关系性质和行为效力

如工程施工合同或其他协议是否有效，若无效，责任如何划分；还有中途停工项目的造价鉴定，停工违约责任由哪一方承担等。

3. 委托人对证据中影响造价金额的重大问题处理决定

如双方合同中没有约定结算条款，或结算条款约定矛盾，造价鉴定人员在进行鉴定时是按照委托人确定的一种还是对多种方式均进行造价鉴定。

（三）当事人对证据无异议时的处理方式

经过当事人的认可，委托人已认定了其证明力的证据；或在鉴定过程中，当事人经证据交换或质证已认可无异议并报委托人记录在案的证据，造价鉴定人员应当作为造价鉴定依据。

（四）当事人对证据提出异议时的处理方式

（1）当事人对证据的真实性提出异议时，或证据本身彼此矛盾，造价鉴定人员应及时提请委托人认定，并按委托人认定的证据进行鉴定。如果委托人未及时对证据进行认定，或者委托人认为造价鉴定人员应该按照不同理解作出多种可供选择的造价鉴定意见时，造价鉴定人员应该将有争议的证据分开进行鉴定，并分别出具造价鉴定意见。

造价鉴定人员应坚决避免委托人未对有争议的证据认定之前只出具一种确定的造价鉴定意见，而应该出具多种可供选择的造价鉴定意见供委托人选择使用，以尊重当事人的诉讼或仲裁权，维护委托人的审判或裁判权，同时避免“以鉴代审”。

（2）当事人对证据提出异议时，造价鉴定人员认为可以通过现场勘验得到确认的，可以向委托人提请，委托人同意后应组织现场勘验，造价鉴定人员及双方当事人在现场核实证据，造价鉴定人员作好勘验笔录，并要求参与勘验的人员签字确认，作为造价鉴定的依据。

（3）当事人对证据的关联性提出异议时，造价鉴定人员应提请委托人进行决定。委托人认为是专业问题并请造价鉴定机构或造价鉴定人员鉴别的，造价鉴定机构或造价鉴定人员应依据相关法律法规、工程造价专业技术知识，经过鉴别判断后提出意见，供委托人在判断时使用。

关联性是证据的一个客观属性，指证据与待证事实之间存在的客观联系及联系紧密程度。对证据关联性的判断，涉及证据的内容和实体。在造价鉴定过程中，很多证据的关联性判断与专门性问题交织在一起，错综复杂，委托人常常无所适从，而对此判断恰恰是造价鉴定机构和造价鉴定人员的强项。此时，造价鉴定人员应及时主动与委托人沟通，用自己的专业知识为委托人提供公平、公正、合理的专业判断，供委托人决策使用，以推动造价鉴定工作的顺利开展，并提高整个诉讼或仲裁效率。

（4）一方当事人提供的证据，对方虽然反对，但并未提供具体的反驳证据时，造价鉴定人员应该提请委托人确认。若委托人暂未确认，造价鉴定人员可以暂时按一方当事人提供的证据进行鉴定，但应当将此内容单列，作为选择性内容供委托人判断使用。

（5）对于同一事项的同一证据，若当事人对其理解不一致，造价鉴定人员可以按两种解释分别作出造价鉴定意见，供委托人在审判时判断使用，委托人已明确按哪一种理解执行的除外。造价鉴定人员不得加入自己的主观判断，只给出一种造价鉴定意见。

（五）当事人不参加质证活动时的处理方式

一方当事人不参加由造价鉴定人员组织的证据交换和证据确认的，造价鉴定人员应当及时提请委托人决定，并按委托人的决定执行；如果委托人未及时决定，造价鉴定人员可以暂按另一当事人提供的证据进行鉴定并在造价鉴定意见书中说明该情况，供委托人判断使用。

三、当事人逾期提交证据的处理方式

当事人未在举证期限届满前提交证据或逾期提交证据的，造价鉴定机构或造价鉴定人员不得擅自接受当事人提交的证据，更不能擅自将其作为造价鉴定的依据。造价鉴定机构或造价鉴定人员是否接受当事人逾期提交的证据，由委托人决定。

《最高人民法院关于适用〈中华人民共和国民事诉讼法〉的解释》(法释〔2015〕5号)(2022年3月22日第二次修正)第一百零一条规定:“当事人逾期提供证据的,人民法院应当责令其说明理由,必要时可以要求其提供相应的证据。当事人因客观原因逾期提供证据,或者对方当事人对逾期提供证据未提出异议的,视为未逾期。”第一百零二条规定:“当事人因故意或者重大过失逾期提供的证据,人民法院不予采纳。但该证据与案件基本事实有关的,人民法院应当采纳,并依照民事诉讼法第六十八条、第一百一十八条第一款的规定予以训诫、罚款。当事人非因故意或者重大过失逾期提供的证据,人民法院应当采纳,并对当事人予以训诫。”由此可见,即使当事人对逾期提交证据存在一定过失,委托人也不宜轻易否定与案件基本事实有关的证据,造价鉴定人员则更不能直接拒绝或否定逾期提交的证据资料。

逾期举证违反举证时限制度,没有遵守举证时限的一方当事人必然要承受由此带来的法律后果。第一,逾期提交的证据会失去证据的效力;第二,逾期提供证据的一方当事人需要承担额外的证明责任,证明其逾期并非属于主观原因,该证据应作为第一种法律后果的例外;第三,当事人在举证期限内未完成有效举证,导致事实真伪难辨、认定不清,逾期的当事人应当承担不利的诉讼或仲裁后果。

关于当事人逾期提交证据后人民法院的处理方式可以参考本书第十三章第八节的案例内容。

四、关于证据采信的相关审判案例

(一)中华人民共和国最高人民法院(2021)最高法民申2016号

争议焦点:《工程联系函》仅有监理单位签字而无建设单位签字,该《工程联系函》对建设单位是否具有约束力?

最高院观点:施工单位于2015年8月28日出具的《工程联系函》载明,建设单位未按约定支付进度款导致停工。该联系函上有监理单位的工作人员签字。施工单位提交的建设单位认可的其他联系函上也有该工作人员的签字。监理单位在施工过程中受建设单位委托,代表建设单位监督工程有关事宜,其所签字的文件对建设单位具有法律效力，故该《工程联系函》对建设单位有约束力。

（二）中华人民共和国最高人民法院（2019）最高法民申1629号

争议焦点：监理公司是否在相关试验记录上签章，仅涉及相应工程是否通过竣工验收的认定问题，即使监理公司工作人员未在试验记录上签字，由于案涉安装、装饰工程部分已实际完成并投入使用，未竣工验收是否影响相应工程部分的结算？

最高院观点：监理公司是否在相关试验记录上签章，仅涉及相应工程是否通过竣工验收的认定问题，根据《最高人民法院关于审理建设工程施工合同纠纷案件适用法律问题的解释》（法释〔2004〕14号）第十三条之规定，建设工程未经竣工验收，发包人擅自使用后，又以使用部分质量不符合约定为由主张权利的，不予支持。本案中，即使监理公司工作人员未在三份试验记录上签字，但由于案涉安装、装饰工程部分已实际完成并投入使用，故不影响相应工程部分的结算；上述工程已完工部分的工程价值亦为造价核定机构核算的结果，二审判决据此认定相应工程价值应计入工程总造价，并无不当。

说明：《最高人民法院关于审理建设工程施工合同纠纷案件适用法律问题的解释》（法释〔2004〕14号）第十三条已经作废，该条款对应《最高人民法院关于审理建设工程施工合同纠纷案件适用法律问题的解释（一）》（法释〔2020〕25号）第十四条，建设工程未经竣工验收，发包人擅自使用后，又以使用部分质量不符合约定为由主张权利的，人民法院不予支持。

（三）中华人民共和国最高人民法院（2020）最高法民终483号

争议焦点：承包人自行增加的施工内容，监理人和发包人明知但未提出异议的，是否可以视为发包人、承包人就相关施工内容变更达成了合意？

最高院观点：凯创公司上诉提出，合同约定承包人不得对原工程设计进行变更，施工图纸未设计不同墙体交界处纤维网格布，三建公司自行增加的施工内容，不应由凯创公司承担费用。经查，纤维网格布客观存在，虽然验收规范对该施工项目无强制性要求，但是监理单位和凯创公司明知三建公司以此方式施工却未提出异议，一审法院认定双方就施工方式达成合意，处理无明显不当，本院予以维持。

（四）中华人民共和国最高人民法院（2021）最高法民申5357号

争议焦点：对于监理人签字但发包人未签字的签证，如果签证的形成过程符合合同约定与双方结算习惯，是否可以作为计算工程额外费用的依据？

最高院观点：关于原审采纳案涉签证数据是否正确问题。秦某某借用大洋众城集团股份有限公司名义与立通公司签订的两份《建设工程施工合同》，明确合同价款为“采用预算加现场签证”；立通公司与监理公司签订的《建设工程监理合同》中约定监理人义务包括审查施工承包人提交的工程变更申请，协调处理施工进度调整、费用索赔、合同争议等事项。虽秦某某提供的案涉经济签证未有立通公司盖章，但已经监理公司确认及监理工程师签字，其中部分签证还附有相关行政管理部门的材料证明停工等产生费用的事由。且另案中其他案涉工程签证亦未有立通公司签字盖章确认，故案涉签证的形成过程符合上述合同约定与双方结算习惯，原审将此作为秦某某向立通公司主张工程额外产生费用的依据，并无不当。立通公司否认签证数据真实性缺乏事实依据，本院依法不予支持。

（五）中华人民共和国最高人民法院（2019）最高法民终1588号

争议焦点：监理单位认可存在停工事实的工程联系单，是否可以作为停工损失的计算依据？

最高院观点：案涉3958296元停工损失系鉴定机构国华公司依据N0045#和N0050#两份工程联系单载明的内容鉴定得出的数额。首先，对于N0045#工程联系单中施工单位提出的停工损失项目和单价监理单位已确认属实，建设单位亦明确表示“具体工程量请监理方与合同项目部共同确认”，表明监理单位和建设单位均认可存在停工事实。一审判决结合淮南市重点工程建设管理局在2012年3—6月存在逾期支付进度款的事实，对该N0045#工程联系单载明的停工损失予以确认，并无不当。该工程联系单属于确认停工损失的联系单，在淮南市重点工程建设管理局已认可停工事实的前提下，该局现以该工程联系单属内部处理，并非变更工程联系单为由，主张其不应承担停工损失责任，与前述查明及认定事实不符。其次，N0050#工程联系单已明确记载，停工长期日晒雨淋导致混凝土接触模板损坏，不能二次利用，并由此造成了相应损失。监理单位对停工时间予以了确认，而建设单位并未就该停工损失提出异议。监理单位在该联系单上写明“……但为何导致以上情况，项目部有无相关资料证明其不是自身原因而造成，资料齐全重新核实”，要求太平洋公司证明不是其自身原因造成上述损失，这实质上属于要求太平洋公司对消极事实进行证明，不尽合理。一审判决根据上述事实，结合淮南市重点工程建设管理局在该期间内确实存在逾期支付进度款的事实，对 N0050# 工程联系单载明的停工损失予以确认，并无不当。对于淮南市重点工程建设管理局关于太平洋公司未提供证据证明该联系单载明的模板损坏的具体原因的上诉主张本院不予支持。

（六）中华人民共和国最高人民法院（2014）民一终字第 56 号

争议焦点：施工方主张发生停窝工的事实，是否应当有监理单位签证或者施工方与建设方往来函件予以证实?

最高院观点：对于 2004—2005 年第一次停工期间人员、机械设备停窝工费用不确定部分的造价 6929833.87 元，经查明，关于该部分诉请款项：2004 年 12 月份的统计表中，只有 12 月 1—6 日的明细，没有其他天数的明细；2004 年 1—6 月和 2005 年 1—3 月，只有现场监理人员签字确认的每月停窝工情况统计表，没有现场监理人员签字确认的每日停窝工情况统计表。上述事实表明，该不确定部分停窝工损失款项虽然有每月的总统计表，但没有与此总统计表一一对应的每日索赔签证统计表，这同案涉工程针对确定部分停窝工损失的通常做法不符，一审法院未支持中铁公司针对该不确定部分停窝工损失的诉请，并无不当。中铁公司上诉请求瑞讯公司赔偿该部分损失，理据不足，应予驳回。

第三节　工程造价鉴定的期限

通常情况下，任何事情都必须在规定的时间内完成，造价鉴定工作也不例外，有着严格的期限限制，该期限在造价鉴定委托时就已经在造价鉴定委托书中载明。造价鉴定机构也可以根据涉案项目的复杂程度与委托人协商鉴定期限，无论协商是否一致，造价鉴定机构都应当严格按照委托人最终确定的期限完成鉴定任务。

一、工程造价鉴定的期限

根据《建设工程造价鉴定规范》GB/T 51262—2017 第 3.7.1 条的规定，造价鉴定的期限可以按表 4-1 执行，但委托人另有要求的从其要求，造价鉴定机构和造价鉴定人员不得用表 4-1 的期限来对抗委托人的期限要求。

造价鉴定期限表　　　　**表 4-1**

争议标的涉及工程造价	期限（工作日）
1000 万元以下（含 1000 万元）	40
1000 万元以上 3000 万元以下（含 3000 万元）	60
3000 万元以上 10000 万元以下（含 10000 万元）	80
10000 万元以上（不含 10000 万元）	100

二、工程造价鉴定期限的相关说明

（一）造价鉴定期限的定义与说明

造价鉴定期限指造价鉴定机构从接受鉴定并已接收证据资料的次日开始，到提交造价鉴定意见书为止总共经历的时间。实践中，鉴定超期是一个司空见惯的问题，然而超期的原因众多，复杂难辨。当事人、委托人及造价鉴定机构和造价鉴定人员都对造价鉴定期限有巨大影响。

（1）当事人的诉讼或仲裁能力及举证能力不足或有意抵触以拖延时间。有些当事人诉讼能力和举证能力不足，或者过程中疏于对施工过程资料进行管理，导致其无法及时举证，比如有些实际施工人，其对资料的管理能力就非常欠缺，有些甚至根本就无法提供相应的证据资料；还有些当事人是非工程领域的投资人或发包人，如软件园、家具厂、科技公司等投资厂房或园区。但有些当事人是有意抵触举证，或者是有预谋地不举证，以拖延造价鉴定甚至是诉讼或仲裁的时间。如某造价鉴定项目的鉴定期限为60日历天，但当事人提交和补充提交证据就持续了一年多。所以说，如何规范和正确引导当事人依法举证或积极配合举证，是缩短造价鉴定期限的重要方面。

造价鉴定人员在实施造价鉴定时，不能期望他们像传统造价咨询那样，拿到所有需要的资料后才出具造价咨询报告。在造价鉴定过程中，当事人经常无法提供完整的工程资料，或者即使提供资料，资料中可能也有瑕疵或矛盾，否则也不会有那么多建设项目进入诉讼或仲裁流程。所以造价鉴定人员要习惯根据现有资料出具造价鉴定意见，如果资料中存在法律问题需要解决或判断就提交委托人确定，委托人暂无法确定的，可以出具多种可供选择的选择性造价鉴定意见；如果证据不齐，可以根据现场勘验作出判断或出具推断性造价鉴定意见。造价鉴定人员切忌一直等待当事人补齐证据再出具造价鉴定意见。理论上规定造价鉴定可以延期，也需要扣除当事人举证、现场勘验等时间，但实务中各高级人民法院在考核或督察造价鉴定期限时，通常只看总时间。对于超期处罚进行申诉难度很大，也很麻烦，建议造价鉴定人员做好过程的工作与记录。

（2）委托人在委托造价鉴定事项上要严格把关，特别是对是否属于必须鉴定的问题上必须准确把握，一旦同意当事人的造价鉴定申请，委托造价鉴定机构后，必须积极与造价鉴定机构和造价鉴定人员深入沟通，特别是对于一些法律问题和专门性的技术问题错综复杂地交织在一起的复杂情况，更应相互深入沟通。同时避免将造价鉴定、评估、会计等事项混淆。

（3）造价鉴定人员要遵守职业操守，充分运用自己的造价专业知识辅助委托人准确确定鉴定事项和鉴定范围及内容，以提高造价鉴定的质量和效率。不能因为是法律问题就不闻不问，任由委托人自行确定，因为委托人欠缺专业知识，有时候可能会导致造价鉴定无限期拖延。

（二）造价鉴定的延期

涉案项目复杂、疑难问题较多等客观情况存在导致造价鉴定项目未能在委托人规定的期限内完成时，造价鉴定机构应在到期前向委托人提出延期申请，经委托人同意后可以延期，关于延期的时间和次数各地人民法院或仲裁机构的做法不尽一致，最终由委托人决定。如《浙江省高级人民法院关于对外委托鉴定、评估工作的规定》（浙高法〔2019〕181号）第十二条规定：“因特别疑难复杂或特殊情况不能按期完成鉴定、评估的，机构应在期限届满前书面向管理部门提出延期时间及理由，由督办人报部门负责人商审判部门后审核决定，延长时间一般不超过30个工作日。”造价鉴定机构和造价鉴定人员必须在委托人同意延长的时间内完成鉴定工作。

（三）造价鉴定的期限应为净时间

在造价鉴定过程中，等待当事人提交证据、补充证据以及现场勘验的时间不计入鉴定期限，造价鉴定人员在鉴定过程中，应提请委托人从总花费的时间中扣除以上时间后确定实际的鉴定时间。造价鉴定人员在鉴定实施过程中应做好鉴定笔记，记载每一个程序和时间，以便于向委托人申请扣除等待当事人举证、现场勘验等时间。对此，《建设工程造价鉴定规范》GB/T 51262—2017第3.7.4条作了详细的规定：“在鉴定过程中，经委托人认可，等待当事人提交、补充或者重新提交证据、勘验现场等所需的时间，不计入鉴定期限。”

第四节　工程造价鉴定的方法和程序

事必有法，然后可成。过程受控，方出精品。有方法、有步骤，则必能形成公平、公正、客观的造价鉴定意见。本节主要介绍造价鉴定的方法和步骤等内容，以让造价鉴定人员根据涉案项目的特点确定正确的方法和完整的步骤，确保过程受控，结果可控，最终形成完整而且可以被当事人认可和委托人采信的造价鉴定意见。

一、工程造价鉴定的方法

造价鉴定人员应遵循以“事实为依据，以法律为准绳”的原则，尊重当事人的合同约定、建设工程科学技术和造价专门知识，选择适合涉案项目的造价鉴定方法，对工程造价进行鉴别和判断，最终出具造价鉴定意见。鉴定事项所涉及的鉴定技术或方法争议较大的，应当首先对鉴定技术和方法的可靠性进行审查，委托人若发现造价鉴定技术和方法不具有可靠性的，则不应当委托造价鉴定。

（一）首选合同约定的计价原则和方法进行鉴定

在委托人未告知造价鉴定人员合同无效时，造价鉴定工作应该选择当事人合同约定的计价原则和方法进行鉴定，这个是当事人意思自治的充分体现，也是对当事人的充分尊重。当委托人告知造价鉴定人员合同无效时，造价鉴定人员应该按照委托人确定的计价原则和方法进行鉴定。

（二）证据不足导致无法根据合同约定的计价原则和方法进行鉴定的情况

因当事人提供的证据有限，造价鉴定人员无法采用合同约定的计价原则和方法进行鉴定时，可以按照与合同约定方法相近的原则，选择适合鉴定项目的方法进行鉴定，如采用施工图预算、概算或估算等方法进行鉴定。但造价鉴定人员自己选择的方法需要征求当事人的意见，当事人同意后再请委托人决定。若当事人不同意，但造价鉴定人员认为自己所选择的方法确实公平、公正、合理，也可以提请委托人决定。

造价鉴定人员应掌握多种鉴定方法或计量计价方法，并积累足够多的技术经济指标数据，避免因造价鉴定方法单一造成无法鉴定而退鉴的事情发生。当前有些造价鉴定人员思维单一，综合能力不足，且缺乏技术经济数据指标库的有力支撑，导致其只能按图算量，按定额计价，一旦证据有所缺失，更对鉴定无能为力、无从下手了。最后又把应该由造价鉴定人员运用专业知识解决的专门性问题踢给了委托人，这样既不利于造价鉴定机构自身的发展，也不利于委托人对案件的判决或裁决。

造价鉴定人员要熟读《建设工程造价鉴定规范》GB/T 51262—2017，特别是第5.4条关于证据欠缺的鉴定内容，在证据欠缺的情况下根据自己的专业知识和综合能力为委托人提供一份当事人适度认可但因其无法提供相应证据又无可奈何的造价鉴定意见。这是造价鉴定人员的能力，更是一种境界，也需要深厚的专业功底、庞大的数据支撑和全面的综合能力。

有些鉴定方法虽然看似不是最优的方法，但是在证据欠缺的情况下，却是最科学、可靠，且唯一的方法。即使当事人对此方法持有异议，但因其负有举证责任，所以其对此方法也只能接受，这也为委托人的审判或裁判提供了依据和参考，有利于提高处理案件的效率。

对证据欠缺的涉案项目进行造价鉴定时，可参考本章第十二节的相关内容。

（三）造价鉴定过程中推动鉴定工作的一些方法

（1）造价鉴定人员在鉴定过程中应按照委托人的要求，对当事人的争议事项单独给出造价鉴定意见，便于委托人在审判或裁判时使用。避免造价鉴定意见过于笼统，既不利于当事人质证，也不利于委托人使用。造价鉴定人员作出的推断性意见，起到了弥补委托人专业知识不足的重要作用，造价鉴定人员务必对其作出详细的说明。

（2）造价鉴定过程中，造价鉴定人员可以从专业的角度对双方当事人进行分析，争取促使当事人对一些争议事项达成妥协性意见，造价鉴定人员应及时将妥协性意见作成书面文件由当事人签字确认。造价鉴定人员应将妥协性意见报告委托人，并在最终的造价鉴定意见中进行详细说明。这个方法对造价鉴定人员的专业知识素养和综合能力要求极高，但此方法可以很大程度提高造价鉴定工作的时效，节约成本，也能推动案件的快速审理。

（3）造价鉴定人员在造价鉴定过程中，应仔细观察双方当事人的心理变动，当发现当事人间的争议逐渐减少，有和解意向时，造价鉴定人员应以专业的见解和客观公正的站位促使当事人和解。一旦双方当事人达成和解，造价鉴定人员应及时报告委托人，便于争议快速、顺利解决。

实践中，随着造价鉴定金额的逐步确定，当事人对自己的诉讼或仲裁请求也有一个正确的把握，于是有些当事人便产生了和解的想法，但是有时这种想法稍纵即逝，所以造价鉴定人员要善于分析观察，一旦发现，马上行动，快速出手，通过造价鉴定人员的努力，提高诉讼或仲裁时效，节约诉讼成本，这也是对《最高人民法院关于人民法院进一步深化多元纠纷解决机制改革的意见》（法发〔2016〕14 号）相关规定的实践。同时也可以节约造价鉴定机构为项目付出的时间，从而提高经济效益。

造价鉴定人员运用此方法时不能违背当事人的意愿，更不能用专业知识将自身的意愿强加于当事人；在促使和解的过程中造价鉴定人员不得利用专业知识或信息的不对称，采用误导、欺骗等方式使当事人产生错觉而同意和解；诉讼或仲裁过程中的和解涉及诸多法律问题，所以一旦双方当事人同意和解，造价鉴定人员务必第一时间报告委托人，由委托人完成和解的相关工作。

和解是解决造价纠纷最节约也是最互利的方式，造价鉴定人员在实施造价鉴定过程中，要随时具有“劝和”的思维，引导当事人达成和解。这对造价鉴定人员的综合能力也提出了更高的要求，但一旦此能力得到提升，造价鉴定人员也可以开拓建设项目的诉前调解业务，或成为优秀的建设项目造价纠纷调解员。

二、造价鉴定的程序

造价鉴定的步骤从造价鉴定的启动开始，到提交造价鉴定意见或提交补充造价鉴定意见（若有）或对原造价鉴定意见进行补正（若有）结束。具体包含以下内容：启动造价鉴定—选取造价鉴定机构—委托人出具造价鉴定委托书—造价鉴定机构接受委托并回复委托人（若拒绝，则步骤到此为止）—申请鉴定一方当事人预缴造价鉴定费用—造价鉴定人员提交补充证据资料清单—现场勘验—自行计量计价—邀请双方当事人核对—问题澄清及争议处理—出具造价鉴定意见书征求意见稿—当事人对征求意见稿提出书面疑问—造价鉴定人员对双方当事人提出的疑问确认后出具正式造价鉴定意见书—庭审对造价鉴定意见质证—造价鉴定人员出庭作证（若当事人申请或委托人认为需要，否则无此步骤）—出具补充造价鉴定意见书（若有）—对原造价鉴定意见书进行补正（若有）。

邀请当事人进行核对及出具造价鉴定意见书征求意见稿是对造价鉴定机构和造价鉴定人员最大的保护，务必引起重视。同时上述两项工作也可以把争议解决在庭审之前，很大程度上降低出庭的概率和减少出庭的频率。

若造价鉴定机构在接收到委托人的委托书后因正常原因拒绝造价鉴定业务，应以书面形式拒绝，且应说明拒绝原因，则造价鉴定步骤到此结束。造价鉴定步骤中的造价鉴定人员出庭作证不是必备程序，具体根据实际需要确定，若当事人提出造价鉴定人员出庭作证且委托人同意，同时申请一方当事人已缴纳出庭作证费用，则造价鉴定人员必须出庭作证，具有法定无法出庭的原因除外。补充造价鉴定意见书是在原有造价鉴定意见书的基础上作出的补充，亦根据实际情况确定是否出具。对原造价鉴定意见书进行补正是否进行，亦根据实际情况确定。

造价鉴定活动必须严格遵守相应的鉴定程序，鉴定程序是造价鉴定意见具备证据效力的首要条件。只有程序合法，才能进一步审查造价鉴定意见的证明力。一旦鉴定程序违法，其造价鉴定意见的可靠性与公正性必将受到质疑，服务和保障诉讼或仲裁活动的作用亦将无法实现。

为更好地确保程序合法，确保流程可以追溯。造价鉴定人员与委托人联系鉴定工作时应制作《造价鉴定工作联系函》（《造价鉴定工作联系函》样式见本章第十五节），同时制作好《造价鉴定工作流程信息表》（《造价鉴定工作流程信息表》样式见本章第十五节）。

第五节 合同争议的工程造价鉴定

施工合同是当事人合作共赢的纽带，也是当事人的真实意思表示，更是当事人共同遵守的“法定文件”。当事人依法成立的施工合同对双方均具有约束力，双方当事人应当按照约定履行自己的义务，不得擅自变更或解除。但有时可能存在主观或客观等种种问题，导致合同的效力可能存在争议、合同的条款可能发生矛盾、合同的约定可能不明确、合同的版本可能不一致等，从而在合同执行过程中或合同执行完毕后对质量、支付等产生争议，进而走向诉讼或仲裁的纠纷解决之路。如果双方可以和解或寻找第三方进行调解来解决纠纷或矛盾，则可以不用进行诉讼或仲裁，具体选择哪种方式，需要根据合同中关于纠纷或争议的约定确定。施工合同发生争议时，按以下原则实施造价鉴定。

一、关于因合同效力发生争议的造价鉴定

（一）委托人认为合同有效的，造价鉴定人员应该按照合同约定的原则和方法进行鉴定

合同是双方当事人的真实意思表示，只要合同的约定不违法，造价鉴定人员就无权根据自己的主观臆断或专业技术方面的惯例来否定合同的约定，或者有选择或有取舍地使用合同的约定。

（二）委托人认为合同无效的，造价鉴定人员应该按照委托人的决定进行鉴定

合同无效的认定权或者合同的撤销权，均属于委托人的审判权，由委托人来作出判断，一旦委托人认定合同无效，造价鉴定人员必须按照委托人认定的计价原则和方法进行鉴定。因委托人缺乏工程造价的专业知识，在确定计价方法和原则时可能存在困难，造价鉴定人员此时应主动辅助委托人作出准确、公正的判断和决定。

二、关于因合同有效但对计价原则和方法约定不明或没有约定发生争议的造价鉴定

对于建设工程而言，对计量计价原则和方法约定不明或没有约定的本质是一样的，都需要当事人予以协商确定，但在诉讼或仲裁阶段，当事人基本上是无法达成一致意见的。

造价鉴定人员遇到此类问题后，可以向委托人提出参照“拟鉴定项目所在地同时期适用的计量计价依据、计量计价方法和签约时的市场价格信息进行鉴定”的专业性建议，待委托人决定后可以使用；若委托人不同意造价鉴定人员的建议，造价鉴定人员应按委托人决定的计量计价原则和方法进行鉴定。

三、关于因合同约定的计价原则和方法前后矛盾发生争议的造价鉴定

鉴定项目的合同对计量计价原则和方法的约定出现前后矛盾的，造价鉴定人员应提请委托人确定，由委托人决定使用哪一条款作为造价鉴定的依据。若委托人暂时无法确定采用哪一条款，造价鉴定人员应按照不同的约定内容分别出具造价鉴定意见，供委托人判断使用。

造价鉴定人员在鉴定过程中，对于当事人对不同矛盾条款的主张，不得根据自己的专业经验或行业习惯擅自作出采用某一种理解方式的决定，因为这个属于法律问题，涉及委托人的审判权，而不是造价鉴定机构和造价鉴定人员的鉴定权。

对于此类争议问题的鉴定，若委托人在鉴定前无法确定适用的合同条款，造价鉴定人员应按不同理解分别出具造价鉴定意见，这样往往会加大造价鉴定机构和造价鉴定人员的工作量，也会导致鉴定费用增加，最终造成当事人的诉讼或仲裁成本增加。所以造价鉴定人员应当在鉴定之前尽量让委托人作出明确的决定。

四、关于当事人因各自提交的合同内容不一致发生争议的造价鉴定

有时当事人会分别提交不同的签约合同，此时造价鉴定机构和造价鉴定

人员应该提请委托人决定本次鉴定适用的合同文本，若委托人暂时无法确定，造价鉴定人员可以按不同的合同文本分别出具造价鉴定意见，供委托人判断适用。

这就是通常所说的“黑白合同”或“阴阳合同”问题，这个问题属于法律问题，涉及委托人的审判权，而不是造价鉴定机构和造价鉴定人员的鉴定权，造价鉴定人员不得越权，以免出现“以鉴代审”的乱象或怪象。

对于此类争议问题的鉴定，若委托人在鉴定前无法确定适用的合同文本，往往也会加大造价鉴定机构和造价鉴定人员的工作量，也会导致鉴定费用增加，最终造成当事人的诉讼或仲裁成本增加。所以造价鉴定人应当在鉴定之前尽量让委托人作出明确的决定，但最终是否明确，以委托人的决定为准。

五、合同争议的造价鉴定的相关审判案例

（一）案例名称及案号

1. 案例名称

长春一汽富晟四维尔汽车零部件有限公司（以下简称富晟四维尔公司）与长春建工集团股份有限公司（以下简称长建集团）建设工程施工合同纠纷案。

2. 案号

（2019）吉民终 461 号，该案判决书获得 2021 年全国法院优秀裁判文书。

（二）案情介绍及裁判摘要

1. 案情介绍

案涉内容：原厂房地面及基础、拆除外网路面部分工程。

合同约定：计价按《吉林省市政工程计价定额》《吉林省房屋修缮及抗震加固工程计价定额》执行。

案涉工程发包方单方委托的审价单位按照市政定额计算造价为 1005752 元，法院委托的司法鉴定单位按照加固工程定额计算造价为 5158988 元。双方争议的焦点是案涉工程应当按哪个定额计价？

2. 裁判摘要

吉林省高级人民法院认为应当结合各定额的适用范围、合同约定内容、现

场施工实际情况等作出合理认定。

（1）从合同内容约定看

合同约定按《吉林省市政工程计价定额》《吉林省房屋修缮及抗震加固工程计价定额》计价，合同双方对两份定额可能影响的成本预算、利润收益均应充分预见。

（2）从两个定额标准的适用范围看

《吉林省房屋修缮及抗震加固工程计价定额》的定额说明中明确："确定本定额水平时，已考虑了房屋修缮及抗震加固工程中普遍存在的施工地点分散、现场狭小；连续作业差、保护原有建筑物及环境设施等不利因素的影响……本定额除章、节另有规定外，均以手工操作或配合中小型施工机械作业为准。"《吉林省市政工程计价定额》适用于"吉林省行政区域内城镇管辖范围内的新建、扩建市政工程"。本案案涉工程既非狭小空间内的分散、保护性作业，亦非行政区域内市政工程。

（3）从案涉工程现场施工实际情况看

富晟四维尔公司和长建集团向一、二审法院提交的现场施工照片显示，施工发生在空旷无遮挡场地，且施工中使用了大型破碎机等大型机械设备，亦可见有部分人工手动施工作业，且原厂房基础中存在大量钢筋混凝土，其拆除难度明显高于市政道路拆除。

（4）判决结果

关于案涉工程价款的鉴定依据即《吉林省房屋修缮及抗震加固工程计价定额》与《吉林省市政工程计价定额》的选择，选择适用任何一种定额均存在合理性但单独适用任何一种定额亦存在一定不合理因素，吉林省高级人民法院结合上述分析综合考量酌定以两种定额适用比例各为 50% 为宜。因富晟四维尔公司曾于一审提交了其委托吉林省晟裕工程咨询有限公司（以下简称晟裕公司）以《吉林省市政工程计价定额》为标准作出的《工程造价咨询结算报告》（以下简称晟裕报告），该报告的鉴定金额为 1005752 元。为减轻双方当事人诉累、解决争议、提升审判效率，吉林省高级人民法院以嘉信报告和晟裕报告的鉴定数据为依据，认定拆除原厂房地面及基础、拆除外网路面部分工程造价为 3082370 元（5158988 元 ×50% ＋ 1005752 元 ×50%）。

（三）案例思考

（1）作为造价鉴定机构，在发现合同约定的两种计价定额不一致时，或者存在其他问题导致对合同的理解有争议时，应提请委托人确认，不得擅自按照某一种理解方式进行鉴定。这种做法属于典型的“以鉴代审”行为，严重侵害了审判法官的审判权，也损害了司法公正。

（2）造价鉴定机构提请委托人确认后，委托人若无法确定或暂不明确适用的合同条款，造价鉴定机构或鉴定人应根据《建设工程造价鉴定规范》GB/T 51262—2017 第 5.3.5 条“鉴定项目合同对计价依据、计价方法约定条款前后矛盾的，鉴定人应提请委托人决定适用条款，委托人暂不明确的，鉴定人应按不同的约定条款分别作出鉴定意见，供委托人判断使用”的规定，分别出具造价鉴定意见，供委托人判断使用。

（3）该鉴定项目的一审造价鉴定机构若能严格按照《建设工程造价鉴定规范》GB/T 51262—2017 的相关规定，提请委托人确认或出具两份可供判断的造价鉴定意见，该项目可能就不用进行二审，既节约了当事人的时间精力，也节约了社会的司法资源。

第六节　计量争议的工程造价鉴定

对工程的精准计量是准确确定工程造价的必要条件，对工程的计量也是确定工程造价过程中的重要环节，是很容易产生争议或纠纷的环节。施工合同双方当事人对计量发生争议时，按以下原则实施造价鉴定。

一、鉴定项目图纸等资料齐备且合同约定了计量方式的计量争议造价鉴定

当事人双方对拟鉴定项目的工程量存在争议，但拟鉴定项目的图纸等证据资料齐备，且当事人对合同约定的计量方式并无争议，造价鉴定人员应严格按照合同约定的计量方式进行计量。

二、鉴定项目图纸等资料齐备但合同未约定计量方式的计量争议造价鉴定

当事人双方对拟鉴定项目的工程量存在争议，但拟鉴定项目的图纸等资料齐备，只是合同并未约定计量方式的，造价鉴定人员应当提请委托人确定，委托人无法确定的，造价鉴定人员可以建议委托人按照国家现行的计量规范规定的计量方式进行确定，如果没有国家现行规范的，可以参照行业标准或拟鉴定项目所在地的地方标准进行确定。造价鉴定人员应当按照委托人确定计量方式进行计量。

三、双方当事人已签字确认工程量的计量争议造价鉴定

一方当事人对双方当事人已经签字确认的计量结果有争议的，造价鉴定人员应按以下原则进行鉴定。

（1）当事人一方仅对计量结果提出异议，但未提供任何证据或提出的证据与计量结果无关联关系，则造价鉴定人员应当按照双方签字确认的计量结果进

行计量。

（2）当事人一方对计量结果提出异议后，同时提出了强有力的证据证明了计量结果是有误的，或者不是双方当事人的真实意思表示，造价鉴定人员应当对计量结果进行复核，必要时应当提请委托人同意前往现场进行勘验复核，造价鉴定人员在勘验过程中应作好勘验笔录，详细记载对计量结果的复核情况，现场勘验结束后应要求双方当事人代表和委托人签字确认。勘验笔录经质证后可以直接作为造价鉴定的依据。

造价鉴定人员在鉴定过程中，不能只重视书证，而忽略对书证真伪的判断，特别是一方当事人已经对书证提出质疑时，造价鉴定人员更应该对书证进行核实。做好双方当事人有异议书证的核实工作，是做好造价鉴定工作的前提条件，造价鉴定人员对此必须重视，而且应形成常态化的思维方式。核实意味着让事实说话，既体现了造价鉴定的客观、公正，也消除了提出异议的一方当事人的疑虑，最终会提高造价鉴定工作的效率。

四、总价合同工程量的计量争议造价鉴定

当事人对总价合同的工程量计量方式发生争议的，总价合同若约定了计量标准，造价鉴定人员应按照合同约定的方式进行计量；若合同没有约定，造价鉴定人员应仅对变更部分进行鉴定。

造价鉴定人员在鉴定总价合同时，应当严格按照合同约定的范围和内容进行鉴定，并分析合同的内容与性质，确定该合同是属于不可调总价合同还是可调总价合同，工程量是否可以调整，并将分析的经过和结果写入造价鉴定意见书。

五、计量争议造价鉴定的相关审判案例

参考本书第十三章第一节的案例内容。

第七节　计价争议的工程造价鉴定

单价和工程量是确定工程造价的两个变量，因此计价也是准确确定工程造价的必要条件，准确确定计价方法或标准也是确定工程造价过程中的重要环节，是很容易产生争议或纠纷的环节。施工合同双方当事人对计价发生争议时，按以下原则实施造价鉴定。

一、合同有效且对计价有约定情况下计价争议的造价鉴定

委托人认为合同有效，且合同中也明确约定了计价的原则和方法。造价鉴定人员应该按照合同约定的计价原则和方法进行造价鉴定。合同是双方当事人的真实意思表示，只要合同的约定不违法，造价鉴定人员就无权根据自己的主观臆断或专业技术方面的惯例来否定合同的约定，或者有选择或有取舍地使用合同的计价约定。

二、当事人因合同有效但对计价原则和方法约定不明或没有约定发生争议的造价鉴定

对于建设工程而言，对计价原则和方法约定不明或没有约定的本质是一样的，都需要当事人予以协商确定，但在诉讼或仲裁阶段，当事人基本上是无法达成一致意见的。

造价鉴定人员遇到此类问题后，可以向委托人提出参照“拟鉴定项目所在地同时期适用的计价依据、计价方法和签约时的市场价格信息进行鉴定”的专业性建议，待委托人决定后可以使用；若委托人不同意造价鉴定人员的建议，造价鉴定人员应按委托人决定的原则和方法进行鉴定。

三、当事人因合同约定的计价原则和方法前后矛盾发生争议的造价鉴定

拟鉴定项目的合同对计价原则和方法的约定出现前后矛盾的，造价鉴定人员应提请委托人确定，由委托人决定使用哪一条款作为造价鉴定的依据。若委托人暂时无法确定采用哪一条款，造价鉴定人员应按照不同的约定内容分别出具造价鉴定意见，供委托人判断使用。

造价鉴定人员在鉴定过程中，对于当事人对不同矛盾条款的主张，切忌根据自己的专业经验或行业习惯擅自作出采用某一种理解方式的决定，因为这个属于法律问题，涉及委托人的审判权，而不是造价鉴定机构和造价鉴定人员的鉴定权，造价鉴定人员切忌越权，以免出现“以鉴代审”的乱象或怪象。

对于此类争议问题的鉴定，若委托人在造价鉴定前无法确定适用的合同条款，往往会加大造价鉴定机构和造价鉴定人员的工作量，也会导致造价鉴定费用增加，最终造成当事人的诉讼或仲裁成本增加。所以造价鉴定人员应当在鉴定之前尽量让委托人作出明确的决定。

四、当事人因物价波动要求调整合同价款发生争议的造价鉴定

（1）合同中约定了物价波动计价风险范围和幅度的，造价鉴定人员应严格按照合同约定的内容进行鉴定。

（2）合同中约定了物价波动可以调整合同价款，但未约定调整的范围和幅度的，造价鉴定人员应提请委托人确定，委托人无法确定时，造价鉴定人员可以建议委托人按现行国家标准计价规范的相关规定进行鉴定，委托人最终按照委托人的决定进行鉴定。对于已经采用价格指数法进行调整的项目，不再适用本内容进行调整。

（3）合同中约定物价波动不调整合同价款，但一方当事人主张调整的，造价鉴定人员应提请委托人决定，造价鉴定机构和造价鉴定人员应当按照委托人的决定执行，切忌擅自做主决定是否可以调整。

五、当事人因人工费调整文件要求调整合同价款发生争议的造价鉴定

（1）合同中约定了人工费调整范围和幅度的，造价鉴定人员应严格按照合同约定的内容进行鉴定。

（2）合同中对人工费调整的事项没有约定或约定不明确的，造价鉴定人员应提请委托人确定，委托人无法确定时，要求造价鉴定人员提出意见的，造价鉴定人员可以根据涉案项目所在地工程造价管理部门发布的人工费综合调整系数进行调整，并出具鉴定意见供委托人判断使用。如果当事人的合同文件并不是采用涉案项目所在地使用的造价软件制作，则无法直接计算人工费调整文件导致合同价款调整的金额，造价鉴定人员可以按经验为委托人测算调整合同价款的金额，供委托人判断使用。

（3）合同中约定人工费不调整，但一方当事人主张调整的，造价鉴定人员应提请委托人决定，造价鉴定机构和造价鉴定人员应当按照委托人的决定执行，切忌擅自做主决定是否可以调整。若委托人需要造价鉴定人员按照一方当事人的请求进行测算，造价鉴定人员应按照委托人的需求进行测算。

六、当事人因材料价格发生争议的造价鉴定

（1）合同中约定了材料价格的，造价鉴定人员应严格按照合同约定的内容进行鉴定。

（2）承包人在采购材料前已经将价格上报给发包人或其聘请的其他代表，且相关人员已经签字认可的，造价鉴定人员应按签字认可的材料价格进行鉴定。

（3）承包人在采购材料前未报发包人或其聘请的代表认质认价的，造价鉴定人员应按双方合同约定的材料价格进行鉴定。

（4）发包人认为承包人采购的材料不符合质量要求的，造价鉴定人员应当及时上报委托人，当事人可以就质量方面的问题另行申请质量鉴定，质量鉴定结束后再进行造价鉴定；造价鉴定人员也可以按照合格与不合格分别出具造价鉴定意见，待委托人分清质量责任后选择使用。这样可以提高造价鉴定时效。

七、发包人以工程质量不合格为由拒绝办理工程结算发生争议的造价鉴定

（1）对于已经验收合格或者虽未进行竣工验收，但发包人已经投入使用的工程，造价鉴定人员应按照合同约定的方式进行鉴定。

（2）对于已竣工但未验收且发包人未投入使用的工程，以及停工、停建等不再施工的半拉子工程，造价鉴定人员应对质量无争议和质量有争议的项目分别按合同约定进行造价鉴定。若发包人认为工程质量有问题且需要申请质量鉴定，造价鉴定人员应将此问题及时上报给委托人，是否启动质量鉴定由委托人决定。若委托人同意发包人的质量鉴定申请，造价鉴定工作也可以继续进行，但鉴定意见应将质量合格与不合格部分分开列项，并作出详细说明，待委托人通过质量鉴定划分清楚责任后，再对分开列项的造价鉴定意见判断使用。

八、计价争议造价鉴定的相关审判案例

（一）中华人民共和国最高人民法院（2020）最高法民终 871 号

争议焦点：固定总价合同履行过程中，承包人未完成工程施工的，工程价款如何确定？

最高院观点：双方合同约定的是固定总价，北方嘉园二期住宅项目为未完工程，固定总价合同中未完工程的造价计算应采用比例折算法，即以合同约定的固定价为基础，根据已完工工程占合同约定施工范围的比例计算工程款。

（二）中华人民共和国最高人民法院（2020）最高法民终 337 号

争议焦点：约定固定总价下浮，工程未完工的，已完工程造价是否下浮？

最高院观点：关于工程总造价是否应当下浮 5% 的问题。福建九鼎认为其 5% 的让利承诺是基于固定包干价作出的，鉴定机构按实际工程量的金额得出造价，改变了计价基础，因此造价不应下浮 5%。本院认为，根据双方签订的《建设工程施工合同》的约定，单栋建筑包干价格为 6279953.08 元，在此总价基础上下浮 5% 后单栋建筑价格为 5965955.43 元；五标段共计 16 栋建筑，总价为 100479249.28 元，下浮后总价为 95455286.82 元。该结算条款采用包干价格，双方达成下浮合意的前提条件为“在此总价”，即包干的价格基础上。本

案通过司法鉴定确定工程价款，改变了下浮合意的前提条件，故对于福建九鼎关于工程总造价不应下浮 5% 的主张，予以支持。

（三）中华人民共和国最高人民法院（2020）最高法民申 3463 号

争议焦点：承包人中途退场的，安全文明施工费、临时措施费是否可以根据已完工程计取？

最高院观点：关于安全文明施工费、临时措施费、考评费、奖励费计费问题。经查，鉴定机构已在《听证会对上海星宇建设集团有限公司异议的回复》第三项中对星宇公司的异议作了答复，因星宇公司中途退场，鉴定机构根据星宇公司已完工程计取安全文明施工费、临时措施费并无不当。

（四）中华人民共和国最高人民法院（2020）最高法民终 1113 号

争议焦点：发包人违约，承包人按发包人要求进行现场交接的，未完工程的考评费、奖励费是否可以按照已完工程比例计取？

最高院观点：关于考评费、奖励费 194.257432 万元。鉴定机构作出的《补充鉴定意见书》中载明考评费、奖励费系工程正常施工过程中根据工程情况核算和计取的费用。因杭建工公司与中广发公司中止合同后撤离工地，而且《补充鉴定意见书》也载明前期安全文明措施费已经投入，项目部临建房也未计算回收利用费用，未完工程仍可使用，所以，一审法院判令中广发公司承担上述考评费、奖励费并无不当。

（五）中华人民共和国最高人民法院（2020）最高法民终 483 号

争议焦点：承包人自行增加的施工内容，监理人和发包人明知但未提出异议的，可否视为发包人、承包人就相关施工内容变更达成了合意？

最高院观点：凯创公司提起上诉称，合同约定承包人不得对原工程设计进行变更，施工图纸未设计不同墙体交界处纤维网格布，三建公司自行增加的施工内容，不应由凯创公司承担费用。经查，纤维网格布客观存在，虽然验收规范对该施工项目无强制性要求，但是监理单位和凯创公司明知三建公司以此方式施工却未提出异议，一审法院认定双方就施工方式达成合意，处理无明显不当，本院予以维持。

（六）中华人民共和国最高人民法院（2021）最高法民终 412 号

争议焦点：实际施工人的应得工程价款的间接费中是否应该扣除企业管理

费、规费和利润？

最高院观点：华昆咨询价鉴（2019）2号鉴定意见书载明，间接费868820元包括了企业管理费、规费和利润。因企业管理费与实际施工人的资质无关，且潘某某在建设施工过程中进行了具体的工程管理，故管理费不应从潘某某的应得工程价款中扣除。而规费为政府和有关权力部门规定必须缴纳的费用，包括为职工缴纳的五险一金以及按规定应缴纳的施工现场工程排污费等费用，因案涉工程由潘某某组织的工人施工，所涉及的五险一金等应由潘某某承担，故规费不应从潘某某的应得工程价款中扣除。至于利润，潘某某作为施工方，其劳力、材料等已物化在建设工程的整体价值中，在潘某某完成的工程不存在质量问题的情况下，中铁十二局二公司的合同目的已实现，利润是潘某某理应获得的相应对价，如将该部分利润留给中铁十二局二公司，则基于同样一份无效合同，中铁十二局二公司将获得更多的非法利益，有违合同公平合理的基本原则，故利润亦不应从潘某某的应得工程价款中扣除。

第八节　工期索赔争议的工程造价鉴定

工期是建设工程合同的实质性内容，工期延误往往会造成成本增加以及发包人无法按时将工程投入使用或生产而产生重大投资损失。所以工期延误会对合同双方当事人的权利和义务造成重大影响。对工期索赔的争议按以下原则实施造价鉴定。

一、当事人因涉案项目的开工日期发生争议的造价鉴定

当事人对涉案项目的开工日期有争议的，造价鉴定人员应提请委托人确定，造价鉴定人员应按照委托人的决定进行鉴定。委托人要求造价鉴定人员提出意见的，造价鉴定人员可以按以下原则提出建议，供委托人判断使用。

（1）合同中约定了开工日期，但发包人或其委托的监理单位、项目管理单位又批准了承包人的开工报告或发出开工通知，应该按批准的开工报告或发出的开工通知上记载的开工日期进行鉴定。

（2）合同中未约定开工日期，按发包人或其委托的监理单位、项目管理单位批准的开工报告或发出的开工通知上记载的开工日期进行鉴定。

（3）合同中约定了开工日期，但由于承包人的问题而无法开工，承包人应及时向发包人报告。发包人接到承包人的延期报告后同意承包人延期要求的，开工日期相应顺延；发包人接到承包人的延期报告后不同意承包人延期要求的，开工日期不予顺延，应继续按照合同约定执行；承包人未在合同约定的期限内向发包人申请延期的，开工日期应继续按照合同约定执行。

（4）因非承包人原因以及不可抗力而无法按合同约定时间开工的，应按合同约定时间相应顺延。

（5）证据材料均无法证明是发包人还是承包人的原因导致实际开工日期提前或推后的，应采用合同约定的开工日期。

二、当事人因涉案项目的工期发生争议的造价鉴定

（1）合同中明确约定了工期的，造价鉴定人员应以合同约定的工期进行鉴定。

（2）合同中对工期的约定不明确或没有约定的，造价鉴定人员应提请委托人确定，委托人要求造价鉴定人员提出建议的，造价鉴定人员可以按涉案项目所在地相关专业主管部门的规定或国家相关工程的工期定额进行鉴定。由于建设项目的复杂性，其工期的确定也是一个复杂的问题，而且实际工期与承包人的施工组织有很大的关系，所以有时也不能直接简单地按工期定额进行计算。这个方法应该征求双方当事人的意见及取得委托人的同意。

（3）对于合同约定工期比较含糊的情形，可以按以下方式处理：

① 合同中虽然约定了工期天数，但约定的工期天数与开工时间和结束时间之间持续的天数不一致，这种情形一般以约定的工期天数为准；

② 合同中只约定了里程碑节点的完成时间，但未约定工期天数和开工日期，这种情形一般可以通过计算经审批的施工总进度计划中计划开工日期与完工里程碑之间的持续时间来确定合同工期；

③ 一般在分包合同中，可能对开工日期、竣工日期或工期天数都未约定，也没有施工总进度计划，这种情形可以参照承包人计划工期综合进行确定。

三、当事人因涉案项目的实际竣工日期发生争议的造价鉴定

当事人对涉案项目的竣工日期有争议的，造价鉴定人员应提请委托人决定，造价鉴定人员应按照委托人的决定进行鉴定。委托人要求造价鉴定人员提出意见的，造价鉴定人员可以按以下原则提出建议，供委托人判断使用。

（1）涉案项目已经竣工验收且验收合格的，以竣工验收之日为竣工日期。

（2）承包人已经提交竣工验收报告，发包人应在收到竣工验收报告之日起按合同约定的时间完成竣工验收，但因发包人原因未完成验收的，以承包人提交竣工验收报告之日为竣工验收日期。

（3）涉案项目未经竣工验收，但发包人未经承包人同意而擅自使用的，以发包人占有涉案项目之日为竣工验收日期。

确定涉案项目的竣工日期，其法律意义在于以下几个方面：第一是判断工期是否延误；第二是确定给付工程款的本金与利息的起算时间；第三是计算违约金；第四是涉及人工费、材料费等风险的分配问题。

四、当事人因涉案项目暂停施工、顺延工期发生争议的造价鉴定

（1）因发包人原因造成暂停施工的，承包人主张工期顺延，应予以支持，相应顺延工期。

（2）因承包人原因造成暂停施工的，承包人主张工期顺延，不予支持，工期不顺延。

（3）工程竣工验收之前，发包人与承包人对工程质量发生争议导致停工进行质量鉴定的，若质量合格，且承包人并无过错，则鉴定期间为顺延的工期；若质量不合格，鉴定期间影响的工期不顺延，由承包人自行承担损失。

（4）由外部环境或因素导致的暂停施工需要具体分析。如政策法规导致的停建、缓建；政府部门要求的停工；不可抗力、异常恶劣的气候条件、不利物质导致的停工，甚至停建，发生以上情况一般均应顺延工期。但若是因为承包人与地方群众发生纠纷导致群众阻挠施工而停工，工期损失由承包人自行承担，发包人不予顺延工期。

（5）进行顺延工期计算时，只考虑关键线路上的延误事件，但同时应观察非关键线路的变化，一旦有些非关键线路因为延误反而变为关键线路，则应该重新分析计算。

五、当事人因涉案项目设计变更导致顺延工期发生争议的造价鉴定

当事人对涉案项目设计变更导致顺延工期有争议的，造价鉴定人员应参考经审批的施工进度计划，判断设计变更是否增加了工程量从而增加了关键线路的时间，如果增加了关键线路的时间，则应相应顺延工期，否则，工期不予顺延。

当设计变更增加的工作并非是关键线路的关键工作，造价鉴定人员不能想当然地认为就不予延长工期，而应进行计算，避免非关键线路因设计变更的增

加成为关键线路，此时计算结果截然不同。

六、当事人因涉案项目工期索赔发生争议的造价鉴定

当事人对工期索赔有争议的，造价鉴定人员可以先根据本节前述内容计算出实际工期，再与合同工期进行对比，以此确定实际的工期延误时间。对工期延误责任的划分，造价鉴定人员可以从专业的角度向委托人提供帮助与分析，最终由委托人根据当事人的举证情况判断。因为工期延误时间的确定是专业问题，涉及造价鉴定的鉴定权，工期延误的责任划分是法律问题，涉及造价鉴定的审判权。

七、工期索赔争议造价鉴定的相关审判案例

（一）中华人民共和国最高人民法院（2021）最高法民终1241号

争议焦点：发包人指定分包单位，且分包合同实质内容由发包人确定的情况下，发包人对于分包单位工期延误存在过错，是否应承担工期延误的责任？

最高院观点：由于案涉专业分包单位系由某文化传播公司指定，虽然某核工业建设公司与指定分包人签订专业分包合同，但分包合同实质内容系由文化传播公司确定，故一审法院认定该文化传播公司对于分包单位工期延误亦存在过错，并根据各方过错程度酌定某核工业建设公司对工期延误承担60%的主要责任，即承担工期延误500天的违约责任，某文化传播公司承担剩余40%的责任，并无不当，本院予以维持。

（二）中华人民共和国最高人民法院（2021）最高法民终750号

争议焦点：双方对工程工期延误均存在过错情况下，一方提供的证据无法证明仅由另一方过错导致工期延误的具体天数的，其对于工期延误责任的主张是否应得到支持？

最高院观点：某冶金建设公司、某环保科技公司均认可实际交工日期晚于合同约定的交工日期。一审中，某冶金建设公司、某环保科技公司提交的工作联系单、会议纪要等证据，可以证明造成案涉工程工期延误既有该冶金建设公司的原因，也有该环保科技公司的原因。某环保科技公司提交的施工进度表、会议纪要、工程联系单等证据，无法证明仅由某冶金建设过错导致的工期延误

的具体天数。某环保科技公司主张某冶金建设公司支付 317 天工期延误导致的违约金和管理费，没有事实依据，本院不予支持。

（三）中华人民共和国最高人民法院（2021）最高法民终 372 号

争议焦点：合同约定的工期中并未说明包含冬歇期，但实际确需冬歇期的，是否应当在约定工期中扣减冬歇期？

最高院观点：合同工期是建设单位与施工单位根据自身的实际需要和实际施工能力，经过协商约定的完成某项建设工程所需要的时间周期，合同当事人应当对建设工程的工期作出明确的要求。合法有效的默认须有当事人的明确约定或法律规定。案涉合同约定的工期中并未说明包含冬歇期。根据青海省冬季施工情况，因受无法施工的客观条件限制，案涉工程确存在冬歇期。《西宁市城乡建设委员会关于 2014 年冬季建筑工地大气污染防治工作的通知》和《西宁市城乡规划和建设局关于 2015 年冬季建筑工地大气污染防治工作的通知》指令冬季停工时间，经某房地产开发公司、监理单位、某冶金建设公司三方协商，确定两次停工累计 200 天，该时间应自约定工期中予以扣减。

（四）中华人民共和国最高人民法院（2020）最高法民终 1156 号

争议焦点：合同双方已就延误工期问题达成合意，发包人是否有权追究承包人在该期间的工期延误责任？

最高院观点：某铁路公司未按照《施工协议》的约定限期完成 S2（S2 塔楼位置除外）地下室结构封顶部分施工，但双方签订的《施工补充协议》已明确约定："由于客观原因，导致工程延期，双方都不再追究本协议签订之前的工期。"根据《中华人民共和国合同法》第七十七条第一款的规定，当事人协商一致，可以变更合同，因双方已就《施工补充协议》签订前的延误工期问题达成合意，某置业公司无权追究某铁路公司在该期间的工期延误责任。

说明：《中华人民共和国合同法》已被《中华人民共和国民法典》吸收，《中华人民共和国合同法》第七十七条第一款的对应条款为《中华人民共和国民法典》第五百四十三条，当事人协商一致，可以变更合同。

（五）中华人民共和国最高人民法院（2021）最高法民申 1272 号

争议焦点：承包人已经提交竣工验收报告，发包人拖延验收的，是否可以以承包人提交验收报告之日为竣工日期？

最高院观点：根据《最高人民法院关于审理建设工程施工合同纠纷案件适用法律问题的解释》（法释〔2004〕14号）第十四条“承包人已经提交竣工验收报告，发包人拖延验收的，以承包人提交验收报告之日为竣工日期”的规定，弘胜公司以佰欣公司第一项目部的名义分别向佰欣公司、工程监理公司提交验收申请报告，申请报告载明案涉工程已按图纸设计内容及相关要求全部完工，并具备验收条件，佰欣公司工作人员在报告上签名并注明属实，监理公司在报告上加盖公章、由工程师注明同意验收。原判决认定案涉工程的竣工日期为弘胜公司提交验收报告之日，认定事实及适用法律并无不当。佰欣公司关于竣工时间认定错误的再审申请事由不能成立。

说明：《最高人民法院关于审理建设工程施工合同纠纷案件适用法律问题的解释》已作废，其第十四条的对应条款为《最高人民法院关于审理建设工程施工合同纠纷案件适用法律问题的解释（一）》（法释〔2020〕25号）第九条。

第九节 费用索赔争议的工程造价鉴定

索赔是当事人的"权利主张"，也是建设项目合同双方合同风险责任再分配的一种方式。索赔按其内容可以分为工期索赔和费用索赔。工期索赔已在本章第八节论述，本节为费用索赔的造价鉴定内容。对费用索赔的争议按以下原则实施造价鉴定。

一、关于当事人因提出索赔发生争议的造价鉴定

当事人对提出索赔发生争议的，造价鉴定人员应提请委托人对索赔的成因、损失、时效等作出判断，委托人明确索赔成因、索赔损失、索赔时效均成立的，造价鉴定人员应运用专门的造价技术作出因果关系的判断，并出具造价鉴定意见，供委托人判断使用。若委托人在造价鉴定前无法明确索赔成因、索赔损失、索赔时效，造价鉴定人员可以根据专门的造价技术作出因果关系的判断，并出具造价鉴定意见，供委托人划分责任后判断使用。

逾期索赔是否失权由委托人判断，造价鉴定人员不得擅自向当事人作出任何答复或承诺。

二、关于当事人因索赔事项协商不一致发生争议的造价鉴定

（1）被索赔的一方当事人认为索赔事项不符合事实的，造价鉴定人员应在梳理完证据资料后，对证据事实及与索赔的因果关系进行分析判断，并根据分析判断后的结果作出造价鉴定。

（2）被索赔一方当事人认为索赔事项存在，但索赔金额偏高或者认为根本就不应该赔偿的，造价鉴定人员应根据相关证据和专业技术判断作出鉴定。

对于索赔的鉴定，需要造价鉴定人员具有丰富的工程技术、管理及造价知识、专业的分析及判断能力以及公平、公正的鉴定立场。

三、关于当事人因暂停施工导致费用索赔发生争议的造价鉴定

（1）合同中对暂停施工导致费用承担有约定的，造价鉴定人员应按合同约定作出相应的造价鉴定。

（2）对于发包人原因造成的暂停施工，停工产生的增加的费用应由发包人承担，主要包括：对已完工程进行保护的费用、运至现场而无法安装的材料及设备的保管费、施工机具的租赁费或折旧费、现场生产工人及管理人员的工资、承包人为复工所花费的准备费用等。另外若发包人造成停工后再复工，使承包人增加了额外费用，该费用也应由发包人承担，如工期延长后遭遇的人工、材料及设备等的涨价，工期延长后遇到恶劣天气增加的费用等。

（3）承包人造成暂停施工时，费用由承包人自行承担。

（4）暂停施工期间，原施工合同并未解除，承包人有义务保护项目现场，若承包人怠于履行自己的保护义务导致停工损失扩大，增加的费用由承包人承担。

停工的后果大致有三种，第一是临时停工，停工后很快就会开工；第二是停工待命，停工后无法估计什么时候复工；第三是停工后终止合同，施工单位撤场。对于不同的停工类型，造价鉴定人员在计算损失范围时应特别注意。

（一）临时停工损失的计算

临时停工大多由临时停水、停电或处理地下障碍物造成。这类停工大多可以直接办理经济签证单，签证单上一般有具体的停工原因、停工时间、复工时间、人员及设备数量等内容。人员停工费一般按停工期间现场的停工人数计算；机械停工费一般按台班计算，每天计算一个台班，采用租赁的可以按租赁费计算。

（二）停工待命的损失计算

停工待命通常是由发包人引起的，如未按合同约定支付工程款，未按合同约定提供甲供材料、设备或图纸等技术资料，以及其他问题导致承包人无法继续履约，只能在工地停工待命，停工待命期间发生的费用承包人可以向发包人提出索赔。

（1）停工窝工费用。停工待命结束后还要继续履约，而且可能随时复工，

因此承包人的生产人员和管理人员必须在现场待命，不能离开，因此停工待命期间会产生大量的停工窝工费用。

（2）停工期间的周转材料费用。若周转材料系承包人自购，可以计算摊销费；如果周转材料系承包人租赁，可以计算租赁费。

（3）停工期间的机械费。若机械是承包人自有的，可以按台班计算；若机械系承包人租赁的，可以按租赁费计算。

（4）停工期间的其他费用。如已完工程的保护费，运至现场材料设备的保管费等。

（三）停工撤场的损失计算

停工撤场本质上就是解除或终止施工合同，因此停工撤场的损失计算可以参照合同解除的计算方式鉴定。

四、因不利的物质条件或异常恶劣的气候条件导致承包人与发包人对增加费用和延误工期发生争议的鉴定

（1）承包人及时通知发包人，发包人同意后及时发出指示表示同意的，承包人及时采取合理措施，增加的费用和延误的工期由发包人承担。发承包双方就该事项涉及的费用具体金额已达成一致意见的，造价鉴定人员应该直接采用双方同意的金额进行鉴定。若双方对涉及的金额未达成一致意见，由造价鉴定人员通过专业鉴别、判断作出鉴定。

（2）承包人及时通知发包人后，发包人未及时回复的，造价鉴定人员可以从专业角度进行鉴别、判断作出鉴定。涉及是否计算造价或责任划分的问题时，应由委托人决定。

（3）造价鉴定人员在计算不利物质条件导致的费用增加时，应关注两点：第一是不利物质条件的发生是有经验的承包人不可预见的；第二是承包人采取克服不利物质条件的措施是得当合理的。另外，面对不利物质条件的发生，承包人具有两个义务：第一是采取合理措施继续施工，若承包人未履行减损义务，则无权就损失扩大部分获得赔偿；第二是通知发包人和监理人，并在通知中描述不利物质条件的内容及其无法预见的理由。

（4）造价鉴定人员在分析计算异常恶劣气候导致的费用增加时，应考虑遭

遇恶劣气候条件是不是因为承包人延误工期。如果工期不延误，就不会遇到恶劣气候条件，此时，承包人无权要求发包人赔偿工期及费用。

（5）造价鉴定人员在鉴定此类索赔费用时，不应计算利润。

五、因发包人删减合同项目发生争议的鉴定

（1）发包人因自身原因删减了合同中某些项目内容，承包人提出应由发包人给予合理的费用及预期利润，委托人认为该事项成立的，造价鉴定人员进行鉴定时，合理费用可按相关工程企业管理费的一定比例计算，预期利润可按相关工程报价中的利润的一定比例或工程所在地统计部门发布的建筑企业统计年报的利润率计算。

（2）为维护合同公平，一般不允许发包人擅自取消合同中约定的工作内容，或转交给其他施工单位实施，这样将使原承包人发生亏损，甚至可能导致工程停工或合同终止。因此一般规定如果发生此类情况，发包人应该向承包人赔偿损失。

六、费用索赔争议造价鉴定的相关审判案例

（一）中华人民共和国最高人民法院（2021）最高法民终 371 号

争议焦点：关于工期延误下的材料价格如何确定?

最高院观点：当事人约定最终结算以签署的结算确认单为准，且签订的《结算等问题解决办法》约定："主材价差、签证等问题由双方领导确认后，另行计算。"至诉讼发生，双方对主材价差没有形成最终确认的结算结果。根据上述约定，对于材料价差双方有分担的意思表示，但没有就具体承担比例形成统一意见。一审法院认为，鉴于工程延期材料价格上涨是事实，且双方均没有提供工程延期相关过错责任的证据，按照公平原则，案涉项目产生的材料价差应由双方平均分担。一审判决符合本案的实际情况，并无不妥。

（二）中华人民共和国最高人民法院（2021）最高法民申 5098 号

争议焦点：承包人放弃向发包人进行工期延误索赔的权利有效吗?

最高院观点：承包人通过施工合同约定放弃了因发包人原因造成工期顺延情况下承包人就相关费用及损失向发包人提出补偿或索赔的权利，同意增加因

承包人违约解除合同的情形，属于其对自身民事权利的处分。上述违约条款不属于可能限制或排除其他竞标人参与竞争的实质性条款，是双方就招标文件中有关违约责任约定的细化与完善，不违反法律、行政法规的强制性规定，属有效约定。

（三）中华人民共和国最高人民法院（2020）最高法民终 941 号

争议焦点：双方原因导致工期顺延，顺延期间的材料、人工价格上涨是否应予以调整？

最高院观点：案涉《合同协议书》约定，承包人应按照监理人指示开工，工期为 731 日历天。案涉《合同通用条款》约定，承包人应在开工日期后尽快施工。本案由双方原因导致工期延长。贵州高速集团一方导致工期延长的因素主要有河溪水库的反复修改、工程设计变更等；湖南建工集团一方导致工期延长的因素主要有施工准备工作滞后、施工进度滞后、因炮损等发生阻工、质量整改返工、设备人工不足等。本案应在查明上述原因分别导致的停工时间的情况下，进而判断贵州高速集团是否承担工期顺延后材料、人工费上涨而增加的费用及具体金额。

（四）中华人民共和国最高人民法院（2021）最高法民终 375 号

争议焦点：人工费调整前应完成而未完成的工程量延期至调整后施工，造成的工程款增加的损失，如何划分责任？

最高院观点：长业公司认为工期延误、人工费增加系鼎咸公司未按时支付工程进度款导致，因此应按照实际工期计算案涉工程价款。经审查，根据合同约定，案涉工程已完工程量经建设方、施工方及监理方共同确认后七日内，鼎咸公司应支付已完工程对应价款的 80%。同时约定 5#、6# 楼工程应在 2014 年 4 月底前和 2013 年 12 月底前竣工。由此可见，在 2013 年 8 月 1 日人工费调整文件出台之前，案涉工程的主要工程量应当完成。根据《工程款支付证书》所审批的应付进度款数额与鼎咸公司实际支付的工程款数额的对比，在 2013 年 8 月 1 日前鼎咸公司并不拖欠工程进度款，长业公司主张其逾期竣工系鼎咸公司迟延支付工程进度款所致缺乏证据支持。故长业公司应对人工费调整前应完成而未完成的工程量延期至调整后施工造成的工程款增加承担责任。据此，一审判决根据本案逾期竣工的责任划分，采信计划工期的鉴定意见，确认计划工期确定性造价为162134925元（不含外墙保温费用），符合本案客观情况，并无不妥。长业公司上诉认为人工费调整与工期延误无关，一审判决将工期延误作为是否适用该文件的条件，应采信实际工期确定性造价的理由不能成立，本院不予支持。

（五）中华人民共和国最高人民法院（2020）最高法民终941号

争议焦点：合同对索赔程序的约定仅系双方对于解决纠纷的程序性约定，承包人未在约定时限内主张权利，并非直接丧失实体权利。如果承包人有充分证据证明其权益受损，在未超过法定诉讼时效期间的情况下，不应剥夺其索赔的权利。

最高院观点：关于湖南建工集团是否索赔失权。虽然案涉《公路工程专用合同条款》《合同通用条款》对索赔程序进行了约定，但据双方原审中提交的证据，湖南建工集团在施工过程中已通过报告、工程联系单、说明等方式向监理单位反映相关情况，已积极主张权利。《最高人民法院关于审理建设工程施工合同纠纷案件适用法律问题的解释（二）》（法释〔2018〕20号）第六条第一款规定："当事人约定顺延工期应当经发包人或者监理人签证等方式确认，承包人虽未取得工期顺延的确认，但能够证明在合同约定的期限内向发包人或者监理人申请过工期顺延且顺延事由符合合同约定，承包人以此为由主张工期顺延的，人民法院应予支持。"据此规定，湖南建工集团可就因工期顺延而增加的施工费用向贵州高速集团主张权利。此外，案涉合同对索赔程序的约定仅系双方对于解决纠纷的程序性约定，承包人未在约定时限内主张权利，并非直接丧失实体权利。如果承包人有充分证据证明其权益受损，在未超过法定诉讼时效期间的情况下，不应剥夺其索赔的权利。因此，湖南建工集团有权就双方争议款项主张权利。原审判决仅以湖南建工集团未按合同约定索赔程序索赔而不予支持其权利主张，系认定事实和适用法律错误，本院予以纠正。

《最高人民法院关于审理建设工程施工合同纠纷案件适用法律问题的解释（二）》已作废，其第六条的对应条款为《最高人民法院关于审理建设工程施工合同纠纷案件适用法律问题的解释（一）》（法释〔2020〕25号）第十条。

（六）中华人民共和国最高人民法院（2017）最高法民终175号

争议焦点：承包人主张存在停窝工损失，监理单位虽然已经签章确认确实存在发包人原因导致窝工的事实，但签证单中并未确定损失数额，也没有涉及停工损失的计算方法的，是否能作为认定损失数额的直接证据？

最高院观点：关于原判决中昌隆公司支付江苏一建停窝工损失是否正确。江苏一建上诉主张应根据其实际发生的人工费、机械台班费损失支付窝工损失。本院认为，案涉工程 2011 年 7 月 20 日的工程联系单中，监理单位已经签章确认确实存在由昌隆公司原因导致江苏一建窝工 81 天的事实，但签证单中并未确定损失数额，也没有涉及停工损失的计算方法。江苏一建提供的停窝工损失证据相当一部分是其自己记载、单方提供的工人数量、工人名单、工资数额、现场机械数量等，昌隆公司对此不予认可，一审法院根据此前双方在施工过程中也曾发生过 8 天停窝工，双方协商的补偿数额为 7 万元，基本可以反映出停窝工给江苏一建造成的损失程度，酌定 81 天停窝工损失为 70 万元并无明显不当。

第十节　工程签证争议的工程造价鉴定

工程签证一般包括工程经济签证、工程技术签证、工程工期签证。签证与索赔不同，签证是双方协商的结果，而索赔是单方面的主张；签证涉及的利益已经确定，而索赔的利益需要未来协商确定；签证是一种协商的结果，而索赔是一种协商的过程。在工程实施过程中，发生超出工程合同约定范围以及合同条件的变化引起需要签证确认的事项等，都可以采用工程签证进行处理。对工程签证的争议按以下原则实施造价鉴定。

一、关于当事人因工程签证费用发生争议的造价鉴定

（1）工程签证中明确了人工、材料、机械台班数量和单价的，造价鉴定人按照工程签证中标明的数量和单价进行鉴定。

（2）工程签证中只有用工数量没有人工单价的，造价鉴定人员可以参照投标文件中对应的人工单价；投标文件中没有人工单价的，可以参照涉案项目所在地行业主管部门发布的人工单价；零星签证用工的成本一般高于通常施工中的用工成本，所以，造价鉴定人员在鉴定过程中，参照投标文件中的人工单价时，可以上浮一定比例，如 20% 左右，具体比例可以根据实际情况分析并与当事人协商确定。

（3）工程签证中只有材料和机械台班用量但没有相应单价的，造价鉴定人员可以参照投标文件中对应的材料或机械台班单价；投标文件中没有材料单价的，造价鉴定人员可以通过向三家以上供应商询价来获取价格；投标文件中没有机械台班单价的，造价鉴定人员可以按照涉案项目所在地的现行计价定额或计价依据计算。如若计价定额或计价依据缺项，也可以参照市场价格执行。

（4）工程签证中若只有总价而没有单价，造价鉴定人员可以直接按总价进行鉴定。

（5）工程签证中若总价与其计算公式不一致，属于明显计算错误的，造价鉴定人员应根据计算公式修正工程签证总价并进行鉴定。

（6）工程签证中的零星工程数量与该工程实际完成的数量不一致时，造价鉴定人员应本着实事求是的态度，按实际完成的数量进行鉴定。

不同的发承包模式下的工程签证计算模式是截然不同的，造价鉴定人员在对工程签证争议进行鉴定时，需要根据项目的发承包模式区别对待，如施工总承包模式和工程总承包模式，在施工总承包模式中应该计算费用的工程签证往往在工程总承包模式中是不应计算费用的，费用由总承包单位自行承担。

二、关于当事人因工程签证存在瑕疵发生争议的造价鉴定

（1）工程签证发包人只签字证明收到，但未表示同意，承包人有证据证明该签证已经完成的，造价鉴定人员应将此内容在造价鉴定意见后单列，供委托人判断使用。

（2）工程签证既无数量，又无价格，只有工程事项的，由当事人协商，协商不成的，造价鉴定人员可根据工程合同约定的原则、方法对该事项进行专业分析，出具推断性意见，供委托人判断使用。

（3）工程签证是当事人提交的证据，对其效力进行认定是委托人的权力，决定其能否作为造价鉴定的依据，也是委托人的权力，造价鉴定人员应按委托人的决定执行。造价鉴定人员在鉴定过程中应多与委托人沟通。

工程签证是否与待证事实存在关联，是鉴别专门性问题的重要内容，对其进行专业性的鉴别与判断，正是体现造价鉴定价值和造价鉴定人员专业水平的地方，更是体现司法追求公平正义的着力点。在造价鉴定过程中，造价鉴定人员遇到有瑕疵的工程签证时，应运用专业知识与技能、工程经验法则等对该工程签证所反映的零星工程是否在鉴定项目合同范围之外、签证的内容是否有实物证据、签证项目内容是否与该项目有关联等作出专业的鉴别和判断，不应对有瑕疵、有争议的工程签证一概不管，一律以属于审判权决定的事项为由踢给委托人，而应充分运用造价鉴定人员的专业知识和技能为委托人做好辅助或服务工作。

三、关于当事人因口头指令发生争议的鉴定

承包人仅以根据发包人口头指令完成了某项零星工程为由，要求发包人支付的，发包人不予认可，且承包人无法提出其他物证的，造价鉴定人员应以法律缺失为由，作出否定性鉴定，即不予计算。因为造价鉴定必须“以事实为依据，以法律为准绳”。这个也倒逼承包人在施工过程中要么拒绝口头通知，要么在接受口头通知之后及时去追补书面工程签证单。怠于行使自己权利的行为，一般很难得到支持。如果发包人不予认可口头通知的事项，但现场实际的状况与承包人主张的事项一致，造价鉴定人员则可以将承包人主张的事项单独列项鉴定，供委托人审判时判断使用。

四、工程签证争议造价鉴定的相关审判案例

参考本书第十三章第六节的案例内容。

第十一节 合同解除争议的工程造价鉴定

签订合同是为了履行并达到合同双方当事人的共同期望，所以解除合同不是常态，轻易解除合同也不利于社会发展，必须对其加以限制。合同解除对建设项目的发承包双方都是一个巨大的损失，但双方又想最大限度降低自己的损失，所以在解除过程中就存在各种争议。市场一般遵循诚信原则，相对保护守约方的利益，造价鉴定人员在造价鉴定过程中也会选择有利于守约方的鉴定方式或鉴定原则，具体可以按以下原则实施造价鉴定。

一、关于合同解除后送鉴材料不满足鉴定要求发生的造价鉴定

工程合同解除后，双方当事人就结算价款发生争议，如果送鉴的证据满足造价鉴定要求，则按送鉴的证据进行鉴定；如果送鉴的证据不满足造价鉴定的要求，造价鉴定人员应提请委托人组织现场勘验，并在勘验过程中会同双方当事人采取以下措施获取证据，获取过程中应作好现场勘验笔录，并要求在场当事人及其合法代表、委托人等签字确认。参加现场勘验的当事人代表若不是起诉书状中列明的人员，应持授权委托书参加现场勘验工作并在勘验笔录上签字确认。

（1）清点已完工程部位，测量相应工程量。

（2）清点施工现场的材料和设备。

（3）核对签证、索赔所涉及的有关资料。

（4）将清点结果汇总成册并请当事人确认，当事人不签字确认的，及时报告委托人，但不影响造价鉴定工作的正常进行。

（5）根据现场勘验的笔录进行造价鉴定。

（6）当事人对已完且已隐蔽的工程数量无法达成一致意见时，造价现场也无法核实的，应提请委托人委托第三方专业机构进行现场勘验，造价鉴定人员应按第三方勘验的结果进行鉴定。如聘请第三方机构通过钻芯取样获取道路路

基及路面的厚度。

（7）若施工现场已经改变，后续施工单位已经进场施工，造价鉴定人员无法通过现场勘验获取相关资料，由委托人按法律法规分配举证责任，然后由当事人举证。造价鉴定人员根据当事人举证、委托人确定的事项和内容进行造价鉴定。

二、关于因发包人违约导致的合同解除发生争议的造价鉴定

委托人通过责任划分，认为是由于发包人违约导致合同解除的，造价鉴定人员鉴定的造价中应包含以下费用。

（1）已完成永久工程的价款，包括配合永久工程的施工而发生的措施费。工程量按双方当事人签订的交接记录计算，没有交接记录的，应申请委托人组织现场勘验。根据现场勘验笔录计算工程量。如工程已经开始后续施工无法勘验的，可以通过监理日志、后续施工资料等文件确认；还不能确定，当事人双方又无法达成一致的，造价鉴定人员应提请委托人根据工程撤场未能办理交接等因素分配举证责任，并根据委托人的决定执行。

（2）承包人为本工程订购并已付款的材料、工程设备和其他物品的价款，以及承包人已签订购买合同但还未付款，如撤销合同应支付的违约金。

（3）临时设施费。临时设施费采用计算基础乘以规定费率计算的，全额计算后扣除未完工程独有的临时设施费（如有），对临时设施约定采用单价计量计价的，计算摊销费。

（4）工程签证，承包人索赔以及其他按合同约定应支付的费用。

（5）撤离现场及遣散承包人员的费用。人数可根据工程进度计划以及施工日志、监理日志等确定，距离可按工程所在地至承包人基地的距离计算，费用包括交通费、误工费、管理费、人工费等，不论承包人采用什么方式遣散，均可以方便、快捷为考量，计算一笔费用。

（6）发包人给承包人造成的实际损失（如承包人也有责任，按委托人的决定分摊），注意不包括利息、违约金，利息和违约金如何计算由委托人决定。

（7）其他应由发包人承担的费用。如工程停工后直接移交给发包人，由承包人负责工地安全保卫、仓库看管等，此时发生的费用按照发承包双方协商的

人数及费用计算，如发承包双方未协商一致，人数根据现场配置确认，费用参照合同中的人工单价执行。还包括工程停工至发承包双方确定承包人撤离之间的停工费用、机械设备调迁的费用等。

三、关于因承包人违约导致合同解除发生争议的造价鉴定

委托人通过责任划分，认为是由于承包人违约导致合同解除的，造价鉴定人员鉴定的造价中应包含以下费用。

（1）已完成永久工程的价款，包括配合永久工程的施工而发生的措施费。工程量按双方当事人签订的交接记录计算，没有交接记录的，应申请委托人组织现场勘验。根据现场勘验笔录计算工程量。如工程已经重新开始后续施工导致无法现场勘验的，可以通过监理日志、后续施工资料等文件确认；还不能确定，当事人双方又无法达成一致的，造价鉴定人员应提请委托人根据工程撤场未能办理交接等因素分配举证责任，并根据委托人的决定执行。

（2）承包人为本工程订购并已付款的材料、工程设备和其他物品的价款。此部分金额纳入造价鉴定金额后，其所有权归发包人。

（3）临时设施费。临时设施费采用计算基础乘以规定费率计算的，全额计算后扣除未完工程独有的临时设施费（如有），对临时设施约定采用单价计量计价的，计算摊销费。

（4）工程签证，承包人索赔以及其他按合同约定应支付的费用。

（5）承包人违约给发包人造成的损失（如发包人也有责任的，按委托人的决定分摊），注意不包括违约金，违约金如何计算由委托人决定。

（6）其他应由承包人承担的费用。如按发包人的要求完成承包人人员、机械设备的撤离发生的费用等。

四、关于因不可抗力导致合同解除发生争议的造价鉴定

委托人认为是由不可抗力导致合同解除的，造价鉴定人员应按合同约定进行鉴定；合同没有约定或约定不明的，造价鉴定人员应提请委托人认定不可抗力导致合同解除后适用的归责原则，也可建议按现行国家标准计价规范的相关规定进行鉴定，是否采纳造价鉴定人员的意见由委托人判断，造价鉴定人员应

按委托人的决定进行鉴定。

由于发包人违约或由于承包人违约导致合同解除的，法律均保护了守约方，而不利于违约方；当合同的解除是由不可抗力导致时，发包人和承包人均无过错，所以处理方式也很适中，不偏不倚，一般按合同约定进行鉴定。

对于在合同一方当事人延迟履行义务期间发生不可抗力的，法律不免除其违约责任。由于延迟履约一方当事人过错在先，其对于过错期间发生不可抗力导致的合同解释，仍需承担违约责任，赔偿守约方损失。

不可抗力发生后合同当事人均有义务及时采取措施，避免损失的扩大，这是基于合同履行的附随义务，也是基于诚实守信的基本原则。如果一方坐视不管，任由损失扩大，则应该对扩大部分的损失承担责任。

五、关于因单价合同解除发生争议的造价鉴定

对于单价合同的解除，造价鉴定人员应按以下原则进行鉴定。

（1）合同中有约定的，造价鉴定人员应按合同约定进行鉴定。

（2）委托人认定承包人违约导致合同解除的，单价措施项目按已完工程量乘以约定的单价计算（单价措施项目应考虑工程的形象进度）。总价措施项目根据与单价项目的关联程度按比例计算。

（3）委托人认定发包人违约导致合同解除的，单价措施项目按已完工程量乘以约定的单价计算。总价措施项目已全部实施的，全额计算；未实施完的，根据与单价措施项目的关联程度按比例计算。未完工程量与约定的单价计算后按工程所在地统计部门发布的建筑企业统计年报的利润率计算利润。

（4）造价鉴定人员在鉴定之前应当向委托人了解合同解除的原因，并提请委托人确认。

（5）约定单位建筑面积的固定单价的合同，实际上是一种固定总价合同，造价鉴定人员在进行鉴定时应按照总价合同解除后的鉴定规则进行鉴定。

六、关于因总价合同解除发生争议的造价鉴定

对于总价合同的解除，造价鉴定人员应按以下原则进行鉴定。

（1）合同中有约定的，造价鉴定人员应按合同约定进行鉴定。

（2）委托人认定承包人违约导致合同解除的，造价鉴定人员可参照工程所在地同时期适用的计价依据计算出未完工程价款，再用合同约定的总价款减去未完工程价款进行计算。

（3）委托人认定发包人违约导致合同解除的，承包人请求按照工程所在地同时期适用的计价依据计算已完工程价款，造价鉴定人员应予以接受，并采用这一方式鉴定，供委托人判断使用。如果承包人并未请求按此方式进行鉴定，当委托人需要造价鉴定人员给出建议时，造价鉴定人员也可以建议采用这样的鉴定方式。

（4）《最高人民法院公报》（2015年第12期，总第230期）载明：对于约定了固定价款的建设工程施工合同，双方未能如约履行，致合同解除的，在确定争议合同工程价款时，不能简单地进行计算确定，而应综合考虑案件的实际履行情况，并特别注重双方当事人过错和司法判决价值取向等因素来确定。

（5）造价鉴定人员遇到总价合同解除的鉴定时，首先要了解合同解除的原因，以选择正确的鉴定方法；其次需要了解总价合同的范围和基础，如工程总承包、施工总承包等。

七、合同解除争议造价鉴定的相关审判案例

参考本书第十三章第五节的案例内容。

第十二节　证据欠缺争议的工程造价鉴定

在诉讼或仲裁案件中，一方当事人或双方当事人同意进行造价鉴定，但有时由于证据存在缺陷，鉴定无法进行，如因管理不善造成施工图欠缺或丢失、隐蔽资料不全或丢失、工程签证不全或丢失等。为尽量避免不能鉴定的情况发生，在现有资料存在缺陷时，造价鉴定人员应该充分运用自己的专业知识和造价经验进行专业判断，并采用多种方法确保造价鉴定的顺利进行，为委托人的审判提供有利的参考。

工程建设中证据资料的缺失时有发生，需要造价鉴定人员运用经验法则、逻辑推理，就鉴定事项的专门性问题给出推断性意见，但这些鉴定项目由于有些造价鉴定人员能力欠缺、经验不足或意识不够，被其以证据不足、无法鉴定为由放弃并退回，给审判造成更大的困难。特别是在索赔、违约损失方面造价鉴定机构和造价鉴定人员专业知识和综合能力的不足显露无遗。

一、关于因施工图或竣工图缺失情况下发生争议的造价鉴定

涉案项目施工图或竣工图缺失时，造价鉴定人员可以按以下原则进行鉴定。

（1）建筑标的物存在的，造价鉴定人员可以提请委托人组织现场勘验并根据现场勘验笔录选择适宜的计算方法进行造价鉴定。现场勘验的方法及注意事项可以参考本章第二节关于现场勘验的内容。

（2）建筑标的物已经隐蔽，造价鉴定人员可以根据工程的性质、是否为其他工程的组成部分等，运用自身的专业经验和逻辑分析能力作出专业的判断，最后出具推断性造价鉴定意见，供委托人判断使用。

（3）建筑标的物已经灭失，造价鉴定人员应提请委托人对不利后果的承担主体作出认定，再根据委托人的决定进行造价鉴定。

（4）对于资料欠缺严重的鉴定项目，造价鉴定人员也可以根据个人或造价

鉴定机构内部积累的类似项目数据指标为委托人提供造价金额参考，由委托人判断使用。但是否采用类似指标进行判决，由委托人决定。

二、关于因缺少书证的零星工程发生争议的造价鉴定

承包人在涉案项目施工图或合同约定范围以外实施的零星工程，要求结算价款，但未提供发包人认可的工程签证或书面文件时，造价鉴定人员可以按以下原则进行鉴定。

（1）发包人认可或承包人提供的其他证据可以证明的，造价鉴定人员应出具确定性意见，供委托人判断使用。

（2）发包人不认可，但该零星工程可以进行现场勘验，造价鉴定人员应提请委托人组织现场勘验，然后根据现场勘验笔录选择适宜的鉴定方法进行鉴定。

造价鉴定人员在对施工图或合同约定以外的零星工程进行造价鉴定以前，应熟悉发承包的范围和合同的约定，施工图发包、初步设计发包以及方案发包对零星工程的约定是大不相同的，需要区别对待。

三、证据欠缺争议的造价鉴定的相关审判案例

（一）案例名称及案号

1. 案例名称

甘肃北方电力工程有限公司、青岛华建阳光电力科技有限公司建设工程施工合同纠纷。

2. 案号

（2016）最高法民终 522 号。

（二）案情介绍及裁判摘要

1. 案情介绍

发包方：青岛华建阳光电力科技有限公司（以下简称华建公司）。

承包方：甘肃北方电力工程有限公司（以下简称北方公司）。

华建公司作为建设单位与北方公司签订《土建及电气安装工程施工合同》，约定由北方公司承建华建公司发包的 20MW 光伏发电工程部分土建及电气安

装工程。合同签订后北方公司完成了25960桩支架基础工程，双方未结算，也未验收。鉴定过程中，双方都不提供资料，法院到监理单位、设计单位也没有调取到图纸及相关资料，鉴定无法进行而被终止。

争议焦点：施工资料缺失导致造价鉴定工作无法进行的，如何确定造价？

2. 裁判摘要

诉讼中，北方公司向一审法院提交鉴定申请，请求对案涉工程价款进行鉴定。一审法院依法委托鉴定机构对案涉工程造价进行鉴定。因案涉工程施工资料缺失，导致鉴定工作无法进行，鉴定组织部门终止了本案的鉴定程序。由此，案涉工程造价无法通过鉴定予以确定。在此情况下，为彻底解决本案纠纷，一审法院基于公平原则责令各方当事人提交其他光伏发电工程中关于支架基础部分工程造价的相关证据。中铸公司提交了该公司与向前公司签订的《施工合同》《补充合同》《居间合同》，以证明支架基础工程造价为2000000元/10MWp的事实。北方公司则提交了中国电力建设集团有限公司制作的《投标报价表》复印件，以证明支架基础工程造价为290元/桩的事实。对当事人提供的证据进行分析，北方公司提供的证据为复印件，华建公司、中铸公司对此均不予以认可，且该报价表反映的施工地点为青海省共和县，与本案工程施工地点青海省海西州都兰县不同。而中铸公司提交的证据所约定的支架基础工程施工区域与本案工程相毗邻，参照意义较大。相较于北方公司提供的证据，北方公司提供的证据的证明力较低，不足以反映案涉工程支架基础工程造价的实际情况。由此，一审法院参照中铸公司与向前公司合同约定的支架基础工程造价，认定案涉工程总造价为4000000元更为客观。中铸公司上诉主张案涉工程造价应为8224900元，并未提供充分证据予以证明，本院不予支持。

（三）案例思考

（1）北方公司无正当理由不提供造价鉴定所需的相关施工资料，致使案涉工程的造价无法确定，依法应承担不利后果，被驳回诉讼请求。但一审青海省高级人民法院根据公平原则，本着能够彻底地、实质性地解决本案纠纷的角度，责令各方当事人提交其他光伏发电工程中关于支架基础部分工程造价的相关证据，根据双方提交其他同类工程造价数据，分析其证明力，确定造价为 4000000 元，符合“案结事了”的司法终极追求，也得到了最高人民法院的肯定。

（2）施工资料缺失导致造价鉴定工作无法进行的，法院参照同地段和邻近地段同类工程造价确定本工程造价，这和造价工程师在确定工程变更单价时参照邻近标段单价的做法如出一辙。

造价鉴定人员和造价鉴定机构在从事造价鉴定工作时，要充分发挥造价咨询机构的专业特长，运用造价数据指标做好辅助委托人的工作，不得按结算审计的思路，一遇到资料问题就停滞不前，要么一直拖着，要么向委托人作出无法鉴定的结论然后退鉴，这样都不利于案件的审理，也会让委托人为难。

第十三节　造价鉴定人员与当事人的核对

造价鉴定人员应当采取先自行按照鉴定依据进行计算，然后与当事人进行核对的方式逐步完成鉴定工作。造价鉴定机构在与当事人核对之前应先向当事人发出邀请，当事人不参加的，不影响造价鉴定工作的正常进行（《邀请当事人参加核对工作函》样式见本章第十五节）。

在造价鉴定核对过程中，造价鉴定人员应就每一个鉴定工作程序的阶段性成果提请双方当事人提出书面意见或签字确认。当事人既不提出书面意见又不签字确认的，不影响造价鉴定工作的正常进行。

邀请当事人进行核对，可以让造价鉴定人员在鉴定过程中听取当事人的意见，避免鉴定工作的失误，尽可能减少争议，同时也可以减少或避免造价鉴定人员出庭作证。

邀请当事人核对说明造价鉴定工作是开放的，造价鉴定人员不应闭门造车。造价鉴定人员以开放的心态邀请当事人核对，征求当事人的意见，便于当事人及时了解争议，也可以及时将双方当事人的争议聚焦，避免发生错误，可以在核对过程中不断减少争议，确保最终的造价鉴定意见书的质量。邀请当事人核对也是对当事人的尊重。让当事人参与到造价鉴定的过程，可以避免当事人在对造价鉴定意见进行质证时提出很多的问题。不过，当事人是否接受造价鉴定机构的邀请参加核对工作，由当事人自主决定，但无论当事人是否参加核对，都不影响造价鉴定工作的正常进行。

《建设工程造价鉴定规范》GB/T 51262—2017 第 5.2.2 条对核对作了明确规定："鉴定人宜采取先自行按照鉴定依据计算再与当事人核对等方式逐步完成鉴定。"

第十四节　工程造价鉴定的终止

造价鉴定机构在实施鉴定过程中，若遇到以下事项，可以向委托人申请终止造价鉴定工作，最终是否终止，由委托人根据实际情况作出决定。

（1）委托人提供的证据材料未达到造价鉴定的最低要求，导致鉴定工作无法实施。如当事人应提交的证据材料基本缺失，同时实物证据即建筑物或构筑物也已经灭失，这种情况下，该造价鉴定就无法进行，只能终止。

委托人、双方当事人以及造价鉴定人员认为可以按照本章第十二节证据欠缺的方式进行鉴定的涉案项目除外。

（2）不可抗力导致造价鉴定工作无法实施或开展的。

（3）委托人撤销造价鉴定委托或申请造价鉴定的当事人提出终止造价鉴定时，造价鉴定行为应当终止。

（4）申请造价鉴定的当事人拒绝按约定缴纳造价鉴定费用或无能力缴纳造价鉴定费用时，造价鉴定机构可以终止造价鉴定工作。

（5）若鉴定项目竣工验收不合格，或主体结构、地基与基础存在质量问题且修复后仍不合格，委托人应及时要求造价鉴定机构终止造价鉴定工作，避免浪费当事人的造价鉴定费用。

（6）其他法律法规规定的终止鉴定的情形发生时。

造价鉴定机构发现终止事由出现时，应及时以书面形式提请委托人要求终止造价鉴定，并向委托人提交《终止造价鉴定函》(《终止造价鉴定函》样式见本章第十五节)，提请时必须说明理由，委托人同意后，造价鉴定机构应退还已收到的所有鉴定材料。

造价鉴定机构不得恶意终止造价鉴定工作，当以上情况出现时，造价鉴定机构应当及时以书面形式向委托人提出终止鉴定，不得拖延，由委托人决定是否终止。

第十五节　工程造价鉴定实施阶段相关样表

一、送鉴证据材料目录（具体以委托人的实际表格为准）

送鉴证据材料目录

序号	证据材料名称	是否经过质证	备注
1	起诉状（仲裁申请书）		
2	答辩状、代理词		
3	勘察报告		
4	工程施工图纸		
5	招标文件、投标文件		
6	中标通知书		
7	施工合同		
8	开工报告		
9	图纸会审纪要		
10	工程签证变更		
11	工程会议洽商记录		
12	工程验收记录		
13	工程材料认价单		
14	工程结算审核书		
15	当事人的争议事实		
16	……		

备注：根据涉案建设项目的实际情况进行编写。

二、工程造价鉴定机构要求当事人提交证据材料的函

工程造价鉴定机构要求当事人提交证据材料的函

致＿＿＿＿＿＿项目当事人＿＿＿＿＿＿：

根据委托人＿＿＿＿＿＿＿＿的委托，我公司正在进行该项目的造价鉴定工作，根据有关规定和本项目造价鉴定工作的需要，经委托方授权，现通知贵方于＿＿＿年＿＿月＿＿日＿＿时前提交（或补充提交）如下证据材料：

1.

2.

3.

4.

……

如贵方在上述期限内不能提交所列证据材料或提交虚假证据材料，将承担相应的法律后果。

除上述证据材料以外，请主动提供与该鉴定项目有关的其他证据，以免造价鉴定工作发生偏差而影响当事人的权益。

工程造价鉴定机构：

日　　　　　　期：

备注：本函一式四份，委托人一份，送当事人各一份，工程造价鉴定机构留底一份。

三、提请委托人补充证据材料的函

提请委托人补充证据材料的函

____________（委托人）：

根据贵方的委托，我公司正在进行____________项目（案号：______）的造价鉴定工作，鉴于本项目造价鉴定工作的需要，请提交（或补充提交）如下证据材料（请注明证据认定情况）：

1.

2.

3.

4.

……

除上述证据以外，请贵方根据项目情况转交造价鉴定可能需要用到的其他证据，以免造价鉴定工作发生偏差而影响造价鉴定质量。

工程造价鉴定机构：

日　　　　　期：

备注：本函一式二份，委托人一份，工程造价鉴定机构留底一份。

四、询问笔录

询问笔录

案号：____________

编号：____________

一、时间：____年____月____日____时

二、地点：____________________

三、询问人：____________　记录人：__________　见证人：__________

四、被询问人：________　年龄：________　性别：____

工作单位及职务：____

住址及电话：____

五、问答记录：

被询问人签名：______________　　　电话：______________

五、现场勘验通知书

现场勘验通知书

致____________项目当事人________：

根据委托人____________的委托，我公司正在进行该项目的造价鉴定工作，由于造价鉴定工作的需要，将对涉案鉴定项目进行现场勘验，请贵方在______年____月____日____时派授权代表到____________（地点）参加现场勘验工作，参与人员应是起诉状中列明的合法人员或携带授权委托书。

如贵方在上述时间不能参加现场勘验工作，不影响现场勘验工作的进行，但贵方将承担相应的法律后果。

工程造价鉴定机构：

日　　　　　期：

备注：本通知书一式四份，报委托人一份，送当事人各一份，工程造价鉴定机构留底一份。

六、现场勘验笔录

现场勘验笔录

案号：＿＿＿＿＿＿

编号：＿＿＿＿＿＿

＿＿＿年＿＿月＿＿日＿＿时，在＿＿＿＿＿法官（仲裁员）的组织下，造价鉴定人员＿＿＿＿＿＿＿＿＿＿＿及辅助人员＿＿＿＿，当事人（原告）＿＿＿＿＿及其委托代理人＿＿＿＿，当事人（被告）＿＿＿＿及其委托代理人＿＿＿＿，共同达到项目现场，对项目进行了勘验，勘验记录如下：

＿＿＿＿＿＿＿＿＿＿＿＿＿＿＿＿＿＿＿＿＿＿＿＿＿＿＿＿＿＿＿＿＿＿＿

＿＿＿＿＿＿＿＿＿＿＿＿＿＿＿＿＿＿＿＿＿＿＿＿＿＿＿＿＿＿＿＿＿＿＿

＿＿＿＿＿＿＿＿＿＿＿＿＿＿＿＿＿＿＿＿＿＿＿＿＿＿＿＿＿＿＿＿＿＿＿

＿＿＿＿＿＿＿＿＿＿＿＿＿＿＿＿＿＿＿＿＿＿＿＿＿＿＿＿＿＿＿＿＿＿＿

委托人签名： 年　月　日	当事人签名： 年　月　日	当事人签名： 年　月　日	造价鉴定人员签名： 年　月　日

备注：① 如当事人缺席，应如实记载说明；② 如绘有勘测图，应写明勘测图的页数，当事人及造价鉴定人员需要在勘测图上签字确认。

七、工程造价鉴定工作联系函

工程造价鉴定工作联系函

____________（委托人）：

我公司受____________（委托人）委托，负责____________项目的造价鉴定工作。通过认真梳理、分析，认为贵方提供的资料有如下问题需要明确：

1.

2.

望贵方尽快补充完善上述资料。

特此函告！

工程造价鉴定机构：

日　　　　期：

八、工程造价鉴定工作流程信息表

工程造价鉴定工作流程信息表

案号：＿＿＿＿＿＿＿＿　　　　　　　　　　　　　　编号：＿＿＿＿＿＿＿＿

序号	时间	事项	备注

备注："事项"栏若需增加内容，可增加附页，在备注中添加索引。

九、邀请当事人参加核对工作函

邀请当事人参加核对工作函

致__________项目当事人__________：

根据________________________（委托人）的委托，我公司正在进行__________（涉案项目名称）的造价鉴定工作，由于造价鉴定工作的需要，请贵方派相关专业人员携带委托书于_____年____月____日____时到_____（地点）参加造价核对工作，核对期约____天，具体时间安排待贵方派出的造价核对工作人员到场后再行商定。

如贵方在上述时间不能派造价专业人员参加造价核对工作，不影响造价鉴定工作的进行，但贵方将承担相应的法律后果。

工程造价鉴定机构：

日　　　　期：

备注：本函一式四份，委托人一份，送双方当事人各一份，工程造价鉴定机构留底一份。

十、终止工程造价鉴定函

终止工程造价鉴定函

___________（委托人）：

贵方委托我公司进行工程造价鉴定的___________项目（案号：______），因存在《建设工程造价鉴定规范》GB/T 51262—2017 第 3.3.6 条第________项情形，致使造价鉴定无法继续进行，我公司要求终止造价鉴定，并退还所有鉴定材料。

《建设工程造价鉴定规范》GB/T 51262—2017 第 3.3.6 条：鉴定过程中遇到下列情况之一的，鉴定机构可以终止鉴定：

1. 委托人提供的证据材料未达到鉴定的最低要求，导致鉴定无法进行的；
2. 因不可抗力致使鉴定无法进行的；
3. 委托人撤销鉴定委托或要求终止鉴定的；
4. 委托人或申请鉴定当事人拒绝按约定支付鉴定费用的；
5. 约定的其他终止鉴定的情形。

工程造价鉴定机构：

日　　　　　　期：

第五章

十大要点之四
——出具全面的工程造价鉴定意见书

第一节　工程造价鉴定意见分类

造价鉴定机构和造价鉴定人员通过专门的造价专业技术完成的成果——工程造价鉴定意见，是《中华人民共和国民事诉讼法》（2021 年 12 月 24 日第四次修正）第六十六条规定的八大法定证据之一，但并不必然是被采信的证据，该证据需要经过当事人质证，委托人综合判断决定最终是否采信。所以造价鉴定的成果只是造价鉴定意见，而非造价鉴定结论。对于该问题，2005 年 2 月 28 日第十届全国人民代表大会常务委员会第十四次会议通过的《全国人民代表大会常务委员会关于司法鉴定管理问题的决定》中已经明确，该决定将以前的“鉴定结论”修改为“鉴定意见”，随后修订的其他法律法规亦随之修改。

一、造价鉴定意见的分类

造价鉴定意见通常可以分为三类：第一，确定性意见；第二，推断性意见；第三，选择性意见。造价鉴定意见一般可以同时包含以上三类意见，造价鉴定项目实际包含的内容根据鉴定的具体情况确定。

（一）确定性意见

当鉴定项目或鉴定事项的内容清楚、证据充分时，造价鉴定人员应对此部分出具确定性意见。确定性意见是对被鉴定事项的待证事实作出的断然性结论，包括对被鉴定事项的待证事实的专门性问题的“肯定”或“否定”“是”或“不是”“有”或“没有”等结论。确定性意见是明确回应造价鉴定要求的意见，判断其客观性和关联性的难度较小，其证明作用也相对较大。

（二）推断性意见

当鉴定项目或鉴定事项内容客观、事实清楚，但证据不够充分时，造价鉴定人员应对此部分内容运用造价专门技术和经验及专业能力出具推断性意见。被鉴定事项的待证事实的专门性问题虽然条件较差但又具备一定的鉴定条件，或者证明被鉴定事项的待证事实本身技术难度较大时，鉴定人员通过鉴定难以形成确定性意见。从科学认识方法和证据要求角度来讲，造价鉴定人员出具推断性意见是合理的，也是正常的。

对该部分问题进行处理，需要造价鉴定人员具备超强的工程技术能力、合同管理能力、造价综合能力、法律认知能力以及逻辑思维能力等综合素质。

（三）选择性意见

当鉴定项目合同约定矛盾或鉴定事项中部分内容不清、证据矛盾，委托人暂不明确取舍，要求造价鉴定人员分别鉴定时，造价鉴定人员应分别按不同的合同约定或证据进行鉴定，并出具选择性意见，供委托人判断使用。

出具选择性鉴定意见主要是因为合同约定矛盾或当事人对证据存在争议，且委托人在造价鉴定之前又无法对证据效力进行认定。为正常推动造价鉴定项目的进程，造价鉴定人员只能按不同的合同约定方式和双方当事人对证据的不同理解分别出具造价鉴定意见，供委托人在审判时根据双方举证的情况判断使用。

造价鉴定机构出具选择性意见的弊端：当合同存在矛盾或证据存在争议时，造价鉴定机构出具的选择性鉴定意见使每种理解产生的价值更加明晰，此时委托人在选择时反而不容易让当事人接受，反而增加了困难。由于造价鉴定之前两种解释的价值并不明晰，如果在造价鉴定意见出来之前就作出判断，双方相对容易接受。所以一般在需要出具选择性意见时，造价鉴定机构应先向委托人作出说明，委托人同意之后再出具选择性意见。如《江苏省高级人民法院建设工程施工合同纠纷案件委托鉴定工作指南》（江苏省高级人民法院审判委员会纪要〔2019〕5号）第十条规定："鉴定机构认为只能出具选择性鉴定意见的，应及时以书面形式与委托法院进行沟通。委托法院同意出具选择性鉴定意见的，鉴定机构方可出具选择性鉴定意见。"

二、造价鉴定过程中对当事人相互妥协事项的处理

（1）在造价鉴定过程中，随着造价的逐步明朗，加上其他各方面原因，双方当事人可能会就一些原来有争议的问题互相协商一致，达成书面的妥协性意见，造价鉴定人员应将妥协性意见纳入确定性意见，但应单独对其进行说明，以便于委托人在审判时对整体案件进行判断与把握。

（2）若造价鉴定机构承接的造价鉴定任务为重新鉴定，造价鉴定人员在鉴定时不能直接将原造价鉴定意见中的妥协性意见作为重新鉴定的依据直接使用，必须再次征求双方当事人的意见，若双方当事人继续相互妥协，认可原妥协性意见，则造价鉴定人员可以使用原妥协性意见，否则，造价鉴定人员不得直接将原妥协性意见作为造价鉴定的依据。

第二节　工程造价鉴定意见书

工程造价鉴定意见书是造价鉴定机构和造价鉴定人员对委托的鉴定事项进行鉴别和判断后，出具的载明造价鉴定人员的专业判断意见的文书，该文书反映了造价鉴定的受理、实施过程、鉴定技术方法及鉴定意见等内容。造价鉴定意见书不仅要回答和解决专门性问题，还是造价鉴定人员个人科学技术素养、法律知识素养、逻辑思维能力的系统展示。造价鉴定意见书的使用人、关系人既包括委托人，也包括当事人及其代理人，还有可能包括造价专家辅助人等。造价鉴定意见书除文字简练，用词专业、科学外，还应考虑造价鉴定的目的和实际用途，注意逻辑推理和表述规范，力求让使用人、关系人等都能看明白，都能进行使用，以提高造价鉴定意见被采信的概率。

一、工程造价鉴定意见书的编制及制作要求

（一）造价鉴定意见书的编制要求

造价鉴定意见书的编制应标准、规范，语言表达符合要求。

（1）使用符合国家通用语言文字规范、通用专业术语规范和法律规范的用语，不得使用文言文、方言和土语等。

（2）使用国家标准计量单位和符号。

（3）文字精练，用词准确，语句通顺，描述客观清晰。

（二）造价鉴定意见书的制作要求

制作看似是小事，但会使造价鉴定意见书在使用时更加便捷，也会让使用人、关系人对造价鉴定机构和造价鉴定人员有更好的认识。

（1）使用 A4 规格纸张，打印制作。

（2）在正文每页页眉的右上角或页脚的中间位置以小五号字注明正文共几页，本页是第几页。编制页码不但可以让使用者使用起来更加便捷，而且可以使造价鉴定人员在出庭作证接受质证或询问时，查找更加便捷。因为造价鉴定

意见书中有些内容是使用软件制作的，其本身就带有自编的页码，这种情况下编制页码时不能按不同内容分段编码，而应对全部内容统一编码。

（3）落款应当与正文同页，建议不使用“此页无正文”字样。

（4）应装订成册。造价鉴定意见书应按《建设工程造价鉴定规范》GB/T 51262—2017 及委托人的要求装订成册，不得有零散页。造价鉴定机构和造价鉴定人员发现所出具的造价鉴定意见书存在错误的，应及时向委托人作出书面说明，具体如何补救由委托人决定。

（5）不得有涂改。如果在装订后检查出来错误或瑕疵，应重新打印装订盖章，不得直接在造价鉴定意见书中涂改。若因事发突然，无法重新打印装订，应在修改处加盖造价鉴定机构公章和造价鉴定人员的造价工程师资格章，并由造价鉴定人员签字。

（6）造价鉴定意见书应根据委托人及当事人的数量和造价鉴定机构的存档要求确定制作份数。造价鉴定人员在出庭时，务必自带一份造价鉴定意见书，便于在接受质证或询问时查找解释。

二、工程造价鉴定意见书的格式与内容

造价鉴定意见书一般由封面、声明、基本情况、案情摘要、鉴定过程、鉴定意见、附注、附件目录、落款、附件等部分组成。

（1）封面。写明造价鉴定机构名称、造价鉴定意见书编号、出具年月日；其中造价鉴定意见书的编号应包括鉴定机构缩略名、文书缩略语、年份及序号（“工程造价鉴定意见书封面”样式见本章第十二节）。

（2）鉴定声明。声明由造价鉴定机构及造价鉴定人员根据实际内容撰写（《工程造价鉴定机构及造价鉴定人员声明》样式和内容见本章第十二节）。

（3）基本情况。写明委托人、委托日期、鉴定项目、鉴定事项、送鉴材料、送鉴日期、鉴定人、鉴定日期、鉴定地点。

①委托人：写明委托人名称，即人民法院或仲裁机构的名称。

②委托日期：采用造价鉴定委托书中的日期。

③鉴定项目：填写造价鉴定委托书中标明的案件项目名称。

④鉴定事项：按照造价鉴定委托书中的内容描述，若鉴定事项内容较多，

可以简化为“详见造价鉴定委托书”，一般建议全部详细描述。

⑤ 送鉴材料：可以详细描述送鉴材料的内容，也可以简化标明详见《送鉴证据材料》《质证记录庭审记录》《勘验笔录》《询问笔录》《会议记录》等，具体根据实际情况确定，一般建议全部详细描述。

⑥ 送鉴日期：注明造价鉴定机构首次收到委托人移交证据材料的时间。

⑦ 造价鉴定人员：写明造价鉴定人员的姓名及其执业资格注册证书上载明的专业；如果执业资格注册证书中载明的专业与涉案项目的专业不一致，应提供其学历证明或培训证明等相关证明资料，以证明其具备从事涉案项目造价鉴定的能力。

⑧ 鉴定日期：注明造价鉴定委托书中标明的鉴定期限或与委托人商定的鉴定期限，中间等待当事人提交证据或补充证据、现场勘验等的时间不计入鉴定期限，该内容务必在造价鉴定意见书中描述，避免委托人认为造价鉴定机构延误鉴定工作。造价鉴定人员在鉴定工作务必按本书第四章第十五节的要求做好《造价鉴定工作流程信息表》填写工作，以便描述实际鉴定和等待举证或现场勘验的时间。

⑨ 鉴定地点：一般提请委托人确认鉴定地点，具体以委托人确认为准；造价鉴定工作一般会在委托人指定的地点进行，有时因委托人原因，造价鉴定人员也会在造价鉴定机构的场地完成造价鉴定工作。此时，造价鉴定人员应作好每次鉴定的笔录；如果造价鉴定机构的核对场所具有监控或摄像设备，建议核对时开启以上设备存储核对影像资料，并将该资料与其他资料一起存档。

（4）案情摘要。写明委托鉴定事项涉及鉴定项目争议的简要情况。

案情摘要主要描述与委托鉴定事项有关的案情。造价鉴定人员在描述时应以第三方立场，客观、综合、简明扼要、公正地叙述案件的实际情况，不得掺杂个人的主观意见或看法。案情描述应避免以下情况：

① 未抓住整个案件的争议重点，只罗列一些与造价鉴定关系不大，甚至无关紧要的“故事性情节”；

② 过于简单，不能系统全面地反映整个案情；

③ 先入为主，只摘录有助于本造价鉴定意见的情节，或片面地引用当事人的一面之词；

④ 断章取义，未能反映某句话、某个事情出现的前提。

（5）鉴定过程。写明鉴定的实施过程和科学依据（包括鉴定程序、所用技术方法、标准和规范等）；说明根据证据材料形成造价鉴定意见的分析、鉴别和判断过程。鉴定过程是对整个造价鉴定工作的记录，必须详细描述。

① 说明造价鉴定人员对委托人委托的鉴定范围、事项有无异议，是否向委托人释明；造价鉴定人员对当事人关于鉴定范围、事项的异议是否向委托人报告；委托人对上述异议的处理意见。

② 是否制定造价鉴定方案，并注明方案主要内容。

③ 委托人移交的证据材料是否经过质证，委托人对证据的认定情况。

④ 鉴定过程中是否书面函请委托人，需要当事人补充证据；是否报告委托人召开调查会，就调查的事实询问当事人并形成询问笔录或会议纪要；是否提请委托人批准现场勘验；是否参加委托人组织的现场勘验，并形成现场勘验笔录。

⑤ 鉴定过程中是否邀请当事人参加造价鉴定核对工作；是否就造价鉴定书初稿征求当事人意见，对当事人异议如何回复。

⑥ 鉴定过程中与委托人对重要事项的沟通及委托人的处理意见。

（6）造价鉴定意见。应当明确、具体、规范、具有针对性和可适用性。

根据造价鉴定证据并结合案情，应用科学原理进行鉴别和判断形成对造价鉴定事项的分析。应紧紧围绕委托鉴定的事项，根据鉴定证据，通过逻辑推理和科学分析，为最终的造价鉴定意见提供充分的依据。分析说明应根据相应的标准、规范、规程，也可以引用业内众所周知的观点或资料，但引用的观点或资料应注明出处。分析说明应侧重于推断性意见的形成和鉴定事项争议的处理及选择性意见的形成。

（7）附注。对造价鉴定意见书中需要解释的内容，可以在附注中作出说明。

附注位于落款之前，是对造价鉴定意见书中需要解释的内容进行的说明，有多处需要进行说明的地方，应在附注中按顺序进行说明。附注的内容需与以下内容相近：本造价鉴定意见书仅对鉴定项目的造价进行了鉴别和判断，并形成了独立、客观、公正的造价鉴定意见，而未考虑鉴定项目当事人签订的工程合同中可能涉及的违反规定的条款及其他问题，也不涉及合同履行过程中当事人之间往来的财务费用。

（8）附件目录。对造价鉴定意见书正文后面的附件，应按其在正文中出现的顺序，统一编号形成目录。特别注意该目录不单独编制页码，其页码与造价鉴定意见书正文一同进行全文统一编码。

（9）落款。造价鉴定人员应在造价鉴定意见书上签字并加盖执业专用章，日期上应加盖造价鉴定机构的印章。

考虑到每个造价鉴定项目至少应由两名及以上造价鉴定人员共同进行鉴定，并由具有本专业高级专业技术职称的造价鉴定人员复核，造价鉴定意见书落款造价鉴定人员应签名和加盖注册造价工程师执业专用章。由于造价咨询企业的资质已经取消，因此造价鉴定机构只需加盖单位公章，无需再加盖单位造价咨询资质章。第十二节造价鉴定意见书阶段相关表中负责人指造价鉴定机构有权签署造价鉴定意见书的责任人，一般指法定代表人。

造价鉴定意见书除需要在以上位置盖章外，还应在各页之间加盖公章作为骑缝章。（“工程造价鉴定意见书落款”样式见本章第十二节）。

（10）附件。包括造价鉴定委托书，与造价鉴定意见有关的现场勘验与测绘报告，调查笔录，相关的图片、照片，造价鉴定机构营业执照及造价鉴定人员执业资格证书复印件等。

主要包括造价鉴定的明细及汇总表、造价鉴定委托书、造价鉴定人员承诺书、送鉴证据材料（注明证据收到时间）、质证记录、庭审记录、现场勘验笔录及现场勘验签到表、询问笔录及案情调查中形成的会议记录、造价鉴定机构出具的工作联系函件、鉴定过程中当事人参与鉴定核对的记录、相关的照片、造价鉴定机构营业执照、造价鉴定人员职业资格证书复印件等。目前造价咨询资质已经取消，所以可以不附此证书，同时也无需加盖造价咨询资质章。

关于造价成果文件（含造价鉴定意见）加盖资质章的问题各省造价管理部门或造价行业协会也出具了相应解释或答疑文件。如四川省建设工程造价管理总站于2021年8月2日发布的《2020年〈四川省建设工程工程量清单计价定额〉解释（二）》第一条答复内容规定：“造价成果文件中不再要求加盖造价咨询企业单位资质专用章。造价成果文件中原规定加盖造价咨询企业‘单位资质专用章’的位置改为‘单位盖章’；造价成果文件中原规定‘盖单位章及资质专用章’的位置改为‘单位盖章’。”

三、补充工程造价鉴定意见书的格式与内容

补充造价鉴定意见书是在原造价鉴定意见书的基础上进行补充，所以应说明以下问题。

（1）补充造价鉴定说明：阐明补充鉴定理由和新的委托鉴定事由。

（2）补充资料摘要：在补充资料摘要的基础上，注明原造价鉴定意见的基本内容。

（3）补充造价鉴定过程：在补充鉴定、现场勘验的基础上，注明原造价鉴定过程的基本内容。

（4）补充造价鉴定意见：在原造价鉴定意见的基础上，提出补充造价鉴定意见。补充鉴定是原委托鉴定的组成部分。补充造价鉴定意见书中应注明与原委托鉴定事项相关联的鉴定事项；补充造价鉴定意见与原造价鉴定意见明显不一致的，应说明理由，并注明应采用的造价鉴定意见。

补充造价鉴定意见书是在原造价鉴定意见书的基础上进行补充，因此，补充造价鉴定说明、案件摘要、鉴定过程、鉴定意见都应在原造价鉴定意见的基础上进行补充说明。

补充造价鉴定意见书的具体应用可以参考本章第九节的相关内容。

四、对工程造价鉴定意见书的补正

应委托人、当事人的要求或者造价鉴定人员自行发现有下列情形之一的，经鉴定机构负责人审核批准，应对造价鉴定意见书进行补正：

（1）造价鉴定意见书的图像、表格、文字不清晰的；

（2）造价鉴定意见书中的签名、盖章或者编号不符合制作要求的；

（3）造价鉴定意见书文字表达有瑕疵或者有错别字，但不影响造价鉴定意见、不改变鉴定意见书的其他内容的。

对已发出的造价鉴定意见书的补正，如以追加文件的形式实施，文件中应包括如下声明：“对 ×××× 字号（或其他标识）造价鉴定意见书的补正。”

造价鉴定意见书补正应满足《建设工程造价鉴定规范》GB/T 51262—2017的相关要求。如以更换造价鉴定意见书的形式实施，应经委托人同意，在全部收回原有造价鉴定意见书的情况下更换。重新制作的造价鉴定意见书除补正内容外，其他内容应与原造价鉴定意见书一致。

造价鉴定意见书常见的缺陷有两类：一类是程序性的缺陷，另一类是实体性的缺陷。

（1）程序性的缺陷表现为：造价鉴定机构和造价鉴定人员不具有相应的鉴定资格；文字表述部分有错别字；意思表述不准确，论述不完整或不充分；造价鉴定意见部分与论证部分有逻辑矛盾；只回答造价鉴定要求所提出的部分问题；造价鉴定意见在判断上界限不明确；没有造价鉴定人员签名或盖章，或者没有加盖鉴定机构印章等。这些问题违反了程序法的要求或造价鉴定意见书制作规范的要求，对造价鉴定意见的效力产生影响。虽然这种影响并不必然影响对造价鉴定意见的实质判断，但其影响了对造价鉴定意见的审查评断及合法性，所以为保障诉讼或仲裁活动的效率，可以依照诉讼或仲裁以及有关鉴定的程序规范进行补救。

（2）实体性的缺陷表现为：鉴定方法运用不正确；鉴定依据不充分；专门性问题鉴别不准确等。如果造价鉴定意见书存在实质性的缺陷，则必然影响造价鉴定意见的可靠性和可采性。

在实践中，造价鉴定人员或当事人如果发现造价鉴定意见书有缺陷应向委托人申请补救，委托人接到造价鉴定人员或当事人的申请后应该进行审查，然后根据情况作出是否补救或作其他处理的决定。如需对已发出的鉴定意见书作出修正（或补正），甚至需要出具新的造价鉴定意见书，造价鉴定机构和造价鉴定人员必须及时按照委托人的决定进行处理。

对原造价鉴定意见的补正的具体应用可以参考本章第十节的相关内容。

五、工程造价鉴定意见书错误时的处理方式

造价鉴定机构发出造价鉴定意见书正式稿后，如发现错误，应及时采取补救措施，并向委托人作出书面说明，由委托人决定如何补救。造价鉴定机构和造价鉴定人员不得擅自处理造价鉴定意见书中的错误。

第三节 工程造价鉴定意见的复核

为规范造价鉴定机构内部复核工作，加强风险控制机制建设，强化监督管理，切实预防和减少造价鉴定执业风险，着力消除质量隐患，防止错误和虚假鉴定，不断提高造价鉴定的质量和公信力，造价鉴定机构应建立造价鉴定的复核制度。造价鉴定复核制度指在造价鉴定人员完成造价鉴定工作后，正式出具造价鉴定意见书之前，造价鉴定机构内部指定具有全国注册造价工程师或一级注册造价工程师且具有本专业高级技术资格的人员对造价鉴定程序和造价鉴定意见进行复核，并提出复核意见的活动。

一、复核的基本原则

造价鉴定机构内部复核应当坚持依法依规、客观公正、有错必纠、严格有效的原则。

二、复核的程序及具体内容

造价鉴定机构内部复核一般包括确定复核人、复核鉴定程序、复核鉴定意见、形成复核意见等工作流程。

（一）确定复核人

在造价鉴定人员完成造价鉴定后，造价鉴定机构应当指定具有全国注册造价工程师或一级注册造价工程师且具有本专业高级技术资格的人员对造价鉴定程序和造价鉴定意见进行复核；涉及复杂、疑难、特殊技术问题或者重新鉴定的鉴定事项，也可以引入外部专家进行复核或会商讨论。

复核人应当符合下列要求：

（1）拥护中国共产党的领导，拥护社会主义法治，认真负责，专业精通，经验丰富，责任心强；

（2）通常应该是本造价鉴定机构内具有全国注册造价工程师或一级注册造价

价工程师且具有本专业高级技术资格的造价鉴定人员，也可以是造价鉴定机构的总工或技术总监（至少符合上述要求），涉及复杂、疑难、特殊技术问题或者重新鉴定的鉴定事项，也可以引入外部专家进行复核或会商讨论；

（3）执业范围或专业特长应当涵盖需复核的造价鉴定事项对应的专业领域，但非涉案工程造价鉴定人员即在同一涉案项目中，同一个人员不能既是造价鉴定人员又是造价鉴定复核人员；

（4）专业技术职称或者从事相关造价鉴定业务年限不低于涉案工程的造价鉴定人员；

（5）符合法律、法规、规章关于回避的规定；

（6）按照有关规定应当具备的其他要求。

（二）复核造价鉴定程序的主要内容

（1）委托主体是否适当；

（2）造价鉴定委托书等形式要件是否完整清晰；

（3）委托事项是否超出本造价鉴定机构造价鉴定业务范围，造价鉴定要求是否超出本造价鉴定机构技术条件或者鉴定能力、是否符合执业规则或者相关技术规范，造价鉴定用途是否合法或者符合社会公德，决定受理委托时限是否符合规定；

（4）造价鉴定材料的接收、提取、保管、使用，以及现场勘验等是否符合造价鉴定要求；

（5）造价鉴定人员的资质、人数等是否符合造价鉴定要求，是否存在需要回避情形；

（6）造价鉴定过程是否实时记录并签名，记录是否载明主要的鉴定方法和过程，现场勘验时是否制作现场勘验笔录，制作的现场勘验笔录内容是否真实、客观、准确、完整，鉴定过程的各种文书是否符合文本格式要求；

（7）是否属于重新鉴定、补充鉴定，是否存在终止鉴定等情形；

（8）是否在规定或约定时限内完成鉴定；

（9）造价鉴定程序是否符合法律、法规、规章及相关规定的其他要求。

（三）复核造价鉴定意见的主要内容

（1）造价鉴定意见书的文本格式、形式要件等是否完整、准确、恰当，制作是否规范；

（2）技术标准、技术规范和技术方法的遵守和采用是否符合要求；

（3）造价鉴定过程的描述是否全面、准确，是否载明人员、时间、地点、内容以及鉴定材料及其选取和使用等情况，是否载明适用的技术标准、技术规范或技术方法以及检验、检测所使用的仪器设备、方法和主要结果等（有特殊要求的除外）；

（4）分析说明是否对鉴定材料和检验结果或（和）检测数据、专家意见等进行鉴别和判断；

（5）造价鉴定意见表述是否清晰、完整、准确；

（6）造价鉴定意见是否符合法律、法规、规章及相关规定的其他要求。

三、复核的成果

复核人在完成复核工作后应当提出复核意见，并按格式要求制作造价鉴定复核意见书或者在造价鉴定意见书底稿、检查检验记录上标记复核意见，复核意见书或带有复核意见的工作底稿应当签名并存入造价鉴定档案（《工程造价鉴定机构内部复核意见》样式见本章第十二节）。多名复核人参加复核工作时，根据多数复核人的意见形成最终复核意见，部分复核人有异议的应当注明。

复核意见与造价鉴定意见不一致或者存在重大分歧时，造价鉴定机构应当组织造价鉴定人员按照复核意见认真核查造价鉴定意见，必要时组织相关造价鉴定人员或者专家进行论证，造价鉴定意见确实存在问题或瑕疵的，造价鉴定人员应当及时进行纠正。造价鉴定人员仍然不认同复核意见，坚持造价鉴定意见的应当注明。

第四节　工程造价鉴定意见书征求意见稿

造价鉴定机构在出具正式造价鉴定意见书之前，应提请委托人向各方当事人发出造价鉴定意见书征求意见稿，发出征求意见稿时应采用《工程造价鉴定意见书征求意见函》(《工程造价鉴定意见书征求意见函》样式见本章第十二节)，征求意见函中应明确当事人答复的期限和不答复承担的法律后果，后果即视为对造价鉴定意见无异议。

造价鉴定的目的是缩小分歧、化解纠纷，为调解、判决或裁决提供科学的依据。征求意见稿可以让当事人事先了解造价鉴定意见书的内容，当事人也可以对征求意见稿发表建议或提出问题，如当事人提出的问题确属造价鉴定人员的问题，造价鉴定人员应当在正式出具造价鉴定意见书之前进行改正，有利于提高造价鉴定意见书的质量，减少纠纷，同时也减少了造价鉴定人员出庭的概率和压力。众多法律法规和地方规定也对征求意见稿作了相关的要求和规定。

《建设工程造价鉴定规范》GB/T 51262—2017 第 5.2.5 条规定："鉴定机构在出具正式鉴定意见书之前，应提请委托人向各方当事人发出鉴定意见书征求意见稿和征求意见函(格式参见本规范附录 M)，征求意见函应明确当事人的答复期限及其不答复行为将承担的法律后果，即视为对鉴定意见书无意见。"

《最高人民法院关于民事诉讼证据的若干规定》(法释〔2019〕19 号)第三十七条规定："人民法院收到鉴定书后，应及时将副本送交当事人。当事人对鉴定书的内容有异议的，应当在人民法院指定期间内以书面方式提出。"

《江苏省高级人民法院建设工程施工合同纠纷案件委托鉴定工作指南》(江苏省高级人民法院审判委员会纪要〔2019〕5 号)第十二条规定："鉴定意见最终出具前征求当事人意见，当事人提出异议的，鉴定机构应当在鉴定报告中作出解释、说明。"

《江苏省高级人民法院民一庭建设工程施工合同纠纷案件司法鉴定操作规程》(苏高法电〔2015〕802 号)第十八条规定："鉴定人完成鉴定初稿后应当

通过人民法院向各方当事人送达，人民法院应当要求当事人在规定的期限内通过法院向鉴定人提交书面异议和相关证明材料。”

《重庆市高级人民法院关于建设工程造价鉴定若干问题的解答》（渝高法〔2016〕260号）第二十一条规定：“鉴定人在出具正式鉴定意见前，应当出具初步鉴定意见，征求人民法院和当事人的意见。”

《江西省高级人民法院关于民事案件对外委托司法鉴定工作的指导意见》（赣高法〔2009〕277号）第四十条规定：“有鉴定报告初稿的，司法技术部门应严格履行初稿征求意见程序。根据当事人对鉴定初稿的书面异议，司法技术部门认为需要进行听证的，应通知鉴定机构及当事人进行听证。”

第五节　工程造价鉴定意见书正式稿

造价鉴定机构收到当事人对造价鉴定意见书征求意见稿的复函后，应认真将当事人复函中的异议及相应的证据与征求意见稿进行逐一比对、复核，并修改完善，直到对未解决的异议都能答复时，造价鉴定机构再向委托人出具造价鉴定意见书正式稿。

造价鉴定人员在对当事人异议作出解释或说明时，应注意当事人异议是专业问题还是法律问题，若属于法律问题，应提请委托人决定，切忌擅自根据经验自行处理。当事人对造价鉴定意见书征求意见稿仅提出不认可，但未提出修改意见或未提供相应证据导致无法复核的，造价鉴定机构应在造价鉴定意见书正式稿中加以说明，同时造价鉴定人员需作好出庭作证的准备。

对于当事人超过征求意见稿要求时间提出来的异议或意见，不影响造价鉴定意见书正式稿的出具，但应对此情况进行说明，便于委托人了解情况。

造价鉴定工作按委托人的要求完成后，在送达之前应制作《工程造价鉴定项目履约评价表》(《工程造价鉴定项目履约评价表》样式见本章第十二节)。

第六节　工程造价鉴定意见书送达

造价鉴定意见书正式稿完成之后，即可打印装订并按要求签章，然后送达委托人。造价鉴定机构不要把造价鉴定意见书的送达只看作是简单的事务性工作，而应该趁送达的机会与委托人主办法官或首席仲裁员进行深入沟通交流，特别是交流对一些争议问题的处理思路，便于主办法官或首席仲裁员更好地理解造价鉴定意见。所以建议由造价鉴定负责人或未来可能出庭的造价鉴定人员送达，这样便于其与主办法官或首席仲裁员沟通。主办法官或首席仲裁员在造价鉴定过程中与造价鉴定人员沟通，不是干涉造价鉴定人员独立鉴定，也不是“以审代鉴”，而是要让造价鉴定人员与主办法官或首席仲裁员遵循同一思路作出造价鉴定意见，避免造价鉴定人员走弯路，也避免“以鉴代审”。

为确保造价鉴定意见书送达且留痕，便于责任追索或划分，造价鉴定机构应当制作造价鉴定意见书送达回证，要求委托人签收（《工程造价鉴定意见书见书送达回证》样式见本章第十二节）。

造价鉴定工作属于准司法行为，所以其往来资料也被视为国家机关公文。《中华人民共和国邮政法》（2015年4月24日第二次修正）第五十五条规定：“快递企业不得经营由邮政企业专营的信件寄递业务，不得寄递国家机关公文。”第七十二条规定：“邮政企业以外的单位或者个人经营由邮政企业专营的信件寄递业务或者寄递国家机关公文的，由邮政管理部门或者工商行政管理部门责令改正，没收违法所得，并处五万元以上十万元以下的罚款；情节严重的；并处十万元以上二十万元以下的罚款，对快递企业还可以责令停业整顿直至吊销其快递业务经营许可证。”在无法直接送达造价鉴定意见书以及鉴定过程中的相关资料，而只能使用寄递方式送达时，造价鉴定机构必须使用中国邮政寄递，否则可能会造成造价鉴定意见无效或不被采信，也可能被当事人质疑造价鉴定意见书的程序有问题。

第七节　委托人对工程造价鉴定意见书的审查

造价鉴定意见书是民事诉讼或仲裁证据，对其有无证明能力或证明能力大小的审查由委托人实施，这也是司法审判权的体现。委托人对工程造价鉴定意见书的审查一般包括以下两个方面。

一、形式要件审查

即造价鉴定意见书的内容、格式等是否符合司法鉴定文书的要求；造价鉴定人员是否适格，是否签名盖章；造价鉴定机构是否具备相应资格，有无超出鉴定业务范围实施鉴定，是否在造价鉴定意见书上签章。

二、实质内容审查

造价鉴定程序是否合法，鉴定范围、事项是否符合委托人的要求，采用的鉴定依据是否符合法律规范，对同一事项的造价鉴定意见是否适用不确定性描述，造价鉴定意见之间是否互相矛盾，造价鉴定意见书是否存在明显瑕疵等。

委托人审查后认为造价鉴定意见书存在不符合法律规定的内容，造价鉴定机构和造价鉴定人员应按照委托人的要求进行补充鉴定或补正。补充鉴定或补正的要求详见本章第二节的相关内容。

第八节　当事人对工程造价鉴定意见的质证

《最高人民法院关于民事诉讼证据的若干规定》（法释〔2019〕19号）将造价鉴定意见书征求当事人意见、当事人对造价鉴定意见书异议的提出、造价鉴定人员对当事人异议的答复正式纳入鉴定程序。这个规定可以很大程度提高造价鉴定意见书的专业水平。委托人收到造价鉴定意见书征求意见稿后，应及时送达当事人。当事人收到造价鉴定意见书征求意见稿后应及时审查，若有异议，应及时以书面形式提出。当事人异议的提出和造价鉴定人员对异议的答复按以下步骤和程序执行。

一、当事人对造价鉴定意见书异议的提出

在施工合同纠纷案件中，当事人对造价鉴定意见书异议的提出需要注意两个方面，一是当事人对造价鉴定意见书的异议应当按照法律规定提出，提出的异议要针对造价鉴定意见书的各个构成事项，有的放矢、有理有据，以便说服造价鉴定人员采纳并修改；二是当事人对造价鉴定意见书的内容有异议的，应当在委托人指定期间内以书面形式提出，避免逾期引起新的争议。

二、造价鉴定人员对当事人异议的处理

造价鉴定人员收到当事人对造价鉴定意见书征求意见稿的异议后，应当逐项认真核对分析，对于是否全部采纳、部分采纳、不采纳的意见逐项分别作出解释、说明或者补充，并及时提交给委托人。

三、当事人对造价鉴定人员答复仍有异议的处理

当事人收到造价鉴定人员的书面答复后仍有异议的，由委托人通知造价鉴定人员出庭，接受当事人的质询。造价鉴定意见经质证后是否被采信，由委托人决定。

当事人对造价鉴定意见书的异议应当按照法定程序提出，一些当事人应改变对造价鉴定意见书有异议向行政主管部门投诉的思维，因为造价鉴定意见书作为法律规定的证据类型之一，在案件裁判中是否被采信，依法应当由委托人决定，而非任何行政主管部门决定。并且根据法律及相关标准的规定，当事人对造价鉴定意见书持有异议的，其救济渠道是畅通的。例如《最高人民法院关于民事诉讼证据的若干规定》（法释〔2019〕19号）第三十七条规定："人民法院收到鉴定书后，应当及时将副本送交当事人。当事人对鉴定书的内容有异议的，应当在人民法院指定期间内以书面方式提出。对于当事人的异议，人民法院应当要求鉴定人作出解释、说明或者补充。人民法院认为有必要的，可以要求鉴定人对当事人未提出异议的内容进行解释、说明或者补充。"第四十条规定："当事人申请重新鉴定，存在下列情形之一的，人民法院应当准许：（一）鉴定人不具备相应资格的；（二）鉴定程序严重违法的；（三）鉴定意见明显依据不足的；（四）鉴定意见不能作为证据使用的其他情形。存在前款第一项至第三项情形的，鉴定人已经收取的鉴定费用应当退还。拒不退还的，依照本规定第八十一条第二款的规定处理。对鉴定意见的瑕疵，可以通过补正、补充鉴定或者补充质证、重新质证等方法解决的，人民法院不予准许重新鉴定的申请。重新鉴定的，原鉴定意见不得作为认定案件事实的根据。"

第九节 工程造价鉴定意见书的补充

补充鉴定是对原造价鉴定意见的继续，是对原造价鉴定意见进行补充、修正、完善的再鉴定活动。补充鉴定一般由原委托人委托，仍由原造价鉴定机构和原造价鉴定人员实施鉴定，补充造价鉴定意见是原造价鉴定意见的组成部分。

一、一般应当对原造价鉴定意见书进行补充的情形

（1）委托人增加新的鉴定要求的。

（2）委托人发现委托的鉴定事项有遗漏，需要补充的。

（3）委托人就同一委托鉴定事项又提供或者补充了新的证据材料。

（4）造价鉴定人员通过出庭作证或自行发现原有造价鉴定意见书有缺陷的。

（5）其他需要补充鉴定的情形。

在造价鉴定实践中，当鉴定情形发生变化时，进行补充鉴定也是保障整个造价鉴定客观真实的需要。

二、补充造价鉴定意见书和原造价鉴定意见书的关系

补充造价鉴定意见书是原造价鉴定意见书的组成部分。补充造价鉴定意见书中应注明与原委托鉴定事项相关联的鉴定事项；对于补充造价鉴定意见书与原造价鉴定意见书不一致的地方，应说明理由，并注明应采用哪一个造价鉴定意见，便于当事人质证和委托人使用。

第十节　工程造价鉴定意见书的补正

应委托人、当事人的要求或者造价鉴定人员自行发现造价鉴定意见书存在瑕疵或缺陷时，造价鉴定人员应对这些瑕疵或缺陷进行补正，但如何补正，应由委托人决定，造价鉴定机构和造价鉴定人员应严格执行委托人的决定。

一、一般应当对原造价鉴定意见书补正的情形

（1）造价鉴定意见书的图像、表格、文字不清晰。

（2）造价鉴定意见书的签名、盖章或编号不符合制作要求。

（3）造价鉴定意见书文字表达有瑕疵或有错别字，但不影响造价鉴定意见的本质内容。

二、对造价鉴定意见书的补正和原造价鉴定意见书的关系

对已经发出的造价鉴定意见书的补正，如以追加文件的形式实施，文件中应包括如下声明："对××××字号造价鉴定意见书的补正。"造价鉴定意见书的补正应满足相关规定对造价鉴定意见书的相关要求。补正如以更换造价鉴定意见书的形式实施，应经委托人同意，在全部收回原有造价鉴定意见书的情况下更换。重新制作的造价鉴定意见书除补正内容外，其他内容应与原造价鉴定意见书一致。如《司法鉴定程序通则》（2015年12月24日修订）第四十一条规定："对司法鉴定意见书进行补正，不得改变司法鉴定意见的原意。"

三、造价鉴定机构或造价鉴定人员发现造价鉴定意见书存在错误时的处理方式

造价鉴定意见书正式提交给委托人之后，造价鉴定机构或造价鉴定人员发现造价鉴定意见书存在错误，应及时采取补救措施，向委托人作出书面说明，

由委托人决定如何补救，造价鉴定机构或造价鉴定人员应及时按照委托人决定的补救措施进行补救。

第十一节　当事人对于工程造价鉴定意见的救济方式

造价鉴定意见作为法定的证据之一，对于当事人来说有着举足轻重的意义，会直接影响当事人的权益。对于造价鉴定意见，当事人不服时如何救济？有哪些救济方式和渠道？本节从多方面对当事人的救济方式和渠道进行了说明。

一、一审期间的救济方式

一审期间，当事人可以依法向受理案件的人民法院提出对造价鉴定意见的异议。若为仲裁案件，当事人可以依法向仲裁庭提出异议。

（一）当事人对造价鉴定意见书有异议的处理方式

法律规定当事人若对造价鉴定意见书有异议，应当在委托人指定期间以书面形式提出，造价鉴定人员对当事人的异议应以书面形式作出解释、说明或补充，当事人对造价鉴定人员的书面答复仍有异议的，可以要求造价鉴定人员出庭作证，委托人同意且当事人已缴纳出庭作证的费用后，通知造价鉴定人员出庭，接受当事人的质证或询问。

当事人认为造价鉴定意见书存在下列情形之一的，可以申请重新鉴定：

（1）造价鉴定人员不具备相应资格；

（2）造价鉴定程序严重违法；

（3）造价鉴定意见书明显依据不足。

委托人准许的，造价鉴定机构收取的造价鉴定费用应当退还给当事人。

（二）当事人不具备专业知识的处理方式

《中华人民共和国民事诉讼法》（2021 年 12 月 24 日第四次修正）第八十二条规定："当事人可以申请人民法院通知有专门知识的人出庭，就鉴定人作出的鉴定意见或者专业问题提出意见。"《最高人民法院关于适用〈中华人民共和国民事诉讼法〉的解释》（法释〔2015〕5号）（2022年3月22日第二次修正）第一百二十二条规定："当事人可以依照民事诉讼法第八十二条的规定，在举证期限届满前申请一至二名具有专门知识的人出庭，代表当事人对鉴定意见进行质证，或者对案件事实所涉及的专业问题提出意见。具有专门知识的人在法庭上就专业问题提出的意见，视为当事人的陈述。人民法院准许当事人申请的，相关费用由提出申请的当事人负担。"根据以上规定，当事人不具备专业知识时，可以聘请具有专门知识的人代表当事人出庭，就造价鉴定意见书向造价鉴定人员质证或询问，并就鉴定所涉及的专业问题提出意见，以提高当事人的诉讼或仲裁能力，维护自己的合法权益。此处具有专门知识的人常常被称为"造价专家辅助人"，具体内容在本书第七章进行详细介绍。

（三）当事人切入造价鉴定意见的四个黄金时间点

1. 缴纳造价鉴定费用时

造价鉴定机构同意接受委托人的造价鉴定任务后要先收取造价鉴定费用，才正式开始造价鉴定工作。一般造价鉴定费由申请鉴定一方当事人（大多数为原告）垫付，此时垫付造价鉴定费的当事人就有了接触造价鉴定机构的机会。垫付造价鉴定费用的当事人在这次天然的接触机会中务必要抓住机会，在造价鉴定机构心中树立一个好的印象。垫付造价鉴定费用的当事人必须做到两点，第一，关于造价鉴定费用，当事人与造价鉴定机构在商议造价鉴定费用时，尽量不要压低造价鉴定费用，造价鉴定机构恶意收取高额造价鉴定费用除外，否则会引起鉴定机构反感，或者让造价鉴定机构觉得当事人没有信心，因为审判时人民法院或仲裁机构会根据责任大小进行分摊。造价鉴定费用适中即可，不能太高，否则另外一方当事人会提出异议。第二，与造价鉴定机构见面时要充分利用见面的机会向造价鉴定机构陈述自己的观点与主张，争取占据优势地位，让造价鉴定机构在内心对自己有一个好的印象。

2. 现场勘验时

现场勘验是造价鉴定过程中非常重要的一项工作。首先双方当事人均应当重视现场勘验工作，在勘验之前准备好需要陈述的内容或编制好推荐的现场勘验计划（虽然造价鉴定人员不一定会使用，但有备无患，且一旦被造价鉴定人员采纳，会达到最佳效果）；其次在现场勘验过程中尽力协助造价鉴定人员进行现场勘验工作，帮助造价鉴定人员寻找其想要勘验的内容，既显示自己的专业，同时也体现对造价鉴定人员的尊重。最后，对造价鉴定人员在勘验过程中提到的问题要对答如流，让造价鉴定人员看到当事人的自信，以提高对当事人证言的采信概率。

3. 造价鉴定机构发出造价鉴定意见书征求意见稿时

正式出具造价鉴定意见之前，造价鉴定机构一般会先发出造价鉴定意见书征求意见稿，向当事人征求意见，要求当事人在固定时限内对征求意见稿进行回复。

此阶段任务重、时间紧。当事人务必准备好两组人马，第一组是法律人员，即律师，从法律角度对造价鉴定意见进行审查；第二组是资深的造价人员，从工程造价角度对鉴定意见进行审查，若当事人缺乏相应资深造价人员，可以聘请造价专家辅助人帮其对造价鉴定意见进行审查，且专家辅助人可配合出庭，对专门性问题进行说明或向鉴定人提问。需要专家辅助人出庭时，当事人应向人民法院或仲裁机构申请，得到其同意后专家辅助人方可出庭。

双方当事人均应特别重视此阶段，对造价鉴定意见的疑问大多数应该在此阶段提出并解决。

4. 开庭对造价鉴定意见质证时

造价鉴定机构对于在征求意见时当事人所提出的问题会逐一进行分析，对于造价鉴定机构自身存在的问题，造价鉴定机构一般会进行修正，否则，造价鉴定机构会依然按照自己的判断执行。当事人认为造价鉴定机构出具的造价鉴定意见有失公允的，当事人可以要求造价鉴定人员出庭接受询问，并对造价鉴定人员进行询问和对造价鉴定意见进行质证。当事人认为自己不够专业时，可以向人民法院或仲裁机构提出申请，聘请造价专家辅助人帮助自己行使权利，争取获得补充鉴定的机会或者影响委托人，让委托人在审判时对自己的主张或观点有所考虑。

在庭审中当事人或其律师或其聘请的造价专家辅助人在向造价鉴定机构询问时应当采用足够专业的术语，以专业的方式与造价鉴定人员进行交流沟通、甚至对抗。但当面对委托人的提问时，应当采用通俗的语言，让非专业的委托人能听懂、听明白。无论是面对造价鉴定人员还是委托人，当事人在交流时都应当思路敏捷、对答如流，不能磕磕碰碰、词不达意，避免让委托人认为其不够专业或者不够自信，导致审判时对自己不利，相反，当事人应该趁机取得人民法院或仲裁机构的认同。

二、当事人败诉后的救济方式

《中华人民共和国民事诉讼法》(2021年12月24日第四次修正)第二百零六条规定："当事人对已经发生法律效力的判决、裁定，认为有错误的，可以向上一级人民法院申请再审；当事人一方人数众多或者当事人双方为公民的案件，也可以向原审人民法院申请再审。当事人申请再审的，不停止判决、裁定的执行。"因此，当事人认为在一审中造价鉴定意见有误或存在其他问题或对自己不公正时，可以向上一级人民法院申请再审。第二百零七条对申请再审的情形进行了规定："当事人的申请符合下列情形之一的，人民法院应当再审：(一)有新的证据，足以推翻原判决、裁定的；(二)原判决、裁定认定的基本事实缺乏证据证明的；(三)原判决、裁定认定事实的主要证据是伪造的；(四)原判决、裁定认定事实的主要证据未经质证的；(五)对审理案件需要的主要证据，当事人因客观原因不能自行收集，书面申请人民法院调查收集，人民法院未调查收集的；(六)原判决、裁定适用法律确有错误的；(七)审判组织的组成不合法或者依法应当回避的审判人员没有回避的；(八)无诉讼行为能力人未经法定代理人代为诉讼或者应当参加诉讼的当事人，因不能归责于本人或者其诉讼代理人的事由，未参加诉讼的；(九)违反法律规定，剥夺当事人辩论权利的；(十)未经传票传唤，缺席判决的；(十一)原判决、裁定遗漏或者超出诉讼请求的；(十二)据以作出原判决、裁定的法律文书被撤销或者变更的；(十三)审判人员审理该案件时有贪污受贿，徇私舞弊，枉法裁判行为的。"

当事人再审申请成功后，在诉讼期间，可以依法向受理案件再审的人民法院提出对造价鉴定意见的异议。一般情况下，二审或再审中启动造价鉴定或重新进行造价鉴定相对比较困难，所以当事人在一审时就应该全力以赴按照本节"(三)当事人切入造价鉴定意见的四个黄金时间点"的内容做好每个环节的工作，争取最大限度地保障自己的权益。

三、最高人民法院对造价鉴定机构和造价鉴定人员违规鉴定的管理制度

（一）《最高人民法院关于人民法院民事诉讼中委托鉴定审查工作若干问题的规定》（法〔2020〕202号）

第14条规定："鉴定机构、鉴定人超范围鉴定、虚假鉴定、无正当理由拖延鉴定、拒不出庭作证、违规收费以及有其他违法违规情形的，人民法院可以根据情节轻重，对鉴定机构、鉴定人予以暂停委托、责令退还鉴定费用、从人民法院委托鉴定专业机构、专业人员备选名单中除名等惩戒，并向行政主管部门或者行业协会发出司法建议。鉴定机构、鉴定人存在违法犯罪情形的，人民法院应当将有关线索材料移送公安、检察机关处理。人民法院建立鉴定人黑名单制度。鉴定机构、鉴定人有前款情形的，可列入鉴定人黑名单。鉴定机构、鉴定人被列入黑名单期间，不得进入人民法院委托鉴定专业机构、专业人员备选名单和相关信息平台。"

（二）《最高人民法院关于防范和制裁虚假诉讼的指导意见》（法发〔2016〕13号）

第16条规定："鉴定机构、鉴定人参与虚假诉讼的，可以根据情节轻重，给予鉴定机构、鉴定人训诫、责令退还鉴定费用、从法院委托鉴定专业机构备选名单中除名等制裁，并应当向司法行政部门或者行业协会发出司法建议。

住房和城乡建设行政主管部门可以依据人民法院的司法建议书对鉴定机构、鉴定人的违规鉴定行为进行处理。工程造价行业协会可以依据人民法院的司法建议书按照行业自律规定对鉴定机构、鉴定人的违规鉴定行为进行处理。"

四、《建设工程造价鉴定规范》GB/T 51262—2017对当事人救济方式的规定

（一）第5.2.1条

本条规定："鉴定过程中，鉴定人、当事人对鉴定范围、事项、要求等有疑问和分歧的，鉴定人应及时提请委托人处理，并将结果告知当事人。"当事人可以要求造价鉴定人员向委托人汇报，造价鉴定人员若怠于汇报，当事人可

以直接向委托人提出。

（二）第5.2.3条

本条规定："鉴定机构应在核对工作前向当事人发出《邀请当事人参加核对工作函》（格式参见本规范附录L）。当事人不参加核对工作的，不影响造价鉴定工作的进行。"一般建议当事人积极与造价鉴定人员进行核对，并多与其沟通，争取使造价鉴定人员对案情有更加深入的了解。当事人如若没有专业人员进行核对，可以聘请具有专门知识的人即造价专家辅助人帮其进行核对。造价专家辅助人的介绍详见本书第七章的相关内容。

（三）第5.2.4条

本条规定："在鉴定核对过程中，鉴定人应对每一个鉴定工作程序的阶段性成果提请所有当事人提出书面意见或签字确认。当事人既不提出书面意见又不签字确认的，不影响鉴定工作的进行。"当事人应认真对待核对的事项与内容，沉默不表态并不是明智之举，需要积极配合核对，争取使自己的合法权益最大化。

（四）第5.2.5条

本条规定："鉴定机构在出具正式鉴定意见书之前，应提请委托人向各方当事人发出鉴定意见书征求意见稿和征求意见函（格式参见本规范附录M），征求意见函应明确当事人的答复期限及其不答复行为将承担的法律后果，即视为对鉴定意见书无意见。"当事人如若没有专业人员对造价鉴定意见提出疑问或异议，可以聘请具有专门知识的人即造价专家辅助人帮其进行，在庭审阶段也可以向法院申请造价专家辅助人出庭，法院同意后，造价专家辅助人可以在质证阶段对造价鉴定意见进行质证或向造价鉴定人员提出其他问题。

（五）第5.2.6条

本条规定："鉴定机构收到当事人对鉴定意见书征求意见稿的复函后，鉴定人应根据复函中的异议及其相应证据对征求意见稿逐一进行复核、修改完善，直到对未解决的异议都能答复时，鉴定机构再向委托人出具正式鉴定意见书。"造价鉴定机构应认真对待征求意见过程中当事人提出的每一个问题，并逐一核实，尽量把问题解决在庭审之外，这样可以减少其出庭作证的概率与频率。

五、建设行政主管部门能否接受有关造价鉴定意见书的投诉

建设行政主管部门依法不应受理当事人在民事诉讼或仲裁中有关造价鉴定意见书的投诉。因为《中华人民共和国宪法》（2018年3月11日修正）第一百三十一条规定："人民法院依照法律规定独立行使审判权，不受行政机关、社会团体和个人的干涉。"建设行政主管部门接受有关造价鉴定意见书的投诉，实质上是干涉了委托人的独立审判权。但该条规定并不妨碍建设行政主管部门对犯有过错的造价鉴定机构和造价鉴定人员进行行政处罚，所以造价鉴定机构和造价鉴定人员不得因建设行政主管部门不得接受当事人的投诉就任意而为。

六、人民法院再审失败后的救济

《中华人民共和国民事诉讼法》（2021年12月24日第四次修正）第二百一十六条规定："有下列情形之一的，当事人可以向人民检察院申请检察建议或者抗诉：（一）人民法院驳回再审申请的；（二）人民法院逾期未对再审申请作出裁定的；（三）再审判决、裁定有明显错误的。人民检察院对当事人的申请应当在三个月内进行审查，作出提出或者不予提出检察建议或者抗诉的决定。当事人不得再次向人民检察院申请检察建议或者抗诉。"

对人民检察院提出抗诉的案件，接受抗诉的人民法院应当自收到抗诉书之日起三十日内作出再审的裁定。《中华人民共和国民事诉讼法》（2021年12月24日第四次修正）第二百零七条规定："当事人的申请符合下列情形之一的，人民法院应当再审：（一）有新的证据，足以推翻原判决、裁定的；（二）原判决、裁定认定的基本事实缺乏证据证明的；（三）原判决、裁定认定事实的主要证据是伪造的；（四）原判决、裁定认定事实的主要证据未经质证的；（五）对审理案件需要的主要证据，当事人因客观原因不能自行收集，书面申请人民法院调查收集，人民法院未调查收集的；（六）原判决、裁定适用法律确有错误的；（七）审判组织的组成不合法或者依法应该回避的审判人员没有回避的；（八）无诉讼行为能力人未经法定代理人代为诉讼或者应当参加诉讼的当事人，因不能归责于本人或者其诉讼代理人的事由，未参加诉讼的；

（九）违反法律规定，剥夺当事人辩论权利的；（十）未经传票传唤，缺席判决的；（十一）原判决、裁定遗漏或者超出诉讼请求的；（十二）据以作出原判决、裁定的法律文书被撤销或者变更的；（十三）审判人员审理该案件时有贪污受贿，徇私舞弊，枉法裁判行为的。”

七、当事人是否可以起诉造价鉴定机构

（一）问题导读

在司法实践中，有些当事人因为人民法院或仲裁机构采信了其依法委托的鉴定机构出具的造价鉴定意见而败诉，所以这些当事人往往对造价鉴定意见不服，继而他们会向法院另案起诉造价鉴定机构承担相应民事责任。那么这个做法可以得到支持吗？当事人可以向人民法院起诉鉴定机构吗？如果当事人起诉造价鉴定机构，法院是否可以受理该类案件呢？

（二）案例介绍

邯郸市第五建筑安装有限公司（以下简称五建公司）与五矿邯邢矿业邯郸中冶建设有限公司（以下简称五矿公司）发生工程合同纠纷，双方遂向邯郸仲裁委员会提起仲裁，案件主要涉及工程款和利息损失。

（1）该案件仲裁过程中，邯郸仲裁委员会委托工程造价鉴定机构河北正通会计师事务所（以下简称正通事务所）对案涉工程作出了造价鉴定意见，经过质证后，采信鉴定意见作为裁决证据，邯郸仲裁委员会于2014年9月30日裁决五矿公司给付五建公司相关工程款及利息损失。五建公司不服该裁决结果，其后依法向法院申请撤销裁决，但未成功。

（2）2017年5月12日，五建公司认为正通事务所作出的工程造价鉴定意见存在重大错误，导致自己在上述仲裁中遭受了严重损失，遂将其起诉至河北省邯郸市丛台区人民法院（以下简称一审法院），诉请索赔损失3934146元。

（3）一审法院认为五建公司的起诉属于法院的受理范围，但诉求依据不足，因此判决驳回其诉讼请求。五建公司遂上诉至河北省邯郸市中级人民法院（以下简称二审法院）。二审法院经审查，认为五建公司起诉鉴定机构，不属于法院的受理范围，一审法院适用法律有误，应予纠正。因此裁定撤销一审判决，驳回五建公司的起诉。

（4）五建公司向河北省高级人民法院（以下简称再审法院）申请再审。该院认同二审法院的裁定理由，于2018年11月7日裁定驳回五建公司的再审申请。

（三）裁判要旨

仲裁机构依法委托工程造价鉴定机构作出造价鉴定意见的行为，属于准司法行为或司法行为。鉴定意见属于证据，其采纳与否取决于仲裁机构的判断，而仲裁机构采信证据的行为不具有可诉性。在此情况下，当事人认为鉴定意见错误而起诉鉴定机构的，该类案件依法不属于法院的受理范围，法院依法应当裁定驳回当事人的起诉。

（四）案例思考

1. 正通事务所在鉴定过程中的行为不是民事法律行为，而是准司法行为

五建公司主要是针对正通事务所在仲裁中作出的造价鉴定意见而起诉该鉴定机构。五建公司认为该造价鉴定意见存在重大错误，却被邯郸仲裁委员会采信作为裁决证据，直接导致自己遭受了严重损失。

即使五建公司有充分证据证明正通事务所作出的造价鉴定意见存在重大错误，也不能以民事诉讼的救济途径向法院起诉该造价鉴定机构。该造价鉴定意见系仲裁委员会依法委托正通事务所作出，且被仲裁委员会最终采信作为裁决证据，那么该造价鉴定意见本质上属于仲裁委员会采取准司法行为认定的证据，正通事务所的行为具备准司法行为的属性，因此依法不能被作为民事法律行为起诉。

五建公司只能依据我国《中华人民共和国仲裁法》《中华人民共和国民事诉讼法》的相关规定，采取对造价鉴定意见提出质证意见、申请补充鉴定或重新鉴定、申请撤销仲裁裁决等法定救济手段，而无权通过民事诉讼的途径直接起诉正通事务所。

2. 五建公司与正通事务所之间没有民事法律关系

《中华人民共和国民事诉讼法》第三条规定："人民法院受理公民之间、法人之间、其他组织之间以及他们相互之间因财产关系和人身关系提起的民事诉讼，适用本法的规定。"本案中，五建公司与正通事务所之间并没有委托关系，委托人是邯郸仲裁委员会。并且，从侵权法律关系的角度来分析，五建公司与

正通事务所之间是在仲裁过程中通过邯郸仲裁委员会才建立了准司法程序上的联系，而非通过双方民事主体在司法程序或准司法程序之外直接建立了民事法律关系。因此，他们在本案中也不存在民事法律关系，五建公司仍然无权通过民事诉讼的途径起诉正通事务所。

正是基于上述事实及法律依据，本案二审法院和再审法院均认定五建公司的起诉依法不属于法院的受理范围，而一审法院认为本案属于法院的受理范围，确属适用法律错误。

第十二节　工程造价鉴定意见书阶段相关样表

一、工程造价鉴定意见书封面

________________（涉案项目名称）

工程造价鉴定意见书

报告编号

工程造价鉴定机构：　　　　　　（加盖公章）

日　　　　　期：

二、工程造价鉴定机构及工程造价鉴定人员声明

工程造价鉴定机构及工程造价鉴定人员声明

本造价鉴定机构和造价鉴定人员郑重声明：

1. 本工程造价鉴定意见书中依据证据材料陈述的事实是准确的，其中的分析说明、鉴定意见是我们独立、公正的专业分析。

2. 工程造价及其相关经济问题存在固有的不确定性，本工程造价鉴定意见的依据是委托人的委托书和送鉴证据材料及相关法律法规政策类文件，本造价鉴定机构及造价鉴定人员仅负责对委托鉴定范围及事项出具鉴定意见，未考虑与其他方面的关联。

3. 本工程造价鉴定意见书的正文和附件是不可分割的统一组成部分，使用人不能就某项条款或某个附件单独使用，由此而作出的任何推论、理解、判断，本造价鉴定机构概不负责。

4. 本工程造价鉴定意见书是否作为定案或者认定事实的根据，取决于办案机关的审查判断，本造价鉴定机构和造价鉴定人员无权干涉。

5. 本造价鉴定机构及造价鉴定人员与本鉴定项目不存在现行法律法规所要求的回避情形。

6. 未经本造价鉴定机构同意，本工程造价鉴定意见书的全部或部分内容不得在任何公开刊物和新闻媒体上发表或转载，不得向与本鉴定项目无关的任何单位和个人提供，否则，本造价鉴定机构将追究相应的法律责任。

三、工程造价鉴定意见书落款

正文××××××

造价鉴定人员：______________________

造价鉴定人员：______________________

造价鉴定审核人员：__________________

负责人：____________________________

工程造价鉴定机构：

日　　　　　　期：

备注：造价鉴定人员保证至少两人，并符合造价鉴定项目的专业要求；当造价鉴定人员只有两个人时，造价鉴定人员不能担任造价鉴定审核人员；负责人为造价鉴定机构有权签署意见书的责任人（一般为法定代表人）。

四、工程造价鉴定机构内部复核意见

工程造价鉴定机构内部复核意见

编号：________

一、基本情况

（一）造价鉴定案件编号：________

（二）造价鉴定人员：________

（三）造价鉴定意见：________

二、复核意见

（一）关于工程造价鉴定程序

1. 委托及受理是否符合要求：□是　□否

存在问题：________

2. 造价鉴定材料及获取是否符合要求：□是　□否

存在问题：________

3. 造价鉴定人员是否符合要求：□是　□否

存在问题：________

4. 造价鉴定过程记录及文本格式等是否符合要求：□是　□否

存在问题：________

5. 是否属于涉及复杂、疑难、特殊技术问题或者重新鉴定的鉴定事项：

□是　□否

存在问题：________

6. 其他：________

（二）关于造价鉴定意见

1. 造价鉴定意见书（送核稿）文本格式等是否符合要求：□是　□否

存在问题：________

2. 技术标准、技术规范和技术方法遵守和采用是否符合要求：□是　□否

存在问题：________

3. 造价鉴定过程表述及内容是否符合要求：□是　□否

存在问题：________________________________

4. 分析说明表述及内容是否符合要求：□ 是　　□ 否

存在问题：________________________________

5. 造价鉴定意见表述及内容是否符合要求：□ 是　　□ 否

存在问题：________________________________

6. 其他：____________________________________

工程造价鉴定复核人员签名：

日　　　期：

备注：1. 造价鉴定机构可以根据案件所涉鉴定事项特点和本复核意见所列复核内容，进一步细化复核意见。

2. 造价鉴定机构也可以将本复核意见与传统的造价咨询三级复核制度结合，形成鉴定机构内部独特的复核体系，以确保造价鉴定的质量。

五、工程造价鉴定意见书征求意见函

工程造价鉴定意见书征求意见函

致____________（当事人）：

根据委托人______________的委托，经过前期造价鉴定工作，我方已经形成__________项目造价鉴定意见书的征求意见稿，经委托人同意，现将该项目的造价鉴定意见书征求意见稿送达贵方，请在______年____月____日____时前将意见反馈给我方。

如贵方在上述期限内不能提交反馈意见，可能将被视为贵方认可该项目的造价鉴定意见，贵方将承担相应的法律后果。

工程造价鉴定机构：

日　　　　　　期：

备注：本函一式四份，报委托人一份，送当事人双方各一份，工程造价鉴定机构留底一份。

六、工程造价鉴定项目履约评价表

工程造价鉴定项目履约评价表

<table>
<tr><td colspan="5">__________（委托人）：
您好！感谢您的信任与支持，请对我们的造价鉴定工作提出宝贵意见或建议，以便我们在以后的工作中及时改正，更好地为您服务。</td></tr>
<tr><td>项目名称</td><td colspan="4"></td></tr>
<tr><td>委托人</td><td colspan="4"></td></tr>
<tr><td>造价鉴定机构</td><td colspan="2"></td><td>完成时间</td><td></td></tr>
<tr><td>成果编号</td><td colspan="2"></td><td>成果数量</td><td></td></tr>
<tr><td rowspan="8">客户意见</td><td>项目</td><td colspan="3">意见</td></tr>
<tr><td>1. 服务成果评价</td><td colspan="3">□ 优秀　□ 良好　□ 合格　□ 较差</td></tr>
<tr><td>2. 履约程度评价</td><td colspan="3">□ 优秀　□ 良好　□ 合格　□ 较差</td></tr>
<tr><td>3. 服务时效性评价</td><td colspan="3">□ 优秀　□ 良好　□ 合格　□ 较差</td></tr>
<tr><td>4. 服务程序规范评价</td><td colspan="3">□ 优秀　□ 良好　□ 合格　□ 较差</td></tr>
<tr><td>5. 鉴定人技术水平评价</td><td colspan="3">□ 优秀　□ 良好　□ 合格　□ 较差</td></tr>
<tr><td>6. 鉴定人职业道德评价</td><td colspan="3">□ 优秀　□ 良好　□ 合格　□ 较差</td></tr>
<tr><td>7. 综合评价</td><td colspan="3">□ 优秀　□ 良好　□ 合格　□ 较差</td></tr>
<tr><td>其他意见或建议</td><td colspan="4"></td></tr>
<tr><td rowspan="3">委托人确认</td><td colspan="4">评价单位：__________（盖单位公章）</td></tr>
<tr><td colspan="4">评价人：__________（签字）</td></tr>
<tr><td colspan="4">评价日期：__________</td></tr>
<tr><td colspan="5">服务投诉热线：</td></tr>
</table>

备注：评价人直接在意见栏中相应内容前方框内打“√”；若有其他意见或建议，请在“其他意见或建议”栏中进行详细描述；对于不便于盖章的人民法院或仲裁机构，应至少有法官或仲裁员或仲裁秘书签字确认。

七、工程造价鉴定意见书见书送达回证

工程造价鉴定意见书送达回证

兹收到________________造价鉴定机构（工程造价鉴定意见书编号）工程造价鉴定意见书正本_____份，副本_____份。

送 达 机 构：______________________

送　达　人：______________________

送 达 地 点：______________________

受送达单位：______________________

受 送 达 人：______________________

送 达 时 间：______________________

备注：送达回证的内容由造价鉴定机构事先填写完毕。

第六章

十大要点之五
——工程造价鉴定人员出庭作证

第一节 工程造价鉴定人员出庭作证的背景

党的十八届四中全会通过的《中共中央关于全面推进依法治国若干重大问题的决定》明确提出“推进以审判为中心的诉讼制度改革”“完善证人、鉴定人出庭制度”等任务和要求。建设项目案件诉讼或仲裁过程中的造价鉴定意见是法律性和科学性高度统一的成果，其在证据体系中具有核心地位，是法定的八大证据之一，在证明和认定案件事实中发挥着不可替代的作用，也是委托人正确适用法律的重要依据。但造价鉴定意见是否可靠、可信，是否能被采信，需要经过质证主体质证后由人民法院或仲裁机构决定。强化质证就是坚持以审判为中心的价值追求。当事人对造价鉴定意见进行质证时，需要造价鉴定人员出庭作证，造价鉴定人员出庭时应对当事人的质证意见进行积极回应解答，或对专业性问题进行解释，同时也需要接受法官、造价专家辅助人的询问。造价鉴定人员不出庭作证，当事人就无法对造价鉴定意见进行有效的质证，实质上是剥夺了当事人的辩论权，属于违反法定程序的行为，所以造价鉴定人员出庭作证是实现程序公正的重要保障，特别是对于复杂的建设项目诉讼或仲裁案件，造价鉴定意见少则上百页，多则几百甚至上千页，而当事人及其代理人往往并不具备造价专业知识，所以对造价鉴定意见疑惑颇多。造价鉴定人员出庭作证能够对造价鉴定意见的异议作出充分的说明和有理有据的解释，不仅可以消除当事人对造价鉴定意见的疑虑，还能使人民法院或仲裁机构对造价鉴定意见有一个较为准确的认识、理解和判断，从而提高委托人依据造价鉴定意见认定案件事实的可接受性，同时也提升了造价鉴定意见的公信力。造价鉴定意见是由造价鉴定人员根据送鉴材料作出的主观鉴别、判断，其结论不可避免地存在主观性，造价鉴定人员在出庭作证过程中，也可以及时发现造价鉴定意见中的错误，避免造价鉴定意见存在错误导致司法审判或裁判的不公。

造价鉴定人员出庭作证是非常重要的一项诉讼或仲裁制度，既可以保障当事人的质证权，也可以实现司法的实体正义和程序正义，进而提升造价鉴定制度的权威性和司法审判或仲裁的公正性。当事人双方对造价鉴定意见无争议，对造价鉴定过程、造价鉴定人员资格、鉴定依据等无异议的，可以不要求造价鉴定人员出庭，这实质上是当事人认同造价鉴定意见或放弃质证权。造价鉴定人员最终是否出庭作证应当以委托人的出庭通知书为依据，委托人的出庭通知书是造价鉴定人员出庭作证的法律凭证，也是规定造价鉴定人员出庭作证义务的法律文书。

第二节　工程造价鉴定人员出庭作证的法律依据

《全国人民代表大会常务委员会关于司法鉴定管理问题的决定》（2015年4月24日修正）第十一条规定："在诉讼中，当事人对鉴定意见有异议的，经人民法院依法通知，鉴定人应当出庭作证。"《中华人民共和国民事诉讼法》（2021年12月24日第四次修正）第八十一条规定："当事人对鉴定意见有异议或者人民法院认为鉴定人有必要出庭的，鉴定人应当出庭作证。经人民法院通知，鉴定人拒不出庭作证的，鉴定意见不得作为认定事实的根据；支付鉴定费用的当事人可以要求返还鉴定费用。"《最高人民法院关于民事诉讼证据的若干规定》（法释〔2019〕19号）第八十一条规定："鉴定人拒不出庭作证的，鉴定意见不得作为认定案件事实的根据。人民法院应当建议有关主管部门或者组织对拒不出庭作证的鉴定人予以处罚。当事人要求退还鉴定费用的，人民法院应当在三日内作出裁定，责令鉴定人退还；拒不退还的，由人民法院依法执行。当事人因鉴定人拒不出庭作证申请重新鉴定的，人民法院应当准许。"

除以上文件对造价鉴定人员出庭作了规定之外，《司法鉴定人登记管理办法》（2005年9月）第二十二条、《公安机关鉴定人登记管理办法》（2019年11月11日修订）第十八条、《人民检察院鉴定人登记管理办法》（高检发办字〔2006〕33号）第二十八条等均对鉴定人出庭作证作了相应的规定，要求鉴定人接到通知后，必须按要求出庭作证。建设项目诉讼或仲裁案件中造价鉴定意见涉及复杂的专业知识，造价鉴定人员更应该按照法律法规出庭作证。

一、《司法鉴定人登记管理办法》第二十二条

司法鉴定人应当履行下列义务：

（一）受所在司法鉴定机构指派按照规定时限独立完成鉴定工作，并出具鉴定意见；

（二）对鉴定意见负责；

（三）依法回避；

（四）妥善保管送鉴的鉴材、样本和资料；

（五）保守在执业活动中知悉的国家秘密、商业秘密和个人隐私；

（六）依法出庭作证，回答与鉴定有关的询问；

（七）自觉接受司法行政机关的管理和监督、检查；

（八）参加司法鉴定岗前培训和继续教育；

（九）法律、法规规定的其他义务。

二、《公安机关鉴定人登记管理办法》第十八条

鉴定人有下列情形之一的，应当主动向登记管理部门申请注销资格，登记管理部门也可以直接注销其鉴定资格：

（一）连续两年未从事鉴定工作的；

（二）无正当理由，三年以上没有参加专业技能培训的；

（三）年度审验不合格，在责令改正期限内没有改正的；

（四）经人民法院依法通知，无正当理由拒绝出庭作证的；

（五）提供虚假证明或者采取其他欺诈手段骗取登记的；

（六）同一审验年度内出具错误鉴定意见两次以上的；

（七）违反保密规定造成严重后果的；

（八）登记管理部门书面警告后仍在其他鉴定机构兼职的；

（九）限制行为能力或者丧失行为能力的。

三、《人民检察院鉴定人登记管理办法》第二十八条

鉴定人具有下列情形之一的，登记管理部门应当给予警告、通报批评。必要时，注销其鉴定资格；情节严重的，取消其鉴定资格：

（一）提供虚假证明材料或者以其他手段骗取资格登记的；

（二）在社会鉴定机构兼职的；

（三）未经所在鉴定机构同意擅自受理委托鉴定的；

（四）违反鉴定程序或者技术操作规程出具错误鉴定意见的；

（五）无正当理由，拒绝鉴定的；

（六）经人民法院通知，无正当理由拒绝出庭的；

（七）登记管理部门责令改正，逾期不改的。

鉴定资格被取消之日起一年以内，不得重新申请鉴定资格。

第三节　工程造价鉴定人员出庭作证的程序

《全国人民代表大会常务委员会关于司法鉴定管理问题的决定》（2005年2月28日第十届全国人民代表大会常务委员会第十四次会议通过，2015年4月24日第十二届全国人民代表大会常务委员会第十四次会议修正）第十一条规定："在诉讼中，当事人对鉴定意见有异议的，经人民法院依法通知，鉴定人应当出庭作证。"也就是说，只有当事人对造价鉴定意见有异议，委托人依法通知造价鉴定人员出庭，造价鉴定人员才能出庭。即当事人对造价鉴定意见有异议是启动造价鉴定人员出庭作证的先决条件，委托人依法通知造价鉴定人员是启动造价鉴定人员出庭作证的必要条件。

委托人通知造价鉴定人员出庭应当采用书面形式。曾经有人民法院采用传票的方式通知造价鉴定人员出庭，这是非常不恰当的。造价鉴定人员是辅助人民法院法官解决专门性问题的，其诉讼或仲裁地位不同于当事人，以传票的方式通知造价鉴定人员出庭，是对造价鉴定人员身份和职业的不尊重。出庭通知应载明出庭造价鉴定人员的姓名、造价鉴定意见的编号、案件当事人的姓名、出庭事由，以及拟作证事项、出庭作证的时间、地点、出庭的注意事项和出庭联系人、联系方式等内容。拟作证事项清晰可以事先让造价鉴定人员进行准备，以确保庭审质证的效率，同时也可以防范当事人不正当的"诉讼或仲裁技巧"和体现对造价鉴定人员专业的尊重。委托人出具的出庭作证通知书若载明应出庭作证的造价鉴定人员姓名，则必须由该造价鉴定人员出庭作证，若未载明具体的造价鉴定人员姓名，可以任意选择参与鉴定的造价鉴定人员出庭作证，但该造价鉴定人员必须亲自实施了造价鉴定工作且在造价鉴定意见书中签章。

在司法实践中，造价鉴定人员只参加法庭调查阶段的事实调查，并不参加法庭辩论、当事人陈述、宣判等环节。庭前会议时，造价鉴定人员无须参加。《中华人民共和国民事诉讼法》（2021年12月24日第四次修正）第一百四十一条规定："法庭调查按照下列顺序进行：（一）当事人陈述；（二）告知证人的权利义务，证人作证，宣读未到庭的证人证言；（三）出示书证、物证、视听资料和电子数据；（四）宣读鉴定意见；（五）宣读勘验笔录。"第一百四十二条规定："当事人经法庭许可，可以向证人、鉴定人、勘验人发问。"合议庭通知造价鉴定人员出庭，询问造价鉴定人员的身份和当事人的关系后，依次由申请造价鉴定人员出庭的当事人、对方当事人和合议庭向造价鉴定人员发问。造价鉴定人员回答问题结束后审判长即可宣布造价鉴定人员退庭。

造价鉴定人员经常会等待很久，而出庭的时间却很短，然后再等待很久，最后再在笔录上签字确认。所以有人开玩笑说："出庭作证是等待两小时，发言十分钟。"

造价鉴定人员出庭时的庭审提纲一般如下：

法官：核对造价鉴定人员身份，请造价鉴定人员陈述姓名、出生年月、工作单位、住址、与当事人的关系。

法官：造价鉴定人员×××，本院依法对原告×××与被告×××一案进行审理，通知你出庭陈述造价鉴定意见并接受当事人、造价专家辅助人（若有）的询问。

法官：原告，向造价鉴定人员×××发问。

法官：被告，向造价鉴定人员×××发问。

法官：第三人，向造价鉴定人员×××发问。

法官：合议庭若有需要，可以向造价鉴定人员×××发问。

法官：造价专家辅助人出庭（若有时）。

法官：依据《中华人民共和国民事诉讼法》（2021年12月24日第四次修正）第八十二条的规定，当事人可以申请人民法院通知有专门知识的人出庭，就鉴定人作出的鉴定意见或者专业问题提出意见，经原告（被告）×××申请，法庭准予造价专家辅助人×××出庭提出意见。

法官：造价专家辅助人×××，向法庭陈述你的出生年月、工作单位、职务、专业职称、从事×××造价专业工作的时间。

法官：造价专家辅助人应当遵守法庭纪律，享有查阅所涉专门性问题的案件材料、对涉案专门性问题发问和发表意见等权利，同时负有接受对涉案专门性问题的询问、按照法院要求提交书面意见等义务。

法官：造价专家辅助人 ×××，可以就涉案专门性问题向造价鉴定人员发问，可以向法庭就造价鉴定人员出具的造价鉴定意见或者专业性问题提出意见。

法官：造价鉴定人员 ×××，可以回答造价专家辅助人的发问，对造价专家辅助人提出的意见予以回应。

法官：造价鉴定人员 ×××（造价专家辅助人 ×××），今天你在法庭的证言，法庭已经记录在案，退庭后你应审阅庭审记录中你的证言部分，若记载有遗漏或差错，可以请求补充或更正，并在笔录上签名，造价鉴定人员 ×××，造价专家辅助人 ×××，你听清楚了吗？

造价鉴定人员：清楚了。

造价专家辅助人：清楚了。

法官：造价鉴定人员 ×××，造价专家辅助人 ×××，可以退庭。

第四节　工程造价鉴定人员出庭作证的准备

造价鉴定人员出庭是其履行诉讼或仲裁义务的重要环节，所以必须事先做好准备工作，才能在庭审时有的放矢，大胆、积极、熟练地出庭作证，履行其法定义务。造价鉴定人员出庭作证的准备工作应从三个方面进行。

一、思想准备

造价鉴定人员出庭的思想准备其实就是心理准备。这种心理准备要求造价鉴定人员深化出庭作证的意识，明确出庭作证是造价鉴定人员的法定义务和出庭作证的相关规定、任务、技巧，树立敢于出庭作证的信心和培养善于出庭作证的能力。造价鉴定人员出庭作证的重点是“对造价鉴定意见质疑的解释与说明”，造价鉴定人员作为造价鉴定工作的实施者和造价鉴定意见的起草者，在出庭时无需紧张，本着实事求是、公正公平的原则解释或说明即可。有些当事人会聘请“造价专家辅助人”代为行使其对造价鉴定意见的质证权，他们大多会从鉴定方法、鉴定标准和鉴定依据等方面进行提问，而这些“造价专家辅助人”往往与造价鉴定人员是同行，同行之间的对峙、较量当然更无需担心。

造价鉴定人员在法庭上对造价鉴定意见的说明、解释以及答疑，需要全部记载于庭审笔录，作为造价鉴定意见的组成部分，对造价鉴定意见最终能否被采信有着重要的意义。造价鉴定人员在庭审时的解释或说明必须围绕造价鉴定意见的“三性”进行，即真实性、合法性、关联性，着重从鉴定事项的科学原理、鉴定步骤、方法、依据、技术标准等进行阐述或说明，回答问题必须有针对性，直接对质证主体提出的问题进行说明或解释，不能所答非所问，并且不得使用推断性、猜测性、评论性语言，也不得以其他证人的证言作为造价鉴定的依据，或评论造价鉴定意见与其他证人证言的关系，回答任何问题都需要以理服人，调整好心态，切勿与质证主体发生冲突、争吵等。

二、资料准备

造价鉴定人员出庭是其参与诉讼或仲裁的重要环节，也是决定造价鉴定意见能否被采信的重要环节，所以造价鉴定人员坚决不能空手上庭，仅凭记忆和理解回答质证主体和委托人的提问，而是必须全面熟悉造价鉴定业务，了解鉴定受理、鉴定实施、造价鉴定人员的个人鉴定记录、鉴定结果的研究与讨论记录、鉴定中出现不同争议问题的解决方式及记录、造价鉴定意见书等所有内容，并选择重点鉴定资料将其带入法庭，以备不时之需。若鉴定项目涉及多个专业，鉴定中涉及各个专业的资料可以由出庭的造价鉴定人准备，共性的资料由造价鉴定负责人准备。

造价鉴定人员准备好出庭资料后，应制作出庭作证答疑提纲。答疑提纲由主作证人执笔，其他参与鉴定人员配合共同完成。造价鉴定人员根据鉴定事项涉及的案情、鉴定事项和鉴定结果，对出庭作证时质证主体可能提出的问题进行预判，并对预判的问题做事先的解答。如关于鉴定过程的问题，关于鉴定材料的审查和使用的问题，关于鉴定方法的科学性、先进性、有效性的问题，关于鉴定依据的科学性问题等。

对普通问题进行预判后，造价鉴定人员还需对代理人或造价专家辅助人等质证主体的刁难质询进行预案设计。

三、其他准备

有了良好的心理准备，再加上资料上的万无一失，出庭作证一般不会出什么问题。但为了锦上添花，让出庭作证更加成功，让法官更好地采信造价鉴定意见，造价鉴定人员还需要注意以下问题：第一，携带人民法院或仲裁机构出具的出庭作证通知书原件；第二，携带造价鉴定人员的身份证原件、造价工程师职业资格证书及职称证书原件；第三，造价鉴定人员着装应大方庄重，并与庭审的氛围相符，也可以彰显“专家证人”的气质；第四，造价鉴定人员出庭作证时，应使用普通话进行解答。

第五节　工程造价鉴定人员出庭作证的证言

造价鉴定人员出庭作证既要回答程序性问题，也要回答实体性问题。实体性问题往往更能体现出庭作证的意义，并对造价鉴定意见是否被采信起到决定性作用。造价鉴定人员出庭作证的证言是对造价鉴定意见的补充和完善，是造价鉴定意见的有机组成部分。质证主体和委托人之所以让造价鉴定人员出庭作证，就是让造价鉴定人员亲自到庭陈述，解答他们对造价鉴定意见的疑惑。通过造价鉴定人员的有效解答，法官对造价鉴定意见更加信赖，当事人对造价鉴定意见更加信服。造价鉴定人员出庭作证的证言要以实现出庭作证的目的为宗旨，即在不违反法律规定、不违背公序良俗的情形下，尽可能运用自己的专业知识帮助法官和各质证主体理解和信服鉴定意见。对于质证主体合法的询问，造价鉴定人员应该尽其所能进行解释，但如果质证主体提出的问题已经超出合法的范围，造价鉴定人员应该拒绝。合理运用拒绝权是造价鉴定人员出庭时必备的技能。

造价鉴定人员出庭作证发言时应坚持合法性、客观性、关联性、诚实信用原则。对于关于鉴定主体资格、鉴定事项、鉴定材料事项、鉴定程序和鉴定步骤、鉴定依据、鉴定方法、鉴定所用仪器设备等的问题需要详细解答。对于关于与本案无关的事实、不能公开的秘密、涉及案件中的个人隐私的询问以及已经回答过的重复提问等造价鉴定人员可以拒绝回答。造价鉴定人员拒绝回答时，应征得审判长或首席仲裁员的同意，不得擅自拒绝回答质证主体的提问。

造价鉴定人员出庭作证回答问题或发言时，应得到审判长或首席仲裁员的同意。造价鉴定人员应保持良好的心态，不得与质证主体对抗、冲突。造价鉴定人员的证言必须通俗易懂，说话应清晰并保持语速，便于书记员或仲裁秘书记录。造价鉴定人员发言结束后应对证言逐字逐句核对，核对无误后签字确认。

第六节　工程造价鉴定人员出庭作证与其他相关主体的关系

造价鉴定人员出庭作证需要面对的主体有当事人、代理人、法官，可能还有造价专家辅助人，如何能使双方当事人对造价鉴定意见心悦诚服，使委托人安心采信造价鉴定意见？造价鉴定人员出庭时和相关主体处理好关系是实现以上目的的关键。

一、与申请造价鉴定人员出庭一方当事人及其代理人的关系

申请造价鉴定人员出庭的当事人往往对造价鉴定意见存在疑惑，需要造价鉴定人员出庭当面进行解释，以解答疑惑。造价鉴定人员面对不同类别的当事人要采用不同的方法，如对质证准备充分，提问比较合理的，需要用谦虚的态度作专业的回答；对于有初步准备，但提问随机性较大的，要用严谨的态度作专业的回答；对于那些根本没有准备，开庭后随性乱提问的，要用坦荡的胸怀作简洁的回答。但庭审是千变万化的，往往不会按预定的方向发展，如果当事人或其代理人情绪过于激动，甚至出现谩骂或攻击等过激举动，造价鉴定人员应保持理智，心态平和，也可以提醒审判长或首席仲裁员制止当事人或其代理人的过激行为，造价鉴定人员切忌与当事人或其代理人发生直接冲突，一切以出庭作证解决问题为准则，毫不动摇。

二、与未申请造价鉴定人员出庭一方当事人及其代理人的关系

当事人不申请造价鉴定人员出庭，要么是其已知晓造价鉴定意见所有内容，没有异议或疑惑，要么是造价鉴定意见对其有利。在庭审期间，该方当事人及其代理人要么不提问，要么就提一些造价鉴定人员回答后反而可以支持造价鉴定意见的问题，达到维护造价鉴定意见的目的。该方当事人的态度一般非常友善。

三、与委托人的关系

造价鉴定人员出庭作证时，虽然主要是接受当事人及其代理人的质询或提问，但造价鉴定人员在回答时，除了要力求让当事人及其代理人能听明白之外，还要尽量说得通俗易懂，让非专业的委托人能听明白，特别是要增强委托人采信造价鉴定意见的信心。因为最终决定是否采信造价鉴定意见以及将造价鉴定意见作为审判证据的是委托人。

四、与造价专家辅助人的关系

法律赋予了当事人聘请造价专家辅助人的权利，如果当事人提出申请，经委托人审批通过，则造价鉴定人员还要处理好与造价专家辅助人的关系。造价专家辅助人往往是业内的专业人士，其专业能力有可能还高于造价鉴定人员，所以造价鉴定人员必须在思想上给予重视，在行动上积极作好准备。同时了解造价专家辅助人在庭审时的权利义务，比如造价专家辅助人出庭的目的是质证不是答疑，所以当造价鉴定人员处于劣势或下风时，不能试图以提问的方式转变局势。

造价专家辅助人和造价鉴定人员的问答无疑是高手过招，非专业的当事人及其代理人和委托人可能并不能完全听懂，甚至可能根本听不懂，但最终决定案件结果的却是他们这些可能听不懂的人，所以造价鉴定人员在回答造价专家辅助人的质询或提问题时，既要保持专业性，又要讲得通俗易懂，以赢得委托人和当事人的理解和信任，为造价鉴定意见被采信奠定基础。造价鉴定人员在听取造价专家辅助人提问时，需要详细记录问题，将所有问题听明白想清楚之后再一一作答，回答时需要随时保持严谨，以免掉入造价专家辅助人设置的提问陷阱。对于造价专家辅助人提出的问题不得回避，若造价鉴定意见确实存在造价专家辅助人指出的过错或失误，应当坦诚面对，不得遮掩，更不得编织谎言来掩盖，以获得造价专家辅助人作为同行的尊重与认同，否则造价专家辅助人可能会刨根问底，这样会让造价鉴定意见不被采信的概率大大增加。造价专家辅助人受当事人的委托，所以其提问难免失之偏颇，造价鉴定人员发现造价专家辅助人的发言明显违背科学原理或客观事实时，可以当庭指出。

第七节　工程造价鉴定人员出庭作证的权益保障

《司法鉴定程序通则》（2015 年 12 月 24 日修订）第四十五条明确规定："司法鉴定机构应当支持司法鉴定人出庭作证，为司法鉴定人依法出庭提供必要条件。"造价鉴定业务首先由造价鉴定机构承接，然后由造价鉴定机构委派具有资格且专业对口的造价鉴定人员实施，因此造价鉴定业务法律后果的承担者首先应该是造价鉴定机构，所以，造价鉴定机构必须为造价鉴定人员出庭提供保障。委托人应保护出庭作证的造价鉴定人员的人身安全，在质证主体故意刁难、威胁、攻击造价鉴定人员时，委托人应及时阻止。造价鉴定人员的证言必须如实记载于庭审笔录和裁判文书中，法官不得基于自己需要进行删减或修改。《中华人民共和国民事诉讼法》（2021 年 12 月 24 日第四次修正）对证人出庭的费用有明确规定，但对鉴定人出庭作证的费用并未明确。《最高人民法院关于民事诉讼证据的若干规定》（法释〔2019〕19 号）第三十八条规定："当事人在收到鉴定人的书面答复后仍有异议的，人民法院应当根据《诉讼费用交纳办法》第十一条的规定，通知有异议的当事人预交造价鉴定人出庭费用，并通知鉴定人出庭。有异议的当事人不预交鉴定人出庭费用的，视为放弃异议。"所以，委托人应严格按照规定，要求申请造价鉴定人员出庭作证的一方当事人缴纳出庭作证费用，以确保造价鉴定人员正常出庭作证。

造价鉴定意见是委托人审判建设工程纠纷案件的重要证据，其在证据体系中具有核心地位，发挥着不可替代的重要作用。造价鉴定人员出庭作证是其鉴定工作的延伸，也是影响造价鉴定意见能否被委托人作为证据采信的重要环节。质证权是当事人固有的权利，当事人对造价鉴定意见心存疑惑时可以申请造价鉴定人员出庭作证，以使其对造价鉴定意见进行解释并对其进行询问。造价鉴定人员出庭作证是非常重要的一项诉讼或仲裁制度，既可以保障当事人的质证权，也可以实现司法的实体正义和程序正义，进而提升造价鉴定的权威性和司法审判的公正性，让人民群众在每一个司法案件中都能感受到公平正义。

第七章

十大要点之六
——正确处理与工程造价专家辅助人的关系

第一节　当事人聘请工程造价专家辅助人的背景

在我国的民事诉讼或仲裁案件中，委托人对专业知识的欠缺导致其认定证据的能力欠缺，最终导致过分依赖甚至只能依赖造价鉴定机构的造价鉴定意见，而造价鉴定机构的执业水平及职业操守参差不齐，往往导致鉴定意见也不尽公正、公平。久而久之，鉴定制度便暴露出了诸多弊端。

此时，专家证人便应运而生。常廷彬、陈静、李革新均对我国的专家证人制度的必要性作了详细的论证与阐述，上述专家证人制度等同于本书所称的造价专家辅助人制度，常廷彬、陈静、李革新在论文中所称的“专家证人”，根据目前造价鉴定实务和理论分析，被称为“工程造价专家辅助人”（以下简称造价专家辅助人）更加合适。由于对造价专业知识的缺失，当事人无法或不能对造价鉴定意见进行质证，导致其丧失了应有的质证、询问等权利，进而可能损害其应有的合法权益，最终可能影响司法的公正和信誉。华苏芳也认为专家辅助人制度在现实审判中有着非常重要的意义，也非常必要。

建设工程纠纷案件涉及事项众多，造价鉴定纷繁复杂，造价鉴定机构水平参差不齐，有些当事人举证能力严重缺失，这些因素经常导致建设工程纠纷案件一拖再拖，既影响当事人的合法权益，也影响司法在人民心中的形象。造价专家辅助人即造价专业人员在建设工程诉讼或仲裁案件中担任专家辅助人，既可以提高当事人的诉讼或仲裁能力和质证能力，也可弥补造价鉴定制度的不足，让造价专家辅助人用增强对抗性的方法给当事人提供救济的机会，也可纠正造价鉴定意见可能存在的偏差，让造价鉴定人员有所畏惧，还可以避免法官偏听偏信，促使法官兼听则明，让法官更好地对专业问题进行认识、理解，最终作出公正的判决。

造价专家辅助人由当事人委托，其陈述视同当事人陈述，因此其会尽自己全力，用自己的专业，为当事人服务。他们会针对造价鉴定意见提出诸多对其委托当事人有利的意见或建议，这些也会给造价鉴定人员造成压力，实务界在很多时候将造价专家辅助人称为“造价鉴定人员的克星”。

第二节　当事人聘请工程造价专家辅助人的法律依据

当事人聘请造价专家辅助人为自己提高质证的能力，维护自己的合法权益是否合法呢？我们可以看一下相关法律对此的规定。

《中华人民共和国民事诉讼法》（2021 年 12 月 24 日第四次修正）第八十二条规定："当事人可以申请人民法院通知有专门知识的人出庭，就鉴定人作出的鉴定意见或者专业问题提出意见。"《最高人民法院关于适用〈中华人民共和国民事诉讼法〉的解释》（法释〔2015〕5 号）（2022 年 3 月 22 日第二次修正）第一百二十二条规定："当事人可以依照民事诉讼法第八十二条的规定，在举证期限届满前申请一至二名具有专门知识的人出庭，代表当事人对鉴定意见进行质证，或者对案件事实所涉及的专业问题提出意见。具有专门知识的人在法庭上就专业问题提出的意见，视为当事人的陈述。人民法院准许当事人申请的，相关费用由提出申请的当事人负担。"《最高人民法院关于民事诉讼证据的若干规定》（法释〔2019〕19 号）第八十三条规定："当事人依照民事诉讼法第七十九条和《最高人民法院关于适用〈中华人民共和国民事诉讼法〉的解释》第一百二十二条的规定，申请有专门知识的人出庭的，申请书中应当载明有专门知识的人的基本情况和申请的目的。人民法院准许当事人申请的，应当通知双方当事人。"

建设工程纠纷案件作为重要的民事诉讼或仲裁案件，专业性极强，在诉讼或仲裁过程中，当事人非常需要具有造价专业知识的专业人员介入，即造价专家辅助人的介入。

第三节　工程造价专家辅助人与工程造价鉴定人员的区别

造价鉴定人制度已经被当事人和委托人接受，而造价专家辅助人制度刚刚起步，有些当事人和委托人经常将二者混淆。造价专家辅助人与造价鉴定人员存在诸多区别。第一，两者隶属关系不同，造价专家辅助人以个人名义或公司名义接受当事人的委托，参与诉讼或仲裁活动；而造价鉴定人员必须依附于造价鉴定机构，由造价鉴定机构接受法院的委托，再委派注册并执业于造价鉴定机构的造价鉴定人员实施鉴定工作，最终由造价鉴定机构出具造价鉴定意见。第二，造价专家辅助人只要求具备与案件有关的知识和经验即可，而造价鉴定人员必须取得全国注册造价工程师或一级造价工程师资格并注册且执业于一家造价鉴定机构。第三，参与诉讼或仲裁的途径不同，造价专家辅助人接受当事人的委托参与诉讼或仲裁活动，其在庭审中的陈述视为当事人的陈述；造价鉴定人员因其所在的造价鉴定机构接受人民法院或仲裁机构委托而参与诉讼或仲裁活动，主要作用是辅助法官，属于准司法行为。第四，是否需要回避的制度不同，造价专家辅助人接受当事人委托后，不需要回避；而造价鉴定人员参与诉讼或仲裁时，当事人和委托人有权利以正当理由要求其回避。第五，两者的作用不同，对于造价专家辅助人的陈述委托人会在综合判定之后决定其是否具有证明力；而造价鉴定人员出具的造价鉴定意见，作为重要法定证据之一，虽然也需要经过当事人质证，但往往比较容易被法院采信。第六，费用承担的主体不同，《最高人民法院关于适用〈中华人民共和国民事诉讼法〉的解释》（法释〔2015〕5号）（2022年3月22日第二次修正）第一百二十二条规定："具有专门知识的人……相关费用由提出申请的当事人负担。"即造价专家辅助人的费用由委托造价专家辅助人的当事人支付；造价鉴定人员的费用由申请鉴定的当事人预付给造价鉴定机构，最终由委托人判决，一般由败诉的当事人承担造价鉴定费用，造价鉴定机构以劳动报酬的方式将费用支付给造价鉴定人员。

第四节　工程造价专家辅助人的诉讼功能及权利义务

一、造价专家辅助人的诉讼功能

造价专家辅助人具有非常重要的诉讼或仲裁功能：第一，就建设工程纠纷案件的造价专门性问题进行说明并接受询问或与造价鉴定人员进行对质，帮助委托人查明事实真相，让委托人作出公正的审判；第二，造价专家辅助人可以有效克服专门性问题的解决只依赖造价鉴定意见造成的不良后果，有利于发现造价鉴定意见的不足；第三，造价专家辅助人可以促使委托人兼听则明，防止偏听偏信，有利于在造价鉴定活动中充分地保护案件当事人的合法权益；第四，造价专家辅助人可以对造价鉴定意见询问或发表意见，使造价鉴定机构及造价鉴定人员发现自己的不足，有助于提高造价鉴定工作的效率与质量。

二、造价专家辅助人的权利

为保证造价专家辅助人能够对专业性问题进行充分的说明和客观的分析，应赋予造价专家辅助人充分的权利：第一，参加庭审，对造价鉴定意见发表专业意见，经委托人许可询问造价鉴定人员；第二，委托造价专家辅助人的当事人若提供虚假材料，要求造价专家辅助人采用非法手段或者违背科学公正原则提供造价专业意见，造价专家辅助人有权终止委托合同；第三，造价专家辅助人有权获得由委托其参与诉讼的当事人支付的报酬。

三、造价专家辅助人的义务

造价专家辅助人的一般义务包括：第一，造价专家辅助人仅就对当事人之争议至关重要的专门性问题以其专业领域内的知识和技能提供专业意见，如果造价专家辅助人接受指示发表意见的争议点或事项不属于其专业领域内的问题，其应明确提出，并主动退出；第二，造价专家辅助人在发表意见时，须考虑发表意见时的全部重要事实，造价专家辅助人须列明其意见形成时所依赖的事实、文献或其他资料；第三，造价专家辅助人对重要事项的意见如有改变，不论意见改变的原因如何，皆应立即告知指示方当事人及委托人。

第五节　工程造价专家辅助人意见的效力

《最高人民法院关于适用〈中华人民共和国民事诉讼法〉的解释》(法释〔2015〕5号)(2022年3月22日第二次修正)第一百二十二条规定:“……具有专门知识的人出庭，代表当事人对鉴定意见进行质证，或者对案件事实所涉及的专业问题提出意见。具有专门知识的人在法庭上就专业问题提出的意见，视为当事人的陈述。”

从以上规定可以看出，造价专家辅助人的意见视为当事人的陈述，是当事人的证据之一，经查证属实的造价专家辅助人的意见，可以作为认定事实的根据。委托人一般根据“综合采信原则”对造价专家辅助人的意见进行判断。为提高造价专家辅助人意见被采信的概率，造价专家辅助人应只针对专业问题发表意见，不得把不相关的事实作为发表意见的依据或过度为当事人的利益服务，避免影响其在审判长或首席仲裁员心目中的专业性。

第六节　工程造价专家辅助人参与诉讼或仲裁的契机

《中华人民共和国民事诉讼法》（2021 年 12 月 24 日第四次修正）第八十二条规定："当事人可以申请人民法院通知有专门知识的人出庭，就鉴定人作出的鉴定意见或者专业问题提出意见。"该规定仅明确了造价专家辅助人在开庭时参与出庭进行质证或向造价鉴定人员提问，即在庭审阶段介入。

实际工作中，造价专家辅助人参加诉讼或仲裁的时机有两个。第一，根据《中华人民共和国民事诉讼法》（2021 年 12 月 24 日第四次修正）第八十二条的规定出庭，对专门性问题发表意见或对造价鉴定意见进行质证或向造价鉴定人员提问。第二，当事人在准备诉讼或仲裁前就应委托好造价专家辅助人，造价专家辅助人参与诉讼或仲裁的准备、策划，证据的收集、整理，以及庭审阶段的发言，在实施诉讼或仲裁的全过程中提供辅助服务，但是其出庭时对造价鉴定意见进行质证或向造价鉴定人员提问，应得到人民法院或仲裁机构的同意或批准。

一、庭审阶段介入的造价专家辅助人案例

某工程项目造价鉴定意见书征求意见稿载明造价鉴定金额为 685.47 万元。被告（建设单位）因缺乏造价专业的知识，无法对造价鉴定意见提出有效或对自身有利的质证意见，遂聘请造价专家辅助人。造价专家辅助人经过深入分析后，提出详细的质证意见，当事人向法院申请具有专门知识的人出庭，经法院同意后造价专家辅助人在庭审时对专门性问题进行了阐述，并对造价鉴定人员进行了询问。

人民法院根据造价专家辅助人的质证意见、询问情况及造价鉴定人员的答复，要求造价鉴定人员重新进行现场勘验、重新核对，并出具补充造价鉴定意见，造价金额修改为 595.48 万元。对方当事人（施工单位）、造价鉴定人员对

法院的决定无异议。该案涉项目的造价鉴定机构出具补充造价鉴定意见后委托造价专家辅助人的一方当事人（建设单位）非常满意，而另一方当事人（施工单位）因无法提出有效的反对意见，所以也无异议，人民法院最终采信了补充造价鉴定意见。

二、介入诉讼或仲裁全过程的造价专家辅助人案例

某施工单位中标某地产项目，因市场环境恶化等因素，该项目施工一直断断续续，严重增加了施工单位的成本，造成项目严重亏损，施工单位欲通过诉讼解除合同，及时止损。由于施工单位内部管理不完善，工程施工过程中的证据链很不完整，施工单位与其代理律师协商后，决定聘请造价专家辅助人，为本次诉讼提供全过程的造价专家辅助服务。

造价专家辅助人对该项目从招标阶段到拟起诉日期的所有过程资料进行了梳理，并与律师共同协商进行分类，形成了不同的证据链条，然后制定了详细的诉讼策划方案及实施步骤。该项目从起诉到判决，一直非常顺利，最终结果也基本达到了当事人（施工单位）的预期。另外诉讼的效率也很高，及时止损，很大程度降低了企业的风险。本案中造价专家辅助人的介入，不仅维护了当事人的合法权益，同时也提高了案件的诉讼效率，节约了司法资源。

建设工程本身具有复杂性、多样性，导致涉及建设工程纠纷的诉讼或仲裁案件也是众多案件中的难点。为提升当事人的诉讼、质证能力或人民法院和仲裁机构的庭审能力，维护当事人的合法权益，监督造价鉴定人员的鉴定行为，最终提高诉讼或仲裁的效率，节约司法资源，维护社会的和谐，可以提倡当事人聘请造价专家辅助人。

建设工程纠纷案件诉讼或仲裁过程中当事人对造价专家辅助人的需求与日俱增，委托人在审理案件时，应当允许或主动鼓励当事人双方均聘请造价专家辅助人，以增加造价专家辅助人的对抗性，造价专家辅助人通过自己的专业知识和经验，不断为诉讼或仲裁过程提供专业的判断，委托人亦可在双方对抗的过程中观察、分析，以作出对案件最准确的判断。

另外，建议委托人设立造价专家辅助人诚信档案，规定故意提供虚假质证意见的造价专家辅助人不得再次担任造价专家辅助人，并建立诚信信息共享档

案，避免造价专家辅助人纯粹为当事人的利益服务，而忽略其专业性，最终影响司法公正。若造价专家辅助人不诚信，有可能导致审判的不公，进一步导致司法的不公，而这些不公都可能损害司法的形象。只有不断通过建立诚信档案等行为进行引导，才能让造价专家辅助人坚守自己的职业道德，爱惜自己的"羽毛"，更好地为建设工程纠纷案件诉讼或仲裁服务，以提高造价鉴定意见书和司法审判的质量和水平，做到公正于法、公正于民，让人民群众在每一个司法案件中都能感受到公平正义，让社会更加和谐。

第八章

十大要点之七
——重新鉴定

重新鉴定是指经过鉴定的专门性问题，由于造价鉴定机构和造价鉴定人员存在鉴定资格、鉴定程序、鉴定依据、鉴定结果等方面存在某种缺陷，当事人有充分理由按国家法律法规规定的程序请求人民法院重新鉴定并被人民法院批准而产生的一系列活动过程。

第一节　重新鉴定的启动

《最高人民法院关于民事诉讼证据的若干规定》(法释〔2019〕19号)第四十条规定:"当事人申请重新鉴定,存在下列情形之一的,人民法院应当准许:(一)鉴定人不具备相应资格的;(二)鉴定程序严重违法的;(三)鉴定意见明显依据不足的;(四)鉴定意见不能作为证据使用的其他情形。存在前款第一项至第三项情形的,鉴定人已经收取的鉴定费用应当退还。拒不退还的,依照本规定第八十一条第二款的规定处理。对鉴定意见的瑕疵,可以通过补正、补充鉴定或者补充质证、重新质证等方法解决的,人民法院不予准许重新鉴定的申请。重新鉴定的,原鉴定意见不得作为认定案件事实的根据。"

当事人认为存在以上规定事项时,可以向人民法院提出重新鉴定的请求。是否重新鉴定,由人民法院依法决定。

第二节　重新鉴定应注意的相关事项

重新鉴定与初次造价鉴定的所有要求相同，但应注意以下相关事项。

一、重新鉴定的实施主体相关要求

重新鉴定一般应委托原造价鉴定机构和造价鉴定人员以外的其他鉴定主体，个别案件在特殊情况下可以继续委托原造价鉴定机构，但坚决不能让原造价鉴定人员实施鉴定。接受重新鉴定的造价鉴定人员的技术职称或职业资格应相当于或高于原造价鉴定人员。重新鉴定的造价鉴定机构的资质等级或能力也应高于原造价鉴定机构。

二、重新鉴定的回避事项

（1）重新鉴定应遵守正常鉴定的回避原则。

（2）除遵守正常鉴定的回避原则之外，重新鉴定还必须遵守以下回避原则：

① 参加过同一事项的初次造价鉴定人员应当回避；

② 在同一事项的初次鉴定过程中作为专家提供过咨询意见或担任过当事人的造价专家辅助人的应当回避。

三、关于重新鉴定的相关审判案例

中华人民共和国最高人民法院（2016）最高法民申 3772 号

争议焦点：二审法院重新委托鉴定并依据该鉴定结论认定工程造价是否适当？

最高院观点：根据《最高人民法院关于民事诉讼证据的若干规定》（法释〔2001〕33 号）第二十七条的规定，当事人对鉴定意见有异议申请重新鉴定，有证据证明存在下列情形的，人民法院应予准许：鉴定机构或鉴定人员不具备相关鉴定资格的；鉴定程序严重违法的；鉴定意见明显依据不足的；经过质证不能作为证据使用的其他情形。本案中，没有证据表明一审造价鉴定意见存在应当重新鉴定的情形。二审法院未通过补充鉴定、重新质证等方式解决双方当事人对一审造价鉴定意见的争议，直接委托重新鉴定，不符合司法解释的规定，依据不足。

说明：本案中的《最高人民法院关于民事诉讼证据的若干规定》(法释〔2001〕33号)已被修改，修改后为《最高人民法院关于修改〈关于民事诉讼证据的若干规定〉的决定》(法释〔2019〕19号)，修改前的第二十七条对应修改后的第四十条。

第九章

十大要点之八
——工程造价鉴定与工程竣工结算审计的区别

工程造价鉴定和工程竣工结算审计（以下简称结算审计）都是工程造价咨询企业的重要业务，而且实施造价鉴定和结算审计业务的人员也很有可能是同样的造价工程师。然而结算审计是传统业务，大多数造价工程师已经轻车熟路，一般不会出现问题。但造价鉴定是一个新兴的业务，很多造价工程师并未做过或做得相对较少，其并不熟悉造价鉴定的原则、方法，甚至有哪些步骤都不清楚，因此有些造价工程师经常会把结算审计的思维和方法等不经意带进造价鉴定工作，导致造价鉴定的成果——造价鉴定意见不能得到当事人的认可和委托人的采信。本章从造价鉴定和结算审计的委托人、实施主体、依据及成果的作用等方面进行介绍。

第一节 工程造价鉴定与工程竣工结算审计委托人的区别

工程造价鉴定的委托人一般是人民法院或仲裁机构。工程结算审计的委托人一般是发包人（建设单位），有时承包人（施工单位）也会委托造价咨询公司对其分包商或劳务班组等进行结算审计，或者建设项目相关方委托造价咨询公司对其期望或关注的事项进行结算审计。发包人（建设单位）、承包人（施工单位）或相关方也可以不委托造价咨询公司而由内部的造价人员实施结算审计工作。

第二节　工程造价鉴定与工程竣工结算审计实施主体的区别

造价鉴定的实施主体是造价鉴定机构和造价鉴定人员，其必须具备相应资格，如2021年7月1日之前造价鉴定机构应具备工程造价咨询资质，造价鉴定人员必须具备全国注册造价工程师或一级造价工程师资格，二级造价工程师只能作为造价鉴定人员的助理人员。另外从事造价鉴定工作的造价鉴定机构和造价鉴定人员必须在省级法院对外委托专业机构电子信息平台登记备案。

工程结算审计的实施主体一般是造价咨询公司和造价人员，有时也可能是发包人或承包人或相关方及其造价人员。造价咨询公司需要具备相应的造价咨询资质，造价咨询公司的审核人员一般要求具备全国注册造价工程师或一级造价工程师资格，有些造价咨询公司也会委派二级造价工程师从事审计工作，虽然这与《注册造价工程师管理办法》(2020年2月19日修正)有些冲突，但实际上多有发生。发包人或承包人或相关方的造价人员在审计结算时，其资格并未被严格限制。

2021年7月1日，《国务院关于深化“证照分离”改革进一步激发市场主体发展活力的通知》(国发〔2021〕7号)取消了工程造价咨询资质审批，此后造价咨询企业从事造价咨询业务（含审计竣工结算）和造价鉴定业务时，均不再被要求具备工程造价咨询资质。但目前当造价鉴定机构在省级法院对外委托专业机构电子信息平台进行备案时，人民法院在很大程度上还是要对原有的造价咨询资质进行审核。

第三节　工程造价鉴定与工程竣工结算审计依据的区别

造价鉴定是造价专业与法律专业的结合，因此造价鉴定的依据在传统工程结算审计的基础上需要增加以下相关材料：

（1）造价鉴定委托书；

（2）起诉状（仲裁申请书）、反诉状（仲裁反申请书）及答辩状、代理词；

（3）质证记录、庭审记录等卷宗材料；

（4）《中华人民共和国民法典》；

（5）《中华人民共和国民事诉讼法》（2021 年 12 月 24 日第四次修正）；

（6）《最高人民法院关于适用〈中华人民共和国民事诉讼法〉的解释》（2022 年 3 月 22 日第二次修正）；

（7）《最高人民法院关于民事诉讼证据的若干规定》（法释〔2019〕19 号）；

（8）《最高人民法院关于审理建设工程施工合同纠纷案件适用法律问题的解释（一）》（法释〔2020〕25 号）；

（9）《最高人民法院关于人民法院民事诉讼中委托鉴定审查工作若干问题的规定》（法〔2020〕202 号）；

（10）其他与造价鉴定相关的法律法规或相应制度。

刚开始从事造价鉴定的鉴定人员，经常会把结算审计的思路带入造价鉴定工作，如现场勘验，在结算审计工作中，可以由审计人员自行组织勘验；而造价鉴定工作中的现场勘验则必须由委托人组织，这涉及委托人的法律职权，造价鉴定人员不得擅自组织，否则就违法了法律程序。对于相关资料格式，有些造价鉴定人员还没有完全分清，比如在有些造价鉴定人员进行现场勘验时，勘验记录完全照搬了结算审计中的现场踏勘表，表中还保留有审计局、建设单位、施工单位、审计单位等字样。

第四节　工程造价鉴定与工程竣工结算审计成果作用的区别

一、造价鉴定的成果与作用

造价鉴定的成果是造价鉴定意见，是诉讼或仲裁过程中一个法定证据，需要经过双方当事人或其他质证主体的质证，再由委托人根据双方当事人或其他质证主体的质证情况进行判断使用，成为审判的依据。根据造价鉴定工作的实际需要，造价鉴定机构可能会对原造价鉴定意见书进行补充或补正。如果造价鉴定意见违反法律程序或内容被推翻，则当事人有权申请重新进行造价鉴定。

二、工程竣工结算审计的成果与作用

结算审计的成果是造价结算审计报告。主要用于发包人（建设单位）和承包人（施工单位）之间或承包人（施工单位）与其分包单位之间或劳务班组之间进行价款结算。结算审计的委托单位一般会对审计报告进行复审或复核，也可能会再次委托另外的造价咨询机构对已完成的审计报告进行复审或复核，但审计报告不需要经过质证等程序，也很少出现不被采信的情形。

第十章

十大要点之九
——工程造价鉴定中鉴定权与审判权分析

造价鉴定属于准司法行为，其在实施过程中遇到的有些专门性问题同时涉及法律问题和造价专业问题，而且关系错综复杂，不容易识别。因此不熟悉造价知识的法官或仲裁员和不熟悉法律的造价鉴定人员，有时会不经意之间侵犯了对方的权利，造成了权力的越位。一旦发生权力越位或侵权，就会导致“以鉴代审”或“以审代鉴”的怪象出现。所以作为造价鉴定人员，必须清楚什么是造价鉴定中的鉴定权，什么是造价鉴定中的审判权，最终做到不越位、不侵权。本章主要介绍造价鉴定中的鉴定权、审判权的概念和具体内容以及厘清鉴定权和审判权对委托人、当事人、造价鉴定人员等的意义。

第一节　工程造价鉴定中的鉴定权

一、工程造价鉴定权的来源

《全国人民代表大会常务委员会关于司法鉴定管理问题的决定》（2015 年 4 月 24 日修正）第一条规定："司法鉴定是指诉讼活动中鉴定人运用科学技术或者专门知识对诉讼涉及的专门性问题进行鉴别和判断并提供鉴定意见的活动。"这是造价鉴定权的法律渊源。

《中华人民共和国民事诉讼法》（2021 年 12 月 24 日第四次修正）第七十九条规定："当事人可以就查明事实的专门性问题向人民法院申请鉴定。当事人申请鉴定的，由双方当事人协商确定具备资格的鉴定人；协商不成的，由人民法院指定。当事人未申请鉴定，人民法院对专门性问题认为需要鉴定的，应当委托具备资格的鉴定人进行鉴定。"《最高人民法院关于民事诉讼证据的若干规定》（法释〔2019〕19 号）第三十二条规定："人民法院准许鉴定申请的，应当组织双方当事人协商确定具备相应资格的鉴定人。当事人协商不成的，由人民法院指定。人民法院依职权委托鉴定的，可以在询问当事人的意见后，指定具备相应资格的鉴定人。人民法院在确定鉴定人后应当出具委托书，委托书中应当载明鉴定事项、鉴定范围、鉴定目的和鉴定期限。"以上法律规定是造价鉴定权的直接来源。

造价鉴定机构接到委托人发出的造价鉴定委托书并按要求回复同意实施后，便有了对拟鉴定项目的造价鉴定权，即在受理鉴定、组织鉴定和实施鉴定等方面，享有的能够作出某种行为或者不作出某种行为的权利。

二、工程造价鉴定权的构成

从法律层面来讲，一项权利的构成要素一般由权利主体、权利客体和权利内容组成。造价鉴定权作为一种权利也不例外，同样具备上述三个要素。

（一）造价鉴定权的权利主体

权利主体一般指由谁来行使这个权利。《建设工程造价鉴定规范》GB/T 51262—2017 第 2.0.1 条规定："工程造价鉴定指鉴定机构接受人民法院或仲裁机构委托，在诉讼或仲裁案件中，鉴定人运用工程造价方面的科学技术和专业知识，对工程造价争议中涉及的专门性问题进行鉴别、判断并提供鉴定意见的活动。"第 2.0.5 条规定："鉴定机构指接受委托从事工程造价鉴定的工程造价咨询企业。"第 2.0.6 条规定："鉴定人指接受鉴定机构指派，负责鉴定项目工程造价鉴定的注册造价工程师。"

《工程造价咨询企业管理办法》（2020 年 2 月 19 日修正，中华人民共和国住房和城乡建设部令第 50 号）第二十条规定："工程造价咨询业务范围包括……（四）工程造价经济纠纷的鉴定和仲裁的咨询。"《注册造价工程师管理办法》（2020 年 2 月 19 日修正，中华人民共和国住房和城乡建设部令第 50 号）第十五条："一级注册造价工程师执业范围包括建设项目全过程的工程造价管理与工程造价咨询等，具体工作内容……（五）建设工程审计、仲裁、诉讼、保险中的造价鉴定，工程造价纠纷调解。"《国务院关于深化"证照分离"改革进一步激发市场主体发展活力的通知》（国发〔2021〕7 号）（以下简称国发〔2021〕7 号文）实施后，造价咨询企业不再需要造价咨询资质即可执业，这将会给造价鉴定机构的门槛带来影响，但不影响造价鉴定机构及造价鉴定人员的权利主体地位。

（二）造价鉴定权的权利客体

权利客体一般指权利所指向的对象，造价鉴定的权利客体一般指造价鉴定所要鉴定的对象，即诉讼或仲裁过程中的专门性问题。《最高人民法院关于审理建设工程施工合同纠纷案件适用法律问题的解释（一）》（法释〔2020〕25 号）第三十一条规定："当事人对部分案件事实有争议的，仅对有争议的事实进行鉴定，但争议事实范围不能确定，或者双方当事人请求对全部事实鉴定的除外。"实践中鉴定对象的具体内容根据委托人的委托书内容确定，原则上倡导节约当事人费用、缩短案件审理时间及提高诉讼或仲裁效率，具体根据案件的实际情况确定。

（三）造价鉴定权的权利内容

权利内容是权利主体作用于权利客体的具体表现形式。由于造价鉴定权的权利主体分为造价鉴定机构和造价鉴定人员两类，因此鉴定权的权利内容也包含两种，即造价鉴定机构的权利内容和造价鉴定人员的权利内容。

1. 造价鉴定机构有接受鉴定委托的权利

《全国人民代表大会常务委员会关于司法鉴定管理问题的决定》（2015 年 4 月 24 日修正）第九条规定："鉴定人从事司法鉴定业务，由所在的鉴定机构统一接受委托。"《建设工程工程量清单计价规范》GB 50500—2013 第 14.1.1 条规定："在工程合同价款纠纷案件处理中，需作工程造价司法鉴定的，应委托具有相应资质的工程造价咨询人进行。"国发〔2021〕7 号文执行之后，工程造价咨询资质取消，本条应作相应修改。

2. 造价鉴定机构有委派造价鉴定人员的权利

《全国人民代表大会常务委员会关于司法鉴定管理问题的决定》（2015 年 4 月 24 日修正）第八条规定："鉴定人应当在一个鉴定机构中从事司法鉴定业务。"因此接受了造价鉴定业务委托的造价鉴定机构有权将造价鉴定业务委派给鉴定机构内部合适称职的全国注册造价工程师或一级造价工程师对拟鉴定项目进行造价鉴定。《建设工程工程量清单计价规范》GB 50500—2013 第 14.1.3 条规定："工程造价咨询人进行工程造价司法鉴定时，应指派专业对口、经验丰富的注册造价工程师承担鉴定工作。"

3. 造价鉴定机构与造价鉴定人员有在造价鉴定意见上加盖公章及执业印章的权利

《最高人民法院关于民事诉讼证据的若干规定》（法释〔2019〕19 号）第三十六条规定："鉴定书应当由鉴定人签名或盖章，并附鉴定人的相应资格证明。委托鉴定机构的，鉴定书应由鉴定机构盖章，并由从事鉴定的人员签名。"

4. 造价鉴定人员有获得鉴定材料的权利

鉴定材料是开展鉴定工作的前提，没有鉴定材料造价鉴定人员也是巧妇难为无米之炊，鉴定工作将无法开展。《中华人民共和国民事诉讼法》（2021 年 12 月 24 日第四次修正）第八十条规定："鉴定人有权了解进行鉴定所需要的案件材料，必要时可以询问当事人、证人。"《最高人民法院关于民事诉讼证据的若干规定》（法释〔2019〕19号）第三十四条规定："人民法院应当组织当事人对鉴定材料进行质证。未经质证的材料，不得作为鉴定的根据。经人民法院准许，鉴定人可以调取证据、勘验物证和现场、询问当事人或者证人。"

造价鉴定人员有权要求委托人或当事人提供与造价鉴定有关的资料，委托人或当事人有义务为造价鉴定人员提供。

5. 造价鉴定人员有出庭作证的权利

《全国人民代表大会常务委员会关于司法鉴定管理问题的决定》（2015年4月24日修正）第十一条规定："在诉讼中，当事人对鉴定意见有异议的，经人民法院依法通知，鉴定人员应当出庭作证。"出庭作证是造价鉴定人员的权利，也是造价鉴定人员的义务，且义务大于权利。造价鉴定人员接到委托人的出庭作证通知后，无法定原因时，必须出庭作证。

6. 造价鉴定机构与造价鉴定人员有请求委托人协助的权利

造价鉴定机构接受委托人的委托，造价鉴定人员接受鉴定机构的委托。所以造价鉴定人员有以造价鉴定机构名义请求委托人给予协助的权利。

三、造价鉴定权的基本特征

（一）造价鉴定权具有专业性

《全国人民代表大会常务委员会关于司法鉴定管理问题的决定》（2015年4月24日修正）第一条规定："司法鉴定是指在诉讼活动中鉴定人运用科学技术或者专门知识对诉讼涉及的专门性问题进行鉴别和判断并提供鉴定意见的活动。"本条所指的专门性问题是指超出了正常人的理解和认知的问题，必须借助于专门的科学技术或知识进行判断。工程造价争议就是一个专门性的问题，委托人和律师都不能准确地对工程造价争议作出判断，于是将确定工程造价的权力委托给造价鉴定机构，造价鉴定机构委派专业的工程造价鉴定人员，即全国注册造价工程师或一级造价工程师负责实施造价鉴定工作。造价鉴定人员仅对工程造价及其相关问题发表自己的意见，对于工程造价专业之外或者无法通过工程造价专业技术确定的内容，造价鉴定人员不得发表意见，否则属于越权，越权后的意见也不能被采信。

（二）造价鉴定权具有独立性

《全国人民代表大会常务委员会关于司法鉴定管理问题的决定》（2015 年 4 月 24 日修正）第十条规定："司法鉴定实行鉴定人负责制度。鉴定人应当独立进行鉴定，对鉴定意见负责并在鉴定书上签名或者盖章。多人参加的鉴定，对鉴定意见有不同意见的，应当注明。"造价鉴定机构和造价鉴定人员按照法律赋予的权利和义务独立地进行造价鉴定活动，依据的是自己的专业知识和行业经验，其有权拒绝其他人员或组织对造价鉴定活动的过程或结果进行干扰。

（三）造价鉴定权具有有限性

造价鉴定机构和造价鉴定人员的鉴定权必须在委托人委托的范围内行使，超出或少于委托范围的事项或内容的，均为无效造价鉴定意见。《最高人民法院关于民事诉讼证据的若干规定》（法释〔2019〕19 号）第三十四条规定："人民法院应当组织当事人对鉴定材料进行质证。未经质证的材料，不得作为鉴定的根据。"《最高人民法院关于人民法院民事诉讼中委托鉴定审查工作若干问题的规定》（法〔2020〕202 号）第 4 条规定："未经法庭质证的材料（包括补充材料），不得作为鉴定材料。当事人无法联系、公告送达或当事人放弃质证的，鉴定材料应当经合议庭确认。"第 5 条规定："对当事人有争议的材料，应当由人民法院予以认定，不得直接交由鉴定机构、鉴定人选用。"

非经委托人同意，造价鉴定机构和造价鉴定人员不得私自与当事人或其律师联系，更不能私自接受任何一方当事人提交的证据材料。

造价鉴定人员应明确自身权限，在造价鉴定工作中认真负责地做好自己的工作，既不推卸责任，又不越权行事，充分发挥自己在造价专业上的经验与特长，做好造价鉴定工作。造价鉴定机构和造价鉴定人员只进行技术性计算、不得对证据材料进行法律评判，不得在鉴定过程中接受任何一方当事人提交的证据材料，对在鉴定过程中认为需要对证据材料作出评判时，应提交审判法庭或仲裁庭解决。

（四）造价鉴定权具有客观公正性

造价鉴定机构出具的造价鉴定意见应满足公信力和客观公正性要求，这个是诉讼追求的基本价值。公正包括造价鉴定人员的立场客观公正、造价鉴定人员的行为客观公正、造价鉴定人员执行的鉴定程序客观公正、造价鉴定人员采用的鉴定方法客观公正和其出具的鉴定意见客观公正。

第二节　工程造价鉴定中的审判权

一、造价鉴定审判权的来源

《中华人民共和国宪法》（2018 年 3 月 11 日修正）第一百二十八条规定：“中华人民共和国人民法院是国家的审判机关。”人民法院依照法律独立行使审判权。

审判权的范围与限度体现在两个方面，一是法律的解释权，二是裁量权。法律赋予了法官审判权，就意味着法官如何运用审判权，法官运用审判权的具体表现形式是法律的解释权和裁量权，法官应在适当的范围内对法律进行解释，并在合法的范围内对案件进行公正判决。审判权作为一种权力存在，它的限度与范围只取决于它的赋予者和实施者，那就是法律和法官。要对审判权的限度和范围作划分和辨认只能通过分析审判权的性质及其表现形式进行。法律解释权、裁判权是审判权实现的表现形式。在仲裁案件中，法律的解释权和裁判权由仲裁庭和仲裁员实施，审判权对应裁判权。

二、造价鉴定审判权的构成

造价鉴定过程中，对鉴定证据的认定、法律适用、作出裁判的权力均属于审判权，均由人民法院或仲裁机构行使。在造价鉴定过程中，建设工程施工合同所约定的计价方法也属于法律问题，哪些工程资料能用于造价鉴定工作也属于法律问题，都是法官的审判权或是仲裁员的裁判权的范畴。

（一）鉴定范围的确定权属于司法审判权

《最高人民法院关于民事诉讼证据的若干规定》（法释〔2019〕19 号）第三十二条规定：“人民法院在确定鉴定人后应当出具委托书，委托书中应当载明鉴定事项、鉴定范围、鉴定目的和鉴定期限。”造价鉴定委托书由委托人制作，其内容也由委托人确定，造价鉴定机构和造价鉴定人员不得擅自扩展鉴定的事项、范围和目的等内容。这与鉴定权的有限性相互对应。

《最高人民法院关于审理建设工程施工合同纠纷案件适用法律问题的解释（一）》（法释〔2020〕25号）第三十一条规定："当事人对部分案件事实有争议的，仅对有争议的事实进行鉴定，但争议事实范围不能确定，或者双方当事人请求对全部事实鉴定的除外。"本条规定足以体现委托人在确定鉴定范围时拥有的司法审判权。

（二）鉴定依据的确定权属于司法审判权

造价鉴定依据对于鉴定工作尤为重要。实际鉴定工作中鉴定依据除了包括当事人合同中约定的计量计价依据之外，还涉及合同中未约定的计价依据，但合同中未约定的计量计价依据只有委托人才能决定是否适用。

《最高人民法院关于审理建设工程施工合同纠纷案件适用法律问题的解释（一）》（法释〔2020〕25号）第十九条规定："当事人对建设工程的计价标准或者计价方法有约定的，按照约定结算工程价款。因设计变更导致建设工程的工程量或者质量标准发生变化，当事人对该部分工程价款不能协商一致的，可以参照签订建设工程施工合同时当地建设行政主管部门发布的计价方法或者计价标准结算工程价款。建设工程施工合同有效，但建设工程经竣工验收不合格的，依照《中华人民共和国民法典》第五百七十七条规定处理。"上述司法解释中的权利归属于委托人，不同的计量计价方式的选择权属于审判权。

（三）造价鉴定过程中对合同理解争议的确定权属于司法审判权

合同双方当事人约定了计量计价的方式，但对于约定的内容有两种或多种解释的，可以按《中华人民共和国民法典》第一百四十二条的规定执行，有相对人的意思表示的解释，应当按照所使用的词句，结合相关条款、行为的性质和目的、习惯以及诚信原则，确定意思表示的含义。无相对人的意思表示的解释，不能完全拘泥于所使用的词句，而应当结合相关条款、行为的性质和目的、习惯以及诚信原则，确定行为人的真实意思。显然，关于合同的解释属于法律问题，需要依法解释，所以属于司法审判权的范畴，应该由委托人依法行使。

（四）鉴定资料的确定权属于司法审判权

造价鉴定过程中，鉴定资料往往决定着工程造价的量和价，也决定着最终的造价金额。但哪些资料可以使用，哪些资料不能使用，不能由造价鉴定机构和造价鉴定人员决定。所有工程资料是否能作为鉴定资料，必须经过当事人质证，然后由委托人来决定其是否与造价有关联性，是否纳入鉴定资料。这些权力显然就是司法审判权。

（五）工程资料相互矛盾的确定权属于司法审判权

工程项目往往时间长久、内容复杂，加之有些施工单位的工作人员变动频繁，导致工程资料经常会出现前后矛盾、总分矛盾的情形。一旦发生纠纷，在造价鉴定过程中造价鉴定机构或造价鉴定人员会非常头疼，因为这已经超出了造价技术的专业范畴。此时，委托人要根据双方的过错程度，行业的处理习惯来判断到底谁承担更大的责任。对于这些问题，造价鉴定机构或造价鉴定人员是无法作出决定的，鉴定权此时已无能为力，只有委托人运用其审判权才能作出公平公正的判断。

三、造价鉴定审判权的基本特征

（一）造价鉴定审判权具有独立性

造价鉴定审判权必须独立，委托人只有独立审判，才能做到中立、公正。

（二）造价鉴定审判权具有中立性

审判的目的在于解决对立的双方之间的争议，所以审判过程中，法官必须严守中立，偏向任何一方都会使审判失去其本来的意义，损伤司法在人民心目中的形象。审判权的这种权力属性，不仅要求法官要树立坐堂问案、居中裁判的司法理念，还意味着在审判程序的设置上，必须时时处处体现法官中立性要求。

（三）造价鉴定审判权具有抗辩性

作为案件信息掌握者的双方当事人，各自积极而充分地提出有利于自己的证据和主张，反驳对方的立论，进行交叉询问和辩论，从而向法官提供和展示最丰富的案件信息，使法官的裁判真正地“以事实为依据”。同时，法官以中立的第三者的身份来裁决，有助于避免其因积极收集证据而产生先入为主的价值判断。抗辩性规律要求，在审判程序设置上要充分体现当事人地位平等、权利对等、权利义务相统一的原则。

四、委托人鉴定管理部门及审判部门的工作重点

（一）委托人鉴定管理部分的工作重点

（1）选择确定造价鉴定机构并审查造价鉴定人员的资质。

（2）办理造价鉴定委托手续并移交鉴定资料。

（3）对造价鉴定工作进行跟踪协调，了解造价鉴定的相关情况，处理可能影响造价鉴定的问题。

（4）实施造价鉴定意见征求意见稿和正式稿的送达工作。

（5）组织现场勘验。

（6）监督造价鉴定机构合理收取造价鉴定费用，按时完成造价鉴定工作。

（7）收集审判部门对造价鉴定意见和造价鉴定机构的评价。

（8）处理违法、违规的造价鉴定机构。

（9）协助审判部门在委托造价鉴定工作中的其他事项。

（二）委托人审判部分的工作重点

（1）启动造价鉴定程序。

（2）确定造价鉴定的事项、依据、范围并确定鉴定思路。

（3）组织质证及确定鉴定材料。

（4）决定已选定的造价鉴定机构及其委派的造价鉴定人员是否需要回避。

（5）决定是否延长造价鉴定期限。

（6）决定撤回、暂缓、中止或终结造价鉴定。

（7）对造价鉴定意见征求意见稿进行预审查。

（8）对造价鉴定意见正式稿进行审查、采信。

（9）掌握造价鉴定工作进程，必要时向造价鉴定机构发出督促警告。

（10）其他应当由审判部门负责的事项。

第三节　工程造价鉴定中鉴定权与审判权分析

一、混淆工程造价鉴定中鉴定权与审判权的后果

造价鉴定中鉴定权与审判权关系紧密，有时候甚至难以区分。大多造价鉴定人员缺乏专门的法律知识，导致其在行使造价鉴定权的同时经常无意识地越权，行使了部分审判权，如合同有多种解释时按自己的行业经验处理，工程资料前后矛盾时按自己的行业经验处理，鉴定过程中哪些资料可以作为鉴定资料也按自己的行业经验处理等。加之审判法官缺乏造价专业知识，过于依赖造价鉴定意见，所以经常导致“以鉴代审”等怪象频频发生。

区分鉴定权和审判权的关键是区分好法律问题和专业问题，法律问题必须由委托人负责，专业问题必须由造价鉴定人员负责。对于法律问题和专业问题错综复杂交织在一起的，造价鉴定人员应协助委托人厘清，厘清后再各司其职。

二、分清工程造价鉴定中鉴定权与审判权的意义

分清造价鉴定中鉴定权和审判权会让造价鉴定机构、造价鉴定人员、委托人及代理律师在自己的权限内做好自己的工作，做到既不越位，又各司其职，完美配合，为建设工程纠纷案件的顺利审理奠定基础。

（一）造价鉴定机构和造价鉴定人员分清鉴定权与审判权的边界后，能集中自己的全部精力，用自己专门的工程造价技术与丰富的造价行业从业经验，准确地确定鉴定项目的造价金额，不再为陷入当事人的纠纷里而感到烦恼。

（二）委托人分清鉴定权与审判权的边界后，就可以充分发挥其在审判过程中的主观能动性，同时避免“以鉴代审”的情况发生。如鉴定范围的确定、鉴定依据的确定、鉴定材料的确定、合同争议的理解、资料矛盾的解决等都属于审判权的范畴，都应该由委托人根据实际情况判断决定，而不是由造价鉴定

机构或造价鉴定人员决定。对于是否启用造价鉴定，也是由法官行使审判权决定的。

（三）代理人分清鉴定权和审判权的边界后，在对造价鉴定意见进行质证或遇到程序不当时，可以准确提出哪些是委托人的问题，哪些是造价鉴定机构的问题，这样便于要求委托人或造价鉴定机构及造价鉴定人员进行改正。既能提高自己的代理能力，又能更好地维护当事人的合法权益。

第十一章

十大要点之十
——做经得起历史检验的工程造价鉴定档案

《司法鉴定程序通则》(2015年12月24日修订)第四十二条规定:“司法鉴定机构应当按照规定将司法鉴定意见书以及有关资料整理立卷、归档保管。”造价鉴定机构亦应当将鉴定材料依鉴定程序逐项建立档案并立卷归档。造价鉴定档案主要包含造价鉴定委托书、送鉴证据材料、案情简介、鉴定工作底稿、造价鉴定意见书、补充鉴定意见书补充(若有)、造价鉴定意见书补正(若有)、委托人的判决书或裁决书以及其他需要留存的资料。造价鉴定档案是造价鉴定人员出庭作证和复查鉴定情况以及评估鉴定质量的依据,造价鉴定机构对其务必重视。

一、工程造价鉴定档案管理的基本要求

（1）造价鉴定机构应建立完善的造价鉴定档案管理制度。档案文件应符合国家和有关部门发布的相关规定。

（2）归档的照片、光盘、录音带、录像带、数据光盘等，应当注明承办单位、制作人、制作时间，说明与其他相关的造价鉴定档案的参见号，并单独整理存放。

（3）卷内材料的编号及案卷封面、目录和备考表的制作应符合以下要求：

① 卷内材料经过系统排列后，应当在有文字的材料正面的右下角、背面的左下角用阿拉伯数字编写页码。

② 案卷封面可打印或书写，书写应用蓝黑墨水或碳素墨水，字迹要工整、清晰、规范。

③ 卷内目录应按卷内材料排列顺序逐一载明材料名称，并标明起止页码。

（4）需存档的施工图设计文件（或竣工图）按国家有关标准折叠后存放于档案盒内，对于需要退还的资料，应将电子版分类归档，无电子版时保留纸版施工图设计文件（或竣工图）的扫描或影印件。

（5）案卷应当做到材料齐全完整、排列有序，标题简明确切，保管期限划分准确，装订不掉页不压字。

（6）档案管理人对已接收的案卷，应按保管期限、年度顺序进行排列及编号，并编制案卷目录，建立计算机数据库等。涉密案卷应当单独编号存放。

（7）包含造价鉴定意见书的鉴定档案，一般保存期为8年。对特殊的造价鉴定项目根据委托人要求的年限进行保存。

（8）档案应按“防火、防盗、防潮、防高温、防鼠、防虫、防光、防污染”等要求进行安全保管。档案管理人应当定期对档案进行检查和清点，发现破损、变质、字迹褪色，以及被虫蛀、鼠咬的档案应当及时采取防治措施，并进行修补和复制，发现丢失的，应当立即报告，并负责查找。

二、工程造价鉴定档案管理的内容

（1）应整理后立卷归档的资料包括：

① 造价鉴定委托书；

② 造价鉴定过程中形成的文件资料；

③ 造价鉴定意见书、造价鉴定意见书补充（若有）、造价鉴定意见书补正（若有）；

④ 造价鉴定工作底稿；

⑤ 造价鉴定意见书送达回执；

⑥ 调查笔录、现场勘验笔录、测绘图纸资料等；

⑦ 需要保存的送鉴资料；

⑧ 其他应该归档的资料，包含各种载体；

⑨ 委托人的判决书或裁决书。

（2）对于需要退还给委托人的资料，造价鉴定人应该复印或拍照存档；造价鉴定档案应同时存储纸版和电子版双套资料。

三、工程造价鉴档案的查阅与借阅

（1）造价鉴定机构应根据国家有关规定，建立造价鉴定档案的查阅和借阅制度。

（2）委托人因工作需要查阅和借阅造价鉴定档案的，应出示单位函件，并履行登记手续。借阅鉴定档案的，应在一个月内归还。委托人如有其他特殊需要，造价鉴定机构应当按其需求执行。

（3）其他国家机关依法需要查阅鉴定档案的，应出示单位函件，出示个人有效身份证明，经造价鉴定机构负责人批准，并履行登记手续。

（4）其他单位和个人一般不得查阅造价鉴定档案，因特殊情况需要查阅的，应出具单位函件，出示个人有效身份证明，经委托人批准，并履行登记手续。

（5）造价鉴定人员查阅或借阅鉴定档案，应经造价鉴定机构负责人同意，履行登记手续。借阅鉴定档案的，应在七天内归还。若因出庭作证需要，以实际的使用时间为准。

（6）借阅造价鉴定档案到期未还的，档案管理人员应当催还。造成档案损毁或丢失的，依法追究相关人员责任。

（7）经造价鉴定机构负责人同意，可以摘抄或复制卷内材料。复制的材料，由档案管理人核对后，注明"复印件与案卷材料一致"的字样，并加盖造价鉴定机构印章。

第十二章

工程造价鉴定主体不当鉴定的法律责任

造价鉴定机构和造价鉴定人员违法违规鉴定，甚至弄虚作假、出具虚假造价鉴定意见，既会给当事人造成损失，又会给司法公正造成恶劣影响。为保证造价鉴定意见符合法律规范，客观、公正地为建设项目合同纠纷案件的审判提供依据，法律法规对造价鉴定机构和造价鉴定人员的行为作出规定，相关行业主管部门对造价鉴定机构和造价鉴定人员实施监督管理，造价鉴定机构和造价鉴定人员一旦违法违规，均应承担相应的责任。

第一节　工程造价鉴定主体接受的监督

随着我国法制化进程的加快，法律法规对造价鉴定机构和造价鉴定人员的鉴定行为、造价鉴定成果（造价鉴定意见书）的管理和要求越来越全面、越来越严格，应当引起造价鉴定机构及造价鉴定人员的高度重视。

委托与受理是造价鉴定的关键环节，造价鉴定机构和造价鉴定人员不得私自接收当事人提交而未经委托人确认的鉴定材料。

出庭作证是造价鉴定人员的义务，造价鉴定人员应该依法履行，无正当理由不出庭作证的，要依法严肃查处。

造价鉴定机构或造价鉴定人员经依法认定存在故意弄虚作假的严重违法行为时，由建设行政主管部门给予处罚；情节严重的，撤销登记；构成犯罪的，依法追究刑事责任。造价鉴定机构和造价鉴定人员在实施造价鉴定过程中因故意或重大过失给当事人造成损失的，依法承担民事责任。

《全国人民代表大会常务委员会关于司法鉴定管理问题的决定》（2015 年 4 月 24 日修正）第十三条规定："鉴定人或者鉴定机构有违反本决定规定行为的，由省级人民政府司法行政部门予以警告，责令改正。鉴定人或者鉴定机构有下列情形之一的，由省级人民政府司法行政部门给予停止从事司法鉴定业务三个月以上一年以下的处罚；情节严重的，撤销登记：（一）因严重不负责任给当事人合法权益造成重大损失的；（二）提供虚假证明文件或者采取其他欺诈手段，骗取登记的；（三）经人民法院依法通知，拒绝出庭作证的；（四）法律、行政法规规定的其他情形。鉴定人故意作虚假鉴定，构成犯罪的，依法追究刑事责任；尚不构成犯罪的，依照前款规定处罚。"

《最高人民法院关于人民法院民事诉讼中委托鉴定审查工作若干问题的规定》（法〔2020〕202 号）第十四条规定："鉴定机构、鉴定人超范围鉴定、虚假鉴定、无正当理由拖延鉴定、拒不出庭作证、违规收费以及有其他违法违规情形的，人民法院可以根据情节轻重，对鉴定机构、鉴定人予以暂停委托、责令退还鉴定费用、从人民法院委托鉴定专业机构、专业人员备选名单中除名等惩戒，并向行政主管部门或者行业协会发出司法建议。鉴定机构、鉴定人存在违法犯罪情形的，人民法院应当将有关线索材料移送公安、检察机关处理。人民法院建立鉴定人黑名单制度。鉴定机构、鉴定人有前款情形的，可列入鉴定人黑名单。鉴定机构、鉴定人被列入黑名单期间，不得进入人民法院委托鉴定专业机构、专业人员备选名单和相关信息平台。”

《最高人民法院关于防范和制裁虚假诉讼的指导意见》（法发〔2016〕13号）第16条规定：“鉴定机构、鉴定人参与虚假诉讼的，可以根据情节轻重，给予鉴定机构、鉴定人训诫、责令退还鉴定费用、从法院委托鉴定专业机构备选名单中除名等制裁，并应当向司法行政部门或者行业协会发出司法建议。”

第二节　工程造价鉴定主体的不当行为

一、由造价鉴定机构的分支机构出具造价鉴定意见书

分支机构或分公司不属于独立法人，不具有出具造价鉴定意见的资格。实践中鉴定工作可以由项目所在地的分支机构或分公司实施，最终由总公司出具造价鉴定意见书。

二、造价鉴定人员不是注册造价工程师或未注册在执业的鉴定机构

根据《建设工程造价鉴定规范》GB/T 51262—2017 第 2.0.6 条的规定，造价鉴定人员必须是由造价鉴定机构委派的全国注册造价工程师（或一级注册造价工程师）。造价鉴定人员只能在一家造价鉴定机构从事造价鉴定业务，不得同时在两家或两家以上的造价鉴定机构从事造价鉴定业务，否则会违反《工程造价咨询业管理办法》（中华人民共和国住房和城乡建设部令第 50 号）的规定，同时也会成为当事人攻击造价鉴定意见的把柄。

三、署名造价鉴定人员与实际实施造价鉴定工作的造价鉴定人员不一致

（1）署名的造价鉴定人员一般在造价鉴定委托阶段已经发给委托人和当事人进行是否回避的确定，如果实际实施造价鉴定工作的造价鉴定人员存在应当回避的情形，会造成造价鉴定意见无法被采信。

（2）《建设工程造价鉴定规范》GB/T 51262—2017 第 6.2.1 条规定："鉴定人应在鉴定意见书上签字并加盖执业专用章。"此处的"鉴定人"应该是实际实施造价鉴定工作的造价鉴定人员。

四、造价鉴定人员的专业与鉴定项目不一致

造价鉴定人员的执业证书注册专业必须与拟鉴定项目的专业一致，造价鉴定人员另外提供与拟鉴定项目专业一致的证明资料除外，如学历证明、培训合格证明等。目前我国注册造价工程师按专业分为土木建筑工程、安装工程、交通运输工程和水利工程四类。

五、造价鉴定人员自行确定鉴定范围

《最高人民法院关于审理建设工程施工合同纠纷案件适用法律问题的解释（一）》（法释〔2020〕25号）第三十一条规定："当事人对部分案件事实有争议的，仅对有争议的事实进行鉴定，但争议事实范围不能确定，或者双方当事人请求对全部事实鉴定的除外。"对于何为有争议的事实进行判断，属于司法审判权的内容，审判权只能由法院来行使；但实践中部分造价鉴定机构和造价鉴定人员自行确定工程鉴定范围，于是就出现了"以鉴代审"的情形。

六、造价鉴定人员自行确定鉴定依据

例如"黑白合同"情形下的造价鉴定，是按照"白合同"约定的依据进行造价鉴定，还是按照"黑合同"约定的依据进行造价鉴定？确定按哪个合同执行属于审判权的范畴，审判权由人民法院或仲裁机构行使；确定按哪个合同执行后，按执行合同确定价款属于鉴定权的范畴，鉴定权由造价鉴定人员依据专门的造价知识行使。造价鉴定人员不得私自确认使用哪一个合同版本，如果人民法院或仲裁机构在造价鉴定实施前无法确定，造价鉴定人员可以根据两个合同分别出具造价鉴定意见，由人民法院或仲裁机构判断使用。其他类似情形有合同前后矛盾、合同版本多样等。

七、造价鉴定人员擅自组织现场勘验

现场勘验是委托人特殊的职权行为。现场勘验既是调查收集证据的方式，也是核实证据的手段。造价鉴定人员不得擅自组织当事人进行现场勘验。

八、造价鉴定人员擅自接受当事人提交的资料或通知当事人补充证据

所有证据都必须经过质证，质证由人民法院或仲裁机构组织，造价鉴定机构和造价鉴定人员不得使用未经质证的证据。实际造价鉴定工作中人民法院或仲裁机构可能会委托造价鉴定机构组织质证，造价鉴定机构在实施过程中务必作好质证记录，实施结束后及时提请人民法院或仲裁机构确认并签字。

造价鉴定人员在实施鉴定过程中需要更多的相关资料时，应提请人民法院或仲裁机构通知当事人提供资料，人民法院或仲裁机构委托造价鉴定机构通知当事人补充证据时，造价鉴定机构可以代为发出补充证据的函。

九、造价鉴定人员随意与当事人见面

造价鉴定人员不能随意与当事人见面，如果必须见面，地点要么是人民法院或仲裁机构指定地点，要么是鉴定机构办公地点会议室，若有监控设备，则建议打开监控设备。与当事人见面时，造价鉴定人员不要轻易发表个人意见或不成熟的想法。

十、造价鉴定人员以行业专业习惯为由否定当事人的约定

造价鉴定人员在实施鉴定过程中，应尊重当事人相互之间的约定，不能私自按行业或专业习惯否定当事人的约定，但损害国家、集体或第三人的利益的除外。

十一、造价鉴定人员专业度及综合能力不够，轻易退鉴

有些造价鉴定人员习惯按图算量、按定额计价，但诉讼或仲裁案件中，很多案件的资料并不会像传统造价咨询资料那样齐全，因此经常会出现造价鉴定机构和造价鉴定人员以资料不全为由退鉴的情形，使人民法院或仲裁机构在案件审理时面对更多困难。造价鉴定人员应该加强专业学习和综合能力的培养，并深入学习领悟《建设工程造价鉴定规范》GB/T 51262—2017，特别是第 5.4 条关于证据欠缺的鉴定的相关内容。

十二、造价鉴定人员认为造价鉴定意见书应对当事人保密，未发征求意见稿，直接出具造价鉴定意见

在造价鉴定实施过程中可以要求当事人进行核对，在征求意见稿形成后也应发出并征求意见，待当事人提出疑问并对疑问进行逐一分析处理之后再出具正式造价鉴定意见书。造价鉴定人员要尽量将问题在庭审之前处理完毕，不要把问题带到庭审中解决，以减少出庭的概率和频率。

在造价鉴定实施过程中，若遇到问题，应及时与委托人（人民法院或仲裁机构）沟通。

十三、造价鉴定机构或造价鉴定人员拒不提供造价鉴定的基础数据与计算过程等材料

造价鉴定机构或造价鉴定人员拒不提供其据以计算的数据、计算过程以及计算说明等材料或内容的，属于造价鉴定意见明显依据不足的情形，造价鉴定意见不能作为认定案件事实的根据，人民法院或仲裁机构应依法重新委托造价鉴定。《最高人民法院关于民事诉讼证据的若干规定》（法释〔2019〕19号）第三十六条规定："人民法院对鉴定人出具的鉴定书，应当审查是否具有下列内容：（一）委托法院的名称；（二）委托鉴定的内容、要求；（三）鉴定材料；（四）鉴定所依据的原理、方法；（五）对鉴定过程的说明；（六）鉴定意见；（七）承诺书。"第四十条规定："当事人申请重新鉴定，存在下列情形之一的，人民法院应当准许：（一）鉴定人不具备相应资格的；（二）鉴定程序严重违法的；（三）鉴定意见明显依据不足的；（四）鉴定意见不能作为证据使用的其他情形。"据此，造价鉴定意见属于主观性证据，造价鉴定机构有义务提供其据以鉴定的基础数据与计算过程、计算说明等材料或内容，用以支撑其鉴定结论，同时这也是当事人对造价鉴定意见发表质证意见的基础和前提。造价鉴定机构未提供据以计算的数据、计算过程以及计算说明等材料或内容，当事人就此提出异议后，经人民法院或仲裁机构通知，造价鉴定机构仍拒不提供上述材料，该情形属于造价鉴定意见明显依据不足的情形，造价鉴定意见不具有证明力，不能作为定案的根据，人民法院或仲裁机构应依法重新委托鉴定。

十四、庭审出庭作证时不正面回答当事人的问题或拒绝回答当事人的提问

造价鉴定人员出庭是其应尽的法律义务与责任，面对当事人的提问，应该认真且如实回答。若认为当事人的提问与造价鉴定无关，需要拒绝时，必须经人民法院或仲裁机构同意后方可拒绝，不得直接拒绝回答。

十五、对于法律问题和专业问题区分不清晰

专业问题由造价鉴定机构和造价鉴定人员决定，法律问题由人民法院或仲裁机构决定。如明确鉴定范围、鉴定事项、鉴定方法、合同版本、合同争议、约定矛盾、责任划分等都属法律问题；如工程量的计算计价等都属于造价专业问题。如果造价鉴定人员遇到人民法院或仲裁机构在实施鉴定前无法确定的法律争议，一般建议出具多项可选择的造价鉴定意见，不得按照经验或专业、行业惯例自作主张出具一种造价鉴定意见，把自己推到风口浪尖，或是陷入当事人矛盾的漩涡，那将是一种极其尴尬和难受的处境。法律问题和专业问题的关系就是审判权和鉴定权的关系，可以参考本书第十章的相关内容。

十六、造价鉴定久拖不决或造价鉴定人员重新鉴定了当事人已达成合意的事项导致矛盾升级

造价鉴定的作用是协助人民法院或仲裁机构查明事实，定分止争。但有些造价鉴定机构专业能力和综合实力不够，导致鉴定工作久拖不决，也严重消耗着司法资源并加大了当事人的时间、精力等成本，导致当事人怨气冲天，甚至激化了当事人双方的矛盾，同时也损害了司法的声誉。对于当事人举证导致的时间拖延，造价鉴定机构应当及时向人民法院或仲裁机构汇报。

对于当事人已经达成合意的事项，应该尊重当事人的权利，不得主观臆断或直接按所谓个人经验、专业习惯及行业协会的规定对其进行修改。如双方已经认可的经济签证，可能不符合专业规定，但只要双方认同，造价鉴定人员就应该按认可的结果执行，当事人串通损害国家、集体或第三方利益的除外。

第三节　工程造价鉴定主体的行政责任

住房和城乡建设部是造价鉴定机构和造价鉴定人员的行政主管部门，《建筑工程施工发包与承包计价管理办法》（建设部令第16号）、《工程造价咨询企业管理办法》（2020年住房和城乡建设部令第50号修正）、《注册造价师管理办法》（2020年住房和城乡建设部令第50号修正）中均对造价鉴定机构和造价鉴定人员作了禁止性的规定和处罚规定。

《建筑工程施工发包与承包计价管理办法》（2013年12月）第二十二条规定："造价工程师在最高投标限价、招标标底或者投标报价编制、工程结算审核和工程造价鉴定中，签署有虚假记载、误导性陈述的工程造价成果文件的，记入造价工程师信用档案，依照《注册造价工程师管理办法》进行查处；构成犯罪的，依法追究刑事责任。"第二十三条规定："工程造价咨询企业在建筑工程计价活动中，出具有虚假记载、误导性陈述的工程造价成果的，记入工程造价咨询企业信用档案，由县级以上地方人民政府住房城乡建设主管部门责令改正，处1万元以上3万元以下的罚款，并予以通报。"

《工程造价咨询企业管理办法》（2020年住房和城乡建设部令第50号）第二十五条规定："工程造价咨询企业不得有下列行为：（一）涂改、倒卖、出租、出借资质证书，或者以其他形式非法转让资质证书；（二）超越资质等级业务范围承接工程造价咨询业务；（三）同时接受招标人和投标人或两个以上投标人对同一工程项目的工程造价咨询业务；（四）以给予回扣、恶意压低收费等方式进行不正当竞争；（五）转包承接的工程造价咨询业务；（六）法律、法规禁止的其他行为。"第三十九条规定："工程造价咨询企业有本办法第二十五条行为之一的，由县级以上地方人民政府住房城乡建设主管部门或者有关专业部门给予警告，责令限期改正，并处以1万元以上3万元以下的罚款。"

《注册造价工程师管理办法》（2020年住房和城乡建设部令第50号）第二十条规定："注册造价工程师不得有下列行为：（一）不履行注册造价工程师

义务；（二）在执业过程中，索贿、受贿或者谋取合同约定费用外的其他利益；（三）在执业过程中实施商业贿赂；（四）签署有虚假记载、误导性陈述的工程造价成果文件；（五）以个人名义承接工程造价业务；（六）允许他人以自己名义从事工程造价业务；（七）同时在两个或者两个以上单位执业；（八）涂改、倒卖、出租、出借或者以其他形式非法转让注册证书或者执业印章；（九）超出执业范围、注册专业范围执业；（十）法律、法规、规章禁止的其他行为。”第三十六条规定：“注册造价工程师有本办法第二十条规定行为之一的，由县级以上地方人民政府住房城乡建设主管部门或者其他有关部门给予警告，责令改正，没有违法所得的，处以1万元以下罚款，有违法所得的，处以违法所得3倍以下且不超过3万元的罚款。”

造价人员专业与实施项目专业不符被处罚的相关案例

（一）案例内容

（1）时间：2022年8月2日。

（2）案由：某造价咨询企业注册造价师A某、B某涉嫌超出执业范围、注册专业范围编制、审核、签署、出具《某水利项目结算审核意见书》。

（3）处理：经依法初步调查取证后，漳州市住房和城乡建设局予以立案查处。

（4）查证：漳州市住房和城乡建设局执法人员对注册造价师A某、B某进行行政执法问询，并通过调取《建设工程造价咨询合同》《某水利项目结算审核意见书》等有关证据材料予以核实后查明，由注册造价师A某编制、B某审核，共同出具《某水利项目结算审核意见书》的项目工程类别属于水利工程，而A某注册且持有的注册造价工程师执业资格证书的专业为土木建筑工程专业，B某注册且持有的注册造价工程师执业资格证书的专业为安装工程专业，该行为涉嫌超出执业范围、注册专业范围执业。

（二）查办结果

（1）违则：注册造价师A某、B某超出执业范围、注册专业范围执业的行为违反了《注册造价师管理办法》（2020年住房和城乡建设部令第50号）第二十条第九项的规定。

（2）处理：鉴于注册造价师 A 某、B 某是按月领工资，并无单独因这个项目获得额外报酬，没有违法所得，根据《注册造价工程师管理办法》（2020 年住房和城乡建设部令第 50 号）第三十六条的规定，结合《福建省住房和城乡建设系统行政处罚裁量权基准（2021 年版）》第 G704.36.9 项处罚裁量基准设定，漳州市住房和城乡建设局分别给予当事人 A 某、B 某如下行政处罚：

① 警告并责令改正；

② 各处人民币 0.5 万元罚款。

（3）结果：2022 年 9 月 28 日，漳州市住房和城乡建设局向当事人依法送达《行政处罚告知书》，2022 年 10 月 13 日，漳州市住房和城乡建设局向当事人依法送达《行政处罚决定书》，案涉造价工程师于 2022 年 10 月 13 日已履行完毕，将所处罚款上缴国库。

（三）法律依据

《注册造价工程师管理办法》（2020 年住房和城乡建设部令第 50 号）第二十条规定：注册造价工程师不得有下列行为：（一）不履行注册造价工程师义务；（二）在执业过程中，索贿、受贿或者谋取合同约定费用外的其他利益；（三）在执业过程中实施商业贿赂；（四）签署有虚假记载、误导性陈述的工程造价成果文件；（五）以个人名义承接工程造价业务；（六）允许他人以自己名义从事工程造价业务；（七）同时在两个或者两个以上单位执业；（八）涂改、倒卖、出租、出借或者以其他形式非法转让注册证书或者执业印章；（九）超出执业范围、注册专业范围执业；（十）法律、法规、规章禁止的其他行为。

《注册造价工程师管理办法》（2020 年住房和城乡建设部令第 50 号）第三十六条规定："注册造价工程师有本办法第二十条规定行为之一的，由县级以上地方人民政府住房城乡建设主管部门或者其他有关部门给予警告，责令改正，没有违法所得的，处以 1 万元以下罚款，有违法所得的，处以违法所得 3 倍以下且不超过 3 万元的罚款。"

第四节　工程造价鉴定主体的民事责任

造价鉴定机构和造价鉴定人员违反相关法律法规的规定或在实施鉴定过程中因故意或重大过失给当事人造成损失的，应当退还鉴定费用并承担相应的民事赔偿责任。如鉴定人无正当理由拒不出庭作证的行为。

《中华人民共和国民事诉讼法》(2021 年 12 月 24 日第四次修正）第八十一条规定："当事人对鉴定意见有异议或者人民法院认为鉴定人有必要出庭的，鉴定人应当出庭作证。经人民法院通知，鉴定人拒不出庭作证的，鉴定意见不得作为认定事实的根据；支付鉴定费用的当事人可以要求返还鉴定费用。"

《最高人民法院关于民事诉讼证据的若干规定》(法释〔2019〕19 号）第三十五条规定："鉴定人应当在人民法院确定的期限内完成鉴定，并提交鉴定书。鉴定人无正当理由未按期提交鉴定书的，当事人可以申请人民法院另行委托鉴定人进行鉴定。人民法院准许的，原鉴定人已经收取的鉴定费用应当退还；拒不退还的，依照本规定第八十一条第二款的规定处理。"第四十条规定："存在前款第一项至第三项情形的，鉴定人已经收取的鉴定费用应当退还。拒不退还的，依照本规定第八十一条第二款的规定处理。"

《司法鉴定机构登记管理办法》(2005 年 9 月）第四十一条规定："司法鉴定机构在开展司法鉴定活动中因违法和过错行为应当承担民事责任的，按照民事法律的有关规定执行。"

《司法鉴定人登记管理办法》(2005 年 9 月）第三十一条规定："司法鉴定人在职业活动中，因故意或重大过失行为给当事人造成损失的，其所在的司法鉴定机构依法承担赔偿责任后，可以向有过错行为的司法鉴定人追偿。"

第五节　工程造价鉴定主体的刑事责任

造价鉴定人员在鉴定工作中，故意出具虚假造价鉴定意见或者严重不负责任，出具的造价鉴定意见书重大失实的，按照《中华人民共和国民事诉讼法》（2021 年 12 月 24 日第四次修正）和《中华人民共和国刑法》（2020 年 12 月 26 日第十二次修正）的相关规定，依法追究造价鉴定人员的刑事责任。

《中华人民共和国民事诉讼法》（2021 年 12 月 24 日第四次修正）第一百一十四条规定："诉讼参与人或者其他人有下列行为之一的，人民法院可以根据情节轻重予以罚款、拘留；构成犯罪的，依法追究刑事责任：（一）伪造、毁灭重要证据，妨碍人民法院审理案件的……"

《中华人民共和国刑法》（2020 年 12 月 26 日第十二次修正）第二百二十九条规定："承担资产评估、验资、验证、会计、审计、法律服务、保荐、安全评价、环境影响评价、环境监测等职责的中介组织的人员故意提供虚假证明文件，情节严重的，处五年以下有期徒刑或者拘役，并处罚金；有下列情形之一的，处五年以上十年以下有期徒刑，并处罚金：（一）提供与证券发行相关的虚假的资产评估、会计、审计、法律服务、保荐等证明文件，情节特别严重的；（二）提供与重大资产交易相关的虚假的资产评估、会计、审计等证明文件，情节特别严重的；（三）在涉及公共安全的重大工程、项目中提供虚假的安全评价、环境影响评价等证明文件，致使公共财产、国家和人民利益遭受特别重大损失的。有前款行为，同时索取他人财物或者非法收受他人财物构成犯罪的，依照处罚较重的规定定罪处罚。第一款规定的人员，严重不负责任，出具的证明文件有重大失实，造成严重后果的，处三年以下有期徒刑或者拘役，并处或者单处罚金。"第三百零六条规定："在刑事诉讼中，辩护人、诉讼代理人毁灭、伪造证据，帮助当事人毁灭、伪造证据，威胁、引诱证人违背事实改变证言或者作伪证的，处三年以下有期徒刑或者拘役；情节严重的，处三年以上七年以下有期徒刑。"

《最高人民法院、最高人民检察院关于办理虚假诉讼刑事案件适用法律若干问题的解释》（法释〔2018〕17号）第六条规定："诉讼代理人、证人、鉴定人等诉讼参与人与他人通谋，代理提起虚假民事诉讼、故意作虚假证言或者出具虚假鉴定意见，共同实施刑法第三百零七条之一前三款行为的，依照共同犯罪的规定定罪处罚；同时构成妨害作证罪，帮助毁灭、伪造证据罪等犯罪的，依照处罚较重的规定定罪从重处罚。"

实践中，已有造价鉴定人员因违反法律被追究刑事责任。如石家庄桥西区人民法院（2013）西刑一初字第00269号刑事判决书中石家庄桥西区人民法院认为被告人靳某、姚某作为受石家庄仲裁委员会委托出具造价鉴定意见的造价鉴定人员，在对案涉项目造价进行鉴定期间，提供虚假证明文件，其行为已构成提供虚假证明文件罪，判决靳某、姚某犯提供虚假证明文件罪，免于刑事处罚。

浙江省绍兴市中级人民法院（2017）浙06刑终249号刑事判决中浙江省绍兴市中级人民法院认为上诉人郭某收受民事诉讼一方当事人的财物，接受请托，违反规定故意作出有利于一方当事人的错误的造价鉴定意见的事实清楚，适用法律准确，量刑时对郭某的犯罪事实、社会危害性、悔罪表现等均已予以考虑，量刑适当。上诉人郭某及其辩护人均提出应认定其无罪的上诉理由及辩护意见不成立，对其不予支持，维持原判，即判决造价鉴定人员郭某帮助伪造证据罪成立。

第十三章

以史为鉴 ——读案例 深思考

虽然我国不是判例法国家，但最高人民法院的指导案例对一般的诉讼案件还是具有一定的参考价值。如（2021）辽民申5273号案件中，最高人民法院认为，根据《最高人民法院关于统一法律适用加强类案检索的指导意见（试行）》（2020年7月）第九条“检索到的类案为指导性案例的，人民法院应当参照作出裁判，但与新的法律、行政法规、司法解释相冲突或者为新的指导性案例所取代的除外。检索到其他类案的，人民法院可以作为作出裁判的参考”，及第十条“公诉机关、案件当事人及其辩护人、诉讼代理人等提交指导性案例作为控（诉）辩理由的，人民法院应当在裁判文书说理中回应是否参照并说明理由；提交其他类案作为控（诉）辩理由的，人民法院可以通过释明等方式予以回应”之规定，对于再审申请人提出本案与最高人民法院颁布的第24号指导案例案件基本事实、争议焦点及法律适用具有高度相似性，应同案同判的理由，原一、二审法院未予论述说理，应参照该指导意见重新予以审理。另外，为在全国范围内实现同案同判，最高人民法院发布了《最高人民法院统一法律适用工作实施办法》（法〔2021〕289号），自2021年12月1日起施行。

造价鉴定机构和造价鉴定人员不断地分析最高人民法院对于建设项目诉讼案件中关于造价鉴定意见的一些判断是非常有必要和有意义的，这些案例也可以不断指导我们的造价鉴定实务工作。本章从最高人民法院审判案例中选取了八个建设项目诉讼案件，这些案件都与造价鉴定有关，若相关法律有更新，阅读时以最新的规定进行替换分析。本书作者对案件进行了初步思考，希望可以起到抛砖引玉的作用，引起各位读者更多的思考。

第一节　案例一（2022）最高法民申63号

一、案例介绍

（一）案例名称及案号

1. 案例名称

江苏圣通建设集团有限公司、铜仁祥源房地产开发有限公司建设工程施工合同纠纷。

2. 案号

（2022）最高法民申63号。

（二）案情介绍及裁判摘要

1. 案情介绍

发包方：铜仁祥源房地产开发有限公司（以下简称祥源公司）。

承包方：江苏圣通建设集团有限公司（以下简称圣通公司）。

圣通公司申请再审称，一、原判决认定事实错误。（一）一审判决不顾客观事实，以鉴代审。第一，祥源公司在施工过程中多次向圣通公司发送电子版图纸，而至今未出具统一的、符合实际施工内容的蓝图，鉴定机构依据当初的施工图纸进行鉴定并不能反映案涉工程的实际面积。第二，鉴定机构计算面积的方式错误，案涉工程的实际面积高于鉴定报告载明的面积。第三，一审法院未经庭审质证直接采用鉴定意见书。第四，一审判决遗漏人防工程、签证变更部分、补充协议中的水电安装部分的工程价款及人工费调整、洪涝灾害等所造成的损失。（二）二审判决未对圣通公司的上诉事项进行审查，对证据置之不理。第一，基础工程部分的造价报告是基于祥源公司提供的孔桩施工图纸作出的，二审以圣通公司单方自制为由不予认定是错误的。施工图纸所标明的内容与现场实际情况不相符，且遗漏了4号楼孔桩发生流砂和淤泥后施工现场作孔桩锚固处理用的21t钢材的费用、桩基础工程二次开挖及外运费。同时，因基础工程未在投标及合同范围内定价，应按2004定额＋2016年人工费调整取费进行计算。第二，《土方开挖工程量结算书》是在2013年6月3日三方共同签字确认的大型土方开挖方格网图表基础上作出的，二审以无当事人签字为由不予采信与事实不符。第三，2017年7月3日发生的洪涝灾害对案涉工程造成的损失客观存在，且圣通公司已于2017年7月8日书面向祥源公司汇报了损失情况，根据《建设工程委托施工合同》第39条约定，祥源公司应当承担相应责任。同时，祥源公司的工程技术人员书面回复"同意支付120万元"，二审以该书面回复没有祥源公司盖章为由予以驳回系认定事实错误。第四，祥源公司于2013年12月20日、2014年3月28日发送给圣通公司的图纸均未涉及人防工程，施工合同也未约定人防工程由圣通公司施工，鉴定报告亦未包括该部分造价，故圣通公司施工的人防工程应当单独计价，二审法院仅根据鉴定机构的回复意见认定圣通公司的主张缺乏事实依据是错误的。第五，施工过程中实际存在仅有祥源公司工作人员签字而没加盖公章的变更签证单，二审依照合同约定仅认可有盖章部分的签证单与客观事实不符。第六，双方签订的《建设工程委托施工合同》约定开工日期为2014年3月1日，而祥源公司在未经圣通公司同意的情况下，擅自延长施工工期，2号楼的施工手续在2015年11月13日办理，1号楼、5号楼的施工手续在2016年3月26日才办理，圣通公司因此多承担的人工工资、机械台班费等以及造成的材料费、人工费上涨部分应由祥源公司承担。即使上述费用无法得到支持，祥源公司也应根据《建设工程委托施工合同》第29条第4款约定承担合同总金额5%的违约金并赔偿圣通公司损失，共计7524188.2元。二、原审存在程序违法的情形。（一）一审法院庭审笔录记载休庭后未进行第二次开庭，且未组织双方当事人对鉴定意见书进行庭审质证，鉴定人也未出庭接受质询。（二）一审法院在判决未生效的情况下作出裁定，对圣通公司申请保全的财产进行解封。（三）二审法院审理案件超出了六个月审限，且未经开庭审理直接作出判决。此外，祥源公司起诉前曾承诺过支付圣通公司1800万元，原审却驳回了圣通公司的诉讼请求，损害了圣通公司的合法权益。综上，圣通公司依据《中华人民共和国民事诉讼法》（2021年12月24日第四次修正）第二百零七条第二项规定申请再审。

祥源公司提交书面意见称，一、原审审理程序合法，判决正确，鉴定结果符合客观事实。（一）一审法院依圣通公司的申请就案涉工程的工程量进行司法鉴定，对于鉴定材料在第一次开庭过程中进行了举证质证，鉴定机构也两次进行了现场踏勘，鉴定意见能够客观反映工程情况。（二）二审法院全面审查了圣通公司提交的十二组证据，祥源公司也对证据一一进行了质证，二审无程序不当之处。二、圣通公司在再审申请书中所主张的费用均不符合客观情况。（一）鉴定机构根据施工图及现场踏勘情况，依照鉴定面积计算规则对施工面积进行了计算，不存在少算的问题。现场施工中仅就具体施工做法进行了调整，并不会导致施工面积发生变化，且施工调整也以变更签证单的形式纳入了工程造价。鉴定机构根据水电安装补充协议的约定，将水电安装工程款计入了工程总造价，一审判决也予以认定，不存在漏算的问题。（二）鉴定机构在计算孔桩工程量时已按圣通公司提供的资料计算，且实际施工过程中对孔桩开挖的土方全部进行了现场回填，并未有砂土外运，不存在少算、漏算的情形。此外，双方在合同中明确约定桩基部分按2004定额进行结算，鉴定机构的计算方式并无不当。（三）圣通公司自制的《土方开挖工程量结算书》无祥源公司或第三方签章认可，且该结算书载明的金额与圣通公司在一审中向鉴定机构所报结算价格相差较大，存在前后矛盾的情形，不应予以采信。（四）圣通公司向祥源公司发送的报价之中已将人防工程考虑在内，且依据合同协议书第二条的约定，除人防门安装工程外的涉及人防的土建由圣通公司完成，所以人防工程不应另行计费。同时，圣通公司在施工中并未对人防工程提出异议，且未就人防工程施工量单独报送变更签证单，人防工程有且仅有的一处变更已经签发签证单并经鉴定纳入了工程造价，圣通公司在施工完成后报送的结算资料中也未将人防工程单独计费，其理由不能成立。（五）圣通公司存在资金紧张、施工不当等问题造成其未按约完成施工而产生水灾损失，水灾后祥源公司已对相关部分进行了修复、清理并承担了全部检测资料重作费用，祥源公司已履行完毕约定义务，未承诺过支付圣通公司120万元的水灾损失。（六）鉴定机构依据合同约定对有祥源公司签章的变更签证单予以认可，将没有祥源公司签章的变更签证单列为选择性项目供一审法院参考，一审法院据此作出认定，不存在对签证单的工程量不予认可的情况。（七）工程延期是由圣通公司资金紧张导致的，并非祥源公司违约，祥源公司不应承担违约责任。三、工程收尾时，祥源公司已委托贵州力圆达审计事务所进行工程造价审核，审计结果显示祥源公司已超付工程款，祥源公司也就不可能再承诺支付圣通公司1800万元。综上，祥源公司请求驳回圣通公司的再审申请。

2. 裁判摘要

本院经审查认为，圣通公司关于原判决认定的基本事实缺乏证据证明的再审申请理由不能成立，具体评析如下。

（1）圣通公司作为案涉工程的承包方，因与发包方祥源公司未形成有效的工程结算，其向一审法院起诉时要求对案涉项目工程量及工程造价进行鉴定，经一审法院委托后，鉴定机构根据工程实际情况并依据施工合同、施工图等资料作出的鉴定结论，可以作为认定本案事实的依据。根据二审法院查明的事实，圣通公司和祥源公司在一审中分别就鉴定意见书提交了书面质证意见，鉴定机构亦对此作出了书面回复，不存在鉴定意见书未经质证而直接采用的问题。因此，圣通公司提出一审以鉴代审、认定事实错误的再审申请理由不能成立。

（2）《中华人民共和国民事诉讼法》（2021年12月24日第四次修正）第六十七条第一款规定："当事人对自己提出的主张，有责任提供证据。"本案中，第一，圣通公司提出工程实际面积与图纸不一致，但并未提供足够的证据证明实际工程面积超出了图纸范围，且原审也已就图纸问题进行了详尽分析，圣通公司该项理由不能成立。第二，圣通公司并未在一审中单独提出人防工程、变更签证、洪涝损害及水电安装部分工程价款等问题，一审法院不存在漏判情形，且在圣通公司上诉后，二审判决针对其提出的人防工程、变更签证、洪涝损害问题进行了具体分析，并未遗漏审查。其中，对于人防工程的问题，鉴定机构已在一审中对圣通公司进行了回复，认为圣通公司主张人防工程未包含在图纸和合同中缺乏资料证明及合理性，工程价款不存在漏算的问题，而圣通公司也未在本案中举证证明双方就人防工程单独计费进行了约定，故其主张不能成立。对于变更签证单的问题，原审已经对有三方签章的变更签证部分1174720.94元予以确认，而未经签章的变更签证单，因不符合双方合同的约定，不能作为认定工程量变更的依据，原审未予支持并无不当。对洪涝灾害造成的损失问题，因圣通公司未举证证明其实际损失，也没有提供双方在补充协议中约定的原始依据，二审法院对其主张的损失未予支持也无不当。

（3）圣通公司在二审中提交的十二组证据中的九组证据已在一审中提交并经过质证，二审也就其未在一审中提交的《建筑工程计价定额》《基础工程造价结算报告》《土方开挖工程量结算书》作出了认定，不存在对证据未予质证的情形。第一，根据二审查明的情况，《基础工程造价结算报告》《土方开挖工程量结算书》均系圣通公司单方制作，无祥源公司签章，不能作为认定工程价款的依据，原审根据鉴定意见书认定基础工程、土方开挖部分工程价款并无不当。第二，根据一审查明的事实，双方签订的《建设工程委托施工合同》约定：项目基础部分（场平、孔桩除外）及结构施工图和建筑施工图的所有工程按照单价 1120 元 /m^2 包干，按图纸建筑面积为 133882m^2 计算，合同总价为 1.49947840 亿元；施工中，若发包人要求修改图纸中的方案，对增量或减量，以实际增减工程量按《贵州省 2004 建筑、装饰装修工程定额》结算；基础之外的挖土、孔桩及场平部分按发包方认可的量及价格结算。据此，圣通公司提出基础工程不在投标及合同范围内定价、应按 2004 定额＋ 2016 年人工费调整计算的主张与双方合同约定不符，缺乏事实和法律依据。第三，圣通公司在原审中未举证证明祥源公司存在故意拖延开工的过错行为及对其造成的损失情况，二审对圣通公司主张的违约责任未予支持并无不当。

至于圣通公司提出一审漏判水电安装部分工程价款的问题，经查，双方就水电安装工程单独签订了补充协议进行约定，一审法院依据鉴定意见书就圣通公司提出的包含水电安装工程款在内的全部工程价款作出了综合认定，不存在漏判的情形，且因圣通公司未就该内容提出上诉，二审亦未对此作出认定，故本院对该问题不予审查。此外，对圣通公司提出的一审庭审笔录记载休庭后直接作出判决、一审自行解封财产保全、二审审理超期、二审未开庭等问题，因不属于《中华人民共和国民事诉讼法》（2021 年 12 月 24 日第四次修正）第二百零七条规定的再审事由范围，本院依法不予审查。

综上，圣通公司的再审申请不符合《中华人民共和国民事诉讼法》（2021 年 12 月 24 日第四次修正）第二百零七条第二项规定的情形。依照《中华人民共和国民事诉讼法》（2021 年 12 月 24 日第四次修正）第二百一十一条第一款、《最高人民法院关于适用〈中华人民共和国民事诉讼法〉的解释》（2020 年 12

月 23 日修正）第三百九十五条第二款的规定，裁定如下：驳回圣通公司的再审申请。

二、案例思考

（1）本案争议焦点为计量计价的争议和对造价鉴定意见是否质证的问题。

（2）造价鉴定意见虽然属于法定的八大证据之一，但是必须经过质证，否则也不能作为认定事实的依据。如果本案的造价鉴定意见未经质证，则圣通公司的主张就可以成立。在庭审质证时，双方当事人有权要求造价鉴定人员出庭作证，对造价鉴定意见进行答疑或接受当事人的询问。出庭作证是造价鉴定人员的权利，也是义务，但更多的是义务，而且必须履行该义务。出庭作证对造价鉴定意见能否被采信有很大的影响，因此造价鉴定人员在接到人民法院或仲裁机构的出庭通知时必须全力以赴积极配合出庭作证。

（3）造价鉴定人员在核对双方当事人提交的质证意见或针对征求意见稿提出来的疑问时，应该认真仔细逐条核对，并一一进行答复。不得不理不睬或选择性地进行答复，导致引起矛盾或激化矛盾，从而把自己放到了风口浪尖，使自己处于难堪尴尬的局面。

（4）当事人单方面制作的造价咨询意见不能直接被认定，除非另外一方当事人认同。但如果对方虽然不认可，又未提供相应的证据证明，该意见也有可能被采信。

（5）工期延误责任的划分是法律问题，由人民法院认定。造价鉴定机构仅对延误责任划分后各自对应的损失进行计量计价。

（6）谁主张，谁举证。圣通公司提出工程实际面积与图纸面积不一致，但未提供足够的证据证明，且原审已经对此进行了说明，因此圣通公司的该主张不能成立。

（7）对于双方当事人存在异议的事项，如未盖章只签字的工程签证变更单，要慎重考虑，建议出具选择性意见单独列项，由委托人在审判时判断使用。造价鉴定人员不能根据自己的经验去判断，因为这个属于法律问题，涉及造价鉴定中的审判权，造价鉴定人员进行判断就涉嫌“以鉴代审”，侵犯委托人的权利。

第二节　案例二（2021）最高法民再 101 号

一、案例介绍

（一）案例名称及案号

1. 案例名称

山湖建设集团有限公司、云南长水航城开发建设有限公司建设工程合同纠纷。

2. 案号

（2021）最高法民再 101 号。

（二）案情介绍及裁判摘要

1. 案情介绍

发包方：云南长水航城开发建设有限公司（以下简称长水公司）。

承包方：山湖建设集团有限公司（以下简称山湖公司）。

（1）2015 年 3 月 20 日，双方签订“长水航城”项目 KCK2011-2011-50（1-5-01）号地块绿化景观工程合同，约定签证变更部分加上面积指标包干单价不超过 300 元 /m^2。

（2）山湖公司于 2015 年 3 月进场施工，于 2016 年 11 月 3 日提前停工退场。

（3）2016 年 9 月 1 日，山湖公司制作《工程价款确认书》，详细记载了截至 2016 年 9 月 1 日其所完工工程量及工程价款，其中：① 已完水杉苑乔木种植费 3890050.29 元；② 已完水禾苑乔木种植费 5119489 元；③ 采光井钢结构及玻璃安装费 844011.81 元；④ 主水景、景墙基础及砖砌体费用 85033.9 元；⑤ 园路及休闲广场、亭子、花架、廊架碎石垫层费用 55843.8 元，基础开挖费用 161280 元，园路及休闲广场、亭子、花架、廊架混凝土垫层费用 1608732 元，合计 1825855.8 元；⑥ 室外水电费用为水禾苑 242739.1 元，水杉苑 392770.9 元，合计 635510 元；⑦ 长水航城绿化地块防护绿地费用 653986.65 元；⑧ 廊架及花架、亭子定制费用528821.33元；⑨成品坐凳、儿童娱乐设施、健身器材定制费用174173.6元。以上合计13756932.38元。确认书记载的总价款13595652.38元为笔误。长水公司工作人员李万明签字确认“所报工程量符合现场实际”，监理方签章确认“同意建设方确认量”。

（4）造价鉴定人员给出两个鉴定意见。鉴定意见一：根据鉴定时现场勘验工程量确定造价为8202285.05元；鉴定意见二：根据《工程价款确认书》鉴定造价为13756932.38元。

（5）二审中云南省高级人民法院以鉴定意见一来认定案涉工程造价为8202285.05元，并作出了（2019）云民终1136号民事判决。

（6）山湖公司不服向最高人民法院申请再审，最高人民法院于2020年9月22日作出（2020）最高法民申2386号民事裁定，提审本案。

争议焦点：二审中云南省高级人民法院认定案涉工程造价8202285.05元是否正确？

2. 裁判摘要

关于采纳鉴定意见一还是鉴定意见二的问题。本院认为，山湖公司和长水公司均认可山湖公司退场后长水公司将剩余工程承包给其他公司施工，现场工程情况已发生变化。即鉴定时现场勘验的情况与山湖公司停工退场前制作的《工程价款确认书》中的情况相比，显然《工程价款确认书》中的情况客观上更符合山湖公司退场前的现场工程情况。因此，本院认为，二审法院采纳鉴定意见一，缺乏事实依据，应予以纠正。

关于是否支持八张签证对应价款的问题。依据《景观绿化工程施工合同》第三部分专用条款第14条“现场签证必须同时由有签证权的工程部及预算部现场代表、乙方现场代表、监理公司现场代表签章方为有效”之约定，八张签证不符合合同约定的有效要件。故本院认为，二审法院采信五份签证缺乏事实依据，事实认定有误，应予纠正。

关于是否支持设计费的问题。本院认为，根据合同约定，设计费包含于工程款中，并未约定应单独另行计算，对山湖公司要求设计费另行计算的主张，不予支持。

综上，本院认为，山湖公司施工工程款应认定为13756932.38元，即《工程价款确认书》中确认的工程价款金额。

二、案例思考

（1）该案例中争议在于是按《工程价款确认书》还是按现场进行鉴定。因现场已经被后续施工单位改变，所以造价鉴定机构应该提请委托人确定鉴定的依据。造价鉴定机构出具两个可供选择的造价鉴定意见，表面看比较合理，其实是增加了造价鉴定机构的鉴定成本，而该成本最终由当事人承担，所以变相增加了当事人的诉讼成本，同时也给审判法官造成了错觉，最后使其误判，影响了司法的信誉。

（2）造价鉴定机构在参与现场勘验时，若发现当事人提交的证据与现场实际情况差异较大，应分析原因后向委托人汇报，由委托人决定现场实际情况与当事人提交证据之间的采信情况。不能擅自按其中一种情况进行鉴定。

（3）建设项目现场情况发生了变化，不能以鉴定时现场勘验工程量来否定或推翻交付时确认的工程量。基于此，最高人民法院认为，现场工程情况已发生变化，即鉴定时现场勘验的情况与山湖公司停工退场前制作的《工程价款确认书》中的情况相比，显然《工程价款确认书》中的情况客观上更符合山湖公司退场前的现场工程情况。最高人民法院的分析更加科学、合理。

（4）造价鉴定机构在参与现场勘验时，遇到可移动或有生命的项目内容，比如消火栓可能被移动、绿化苗木可能会死亡，与当事人提交的证据不一致时，不得直接决定采信或不采信相关证据，应给予当事人解释的机会。

第三节　案例三（2021）最高法民再316号

一、案例介绍

（一）案例名称及案号

1. 案例名称

四川希腾建设集团有限公司、付某某等建设工程施工合同纠纷。

2. 案号

（2021）最高法民再316号。

（二）案情介绍及裁判摘要

1. 案情介绍

再审申请人四川希腾建设集团有限公司（以下简称希腾公司）、付某某因与被申请人张某某、陈某某以及一审第三人安多县人民政府（以下简称安多县政府）建设工程施工合同纠纷一案，不服西藏自治区高级人民法院（2021）藏民终3号民事判决，向本院申请再审。本院于2021年8月18日作出（2021）最高法民申4378号民事裁定，提审本案。本院依法组成合议庭，开庭审理了本案。再审申请人希腾公司的法定代表人陈某及委托诉讼代理人张某、李某某，付某某及其委托诉讼代理人李某到庭参加诉讼，张某某、陈某某、安多县政府经本院传票传唤未到庭参加诉讼，本院依法进行缺席审理。本案现已审理终结。

希腾公司再审请求：1. 撤销原一、二审民事判决，将本案发回重审或改判驳回付某某、张某某的全部诉讼请求并由其支付希腾公司工程维修款400万元及资料费25万元；2. 一、二审案件受理费由付某某、张某某承担。事实与理由有两点：（一）原审判决认定希腾公司应支付付某某、张某某剩余工程价款13647118.36元缺乏证据证明，适用法律错误。1. 希腾公司已经将业主拨付的工程款（代缴税金后）全部支付给了付某某、张某某，付某某、张某某无权请求希腾公司支付工程款。2. 原审判决认定的工程总造价和已付款证据不足。(1)原审判决认定事实的主要证据未经质证。鉴定依据第 5 项、第 7～10 项从未在法庭庭审中出现过，一审判决罗列的证据中也未出现上述证据，上述证据未经质证，二审法院也未补充质证，证据三性存疑，不得作为定案依据。(2)《那曲市安多县县城供暖、供水、(二期)供水、排水管网建设工程造价鉴定意见书》(以下简称《鉴定意见书》)载明“部门单位院内路面拆除及恢复增加造价 1700281.59 元”，但根据鉴定机构对反馈意见的回复可认定该部分造价完全没有依据，完全出自付某某、张某某的陈述。(3)《鉴定意见书》载明，沈阳南路硬化路面的拆除及恢复工程的造价为 7692725.33 元，在注解部分第 3 条说明该项单列内容的效力由法院裁决。该项中确实包含了部分《补充协议》的工程量，只有与过控审计原始资料进行比对才能分辨具体重复量，但原审法院并未调查收集相关证据。(4)希腾公司两次书面申请调查令，原一、二审法院均未调查收集相关证据。3. 关于质保金、税款、返修款等应扣款项以及本案已付金额的认定，原审法院存在错误。(二)原审判决仅凭付某某、张某某的口头陈述确认 3000000 元的款项性质为保证金，并认可付某某、张某某实际交付，认可的事实缺乏证据证明。(三)原审判决超出诉讼请求裁判。希腾公司的反诉请求中并无支付管理费 472000 元的诉讼请求，但原审判决却判决付某某、张某某支付希腾公司 472000 元，属超出诉讼进行裁判。

付某某辩称，希腾公司再审请求不能成立。(一)《鉴定意见书》认定结果是正确的，应以鉴定结果为定案依据。1. 司法鉴定依据的材料由原审法院向希腾公司驻西藏办事处调取，经庭审质证。司法鉴定过程中，希腾公司未就材料质证问题提出过意见，也未提出重新鉴定的申请，其发现鉴定结果不利才提出所谓的意见。2.《补充协议》内容只有沈阳南路路面恢复及拓宽以及沈阳南路及沈阳北路路灯安装两项，鉴定对象属于主合同的内容，与补充协议约定的工程无关。3. 主合同与《补充协议》中的工程均是由付某某等施工完成，其享有两个工程的工程款，即使主合同涉及少部分《补充协议》款项，也可在两个工程最终结算和审计时予以扣除。(二)希腾公司在向付某某支付工程余款时，不应当扣除质保金、返修费、税款，同时应向付某某退还保证金和管理费。(三)原审判决未对鉴定费用进行处理。

付某某再审请求：1. 撤销西藏自治区高级人民法院（2021）藏民终3号民事判决第四项，改判希腾公司退还付某某之前交纳的200000元，希腾公司支付沈阳南路路面恢复工程款846366.93元；2. 撤销西藏自治区高级人民法院（2021）藏民终3号民事判决第三项，改判付某某不向希腾公司支付维修费、资料费、管理费，并由希腾公司退还付某某管理费472000元；3. 一、二审诉讼费用由希腾公司负担。事实和理由有以下几点：（一）双方之间是转包关系而非挂靠或借用资质关系。（二）希腾公司收取管理费于法无据。希腾公司至今没有举证证明尽到管理义务。双方的转包合同无效，约定的管理费用条款也无效。且案涉工程施工和拨款过程中，希腾公司以克扣工程款方式严重影响付某某正常施工。（三）《鉴定意见书》中的“沈阳南路路面拆除恢复工程”的工程造价正确，主合同中约定的“沈阳南路路面恢复工程”与之后的沈阳南路《补充协议》中的路面恢复工程不冲突。两者虽然针对同一条道路，但属于两个不同的概念，相互独立、互不干涉。（四）希腾公司未举示相关证据证明对案涉工程进行返工维修以及相关费用的真实性。

希腾公司辩称，付某某再审请求不能成立，应予驳回。希腾公司与付某某之间为挂靠关系，其无权在业主没有拨付款项的情况下要求被挂靠人支付工程款。司法鉴定的材料未经质证，鉴定结论与政府的过控审计相差1200多万元，涉及《补充协议》中沈阳南路的工程款应当扣除。双方约定付德成不交纳保证金，3000000元为管理费不应退还。

安多县政府提交书面意见称，《鉴定意见书》中的款项与安多县政府组织希腾公司与四川川咨建设工程咨询有限责任公司核定的工程款相差11805136.82元，偏差较大。首先，《鉴定意见书》中认定的工程量与现场工程量不符。如排水管长度《鉴定意见书》载明为3970.21m，现场实际施工长度只有2437m。其次，对于《鉴定意见书》中核算的变更、技术核定等内容共计3133980.14元，安多县政府不予认可。再次，《鉴定意见书》是希腾公司和付某某等人之间诉讼的产物，安多县政府不予认可，不能作为安多县政府和希腾公司之间的结算依据。最后，希腾公司和付某某之间是挂靠关系还是委托授权关系，均不影响安多县政府和希腾公司之间的结算。

2. 裁判摘要

最高人民法院认为，原审判决据以认定案涉工程造价的《鉴定意见书》的相关鉴定材料未经依法质证，属于严重违反法定程序之情形。《鉴定意见书》中的“二、鉴定依据”的第5、7、8、9、10项均是鉴定机构据以确定工程价款的基础性材料，原一审法院没有对上述当事人存在争议的鉴定材料组织质证，就将其移送鉴定机构，原二审法院也未进行补充质证，属违法剥夺当事人辩论权利情形，不符合民事诉讼辩论原则。因相关鉴定材料未经质证，原审法院认定“沈阳南路硬化路面拆除及恢复工程”和“部门单位院内硬化路面的破除与恢复施工”等相应的工程款造价，依据并不充分，致基本事实不清。此外，原审法院在认定管理费、税费、鉴定费用等问题的法律适用上，亦有不当。依照《中华人民共和国民事诉讼法》（2021年12月24日第四次修正）第一百七十七条第一款第三项、第四项，第二百一十四条第一款规定，裁定如下：（1）撤销西藏自治区高级人民法院（2021）藏民终3号、西藏自治区那曲市中级人民法院（2019）藏24民初13号民事判决；（2）本案发回西藏自治区那曲市中级人民法院重审。

二、案例思考

（1）未经质证的证据不能直接用于造价鉴定和事实认定。造价鉴定人必须对此提高警惕，坚决杜绝在鉴定过程中使用未经质证的证据。

（2）造价鉴定人员在实施造价鉴定时，若发现未经质证的证据，应及时提请委托人组织对其进行质证。经过质证的证据可以交给造价鉴定机构作为鉴定的依据。

（3）造价鉴定属于准司法行为，必须同时注重程序和事实。如果程序有误，比如说采用了未经质证的证据作为鉴定的依据，则事实认定无法正确，造价鉴定意见也将无法被采信。

第四节　案例四（2021）最高法民申4491号

一、案例介绍

（一）案例名称及案号

1. 案例名称

甘肃科源电力集团有限公司与兰州鸿达电力工程有限公司建设工程施工合同纠纷。

2. 案号

（2021）最高法民申4491号。

（二）案情介绍及裁判摘要

1. 案情介绍

再审申请人（一审被告、二审上诉人）：甘肃科源电力集团有限公司（以下简称科源公司）。

被申请人（一审原告、二审被上诉人）：兰州鸿达电力工程有限公司（以下简称鸿达公司）。

科源公司申请再审称，申请人依据《中华人民共和国民事诉讼法》（2017年6月27日第三次修正）第二百条第一项、第二项及第三项之规定，请求依法撤销陇南市中级人民法院（2020）甘民初字30号民事判决和甘肃省高级人民法院（2021）甘民终21号民事判决，重新审理本案，查明事实作出公正裁决。

事实与理由：

一、原一、二审判决认定中标劳务价为474.4812万元，但未查明中标的工程范围，也未查明中标价中涵盖的内容，导致本案的基本事实认定错误。1. 申请人在招标时，工程虽然基本确定，但只是设计图纸，正式的施工图还未出，所以招标时确定的工程量与实际施工的工程量差异非常大。在工程劳务招标前，申请人于2016年7月5日以596.8317万元中标案涉工程的总承包。后申请人与建设方国网甘肃电力公司甘南供电公司签订了《国网甘南供电公司虎（家崖）沙湾110千伏送电线工程Ⅱ标段工程施工合同》，合同第一条约定：该标段线路长约13.4km，本段线路使用铁塔42基。第五条约定：工程价款按固定总价承包，本项目工程固定总价为5968317元。但后来案涉工程施工图确定铁塔36基，因各种原因一直不能按约完工，国网甘肃省电力公司甘南供电公司与兰州鸿升电力有限责任公司签订了《更正》，约定“计划总工期更改为304日”，“本合同5.1款工程价款更改为第2种方式确定，即固定综合单价承包，（1）项内容无效，（2）项内容补充为本项目工程签约合同总价，暂定为5968317元”。所以，申请人与被申请人中标劳务价为474.4812万元指的是铁塔42基，而案涉工程最后的实际工程变更为铁塔36基，铁塔数比招标投标时少了6基，少了1/7，在结算价款时理应在中标价基础上减少1/7。另外，依据合同约定，被申请人应该完成全部工程，并且为工程自检消缺、竣工验收等提供劳务，因被申请人对73号铁塔没有施工，其他2基铁塔线路未完工，所以不仅是工程量未完成，最后的消缺和竣工验收都未完成，对以上被申请人未完成工程劳务费也应依法扣除。2. 申请人与被申请人2016年8月26日签订的《输变电工程施工劳务分包合同》是实际承包的全部内容。2016年12月26日的《输变电工程施工劳务分包合同》（金额40万元）和2018年9月12日的《输变电工程施工劳务分包合同》（金额23.1364万元）与2016年8月26日的合同内容重叠。被申请人虽然以474.4812万元中标，但被申请人与申请人最初商定的全部劳务的总价款为290万元，在实际施工过程中，双方一致认为劳务费为290万元被申请人可能会亏损，为了被申请人的实际利益，又追加了63.1364万元的劳务费，因而才又签订了两份劳务合同。3. 原审对于案涉建设工程合同是否有效未查清。被申请人没有劳务施工资质，因此本案招标投标行为和劳务分包合同因违反法律强制性规定而无效。4. 对标的额为180万元的《输变电工程施工专业分包合同》，签订该合同的原因仅是为应对国网系统的检查，专业分包的事实根本不存在。专项分包的劳务部分显然与原劳务分包合同中的劳务相重叠，重复计算，不符合常理。在实际施工中，所有材料都是由申请人采购并向供应商支付了材料费，这也证明合同双方并未实际履行专业分包。

二、根据招标文件和投标文件可以确定，工程量增加费用205.13万元，运距增加人力费415.63万元，修便道增加费用14.85万元，三项合计635.61万元费用在业主未确认时不应判决由申请人承担。1.依据招标投标文件，全部工程量变更、施工费用增加均以设计单位和业主单位批复为准。甘南虎家崖—沙湾110kV送电线路工程Ⅱ标段《劳务分包商招标报价要求》第二条第九项规定："施工现场涉及的工程量变更、施工费用变更等相关变更工作，均以设计单位和业主单位批复的正式变更通知单为准，除此之外，总包单位不予接受任何签证。"对于以上报价要求，被申请人承诺全部接受并受其约束。本案中被申请人虽然向申请人提到工程量增加、运距增加、修便道，但设计单位和业主单位对以上变更均未批准，所以被申请人主张的635.61万元，不应由申请人承担。2.对于205.13万元工程量增加，其价格鉴定完全违背了基本的市场原则。首先，本案中实际涉及的只有劳务，涉及的水泥、砂子、石头、钢筋都由申请人采购并支付价款，即使工程量增加成立，也只能计算该部分的劳务而不是劳务和材料的合成价款。其次，正常市场混凝土采购价在300元/m^3左右，另加钢材、机械在400元/m^3左右，人工费就算增加也在1000元/m^3左右。所以就算再怎么增加，护壁的合成价正常也不超过2000元/m^3，而鉴定机构鉴定为10000元/m^3。鉴定机构得出这样超高价的依据只是来源于被申请人的工程进度申报表。对于工程进度申报表，申请人的工作人员签收只是说明收到此表，并愿意向上呈报。具体申请人能不能按此支付进度款，那是申请人各部门核对以后的事，这是工程施工过程中正常的工作流程，不应就此认定申请人同意按10000元/m^3支付护壁增量价款。3.运距增加实际距离不能确定。第一，在另一案件中，陇南市中级人民法院组织被申请人及其他人员对部分运距进行测量，申请人并没有参加，也未签字确认，而且测量所涉案件仍在审理中，所以其数据不能成为本案鉴定的依据。第二，陇南市中级人民法院组织测量的运距只是本案工程的一部分，只涉及19基铁塔，而本案涉及36基铁塔，其中还有1基铁塔未施工，2基铁塔未完工，故涉及的运距肯定不同。第三，对于被申请人向申请人提到的运距增加问题，申请人收到了被申请人报告，并同意由技术人员核对和向业主申报，但业主最终未审核增加的运距，所以申请人履行了自己的义务，依招标投标文件规定，申请人不应承担该费用。

三、原一、二审认定的申请人承担114.22万元窝工费及项目部租赁费用事实认定错误，责任界定不清。1.原一、二审认定申请人承担窝工费的证据不足。鉴定报告所采用窝工及项目部租赁费用的依据是被申请人提供的其向申请人申报的工作联系单，申请人收到了被申请人的工作联系单，一部分存在一定窝工，但具体窝工量要由技术人员核对，一部分根本未确认，所以窝工情况只能在工程结算时最终确定。2.原一、二审对窝工的责任未分清。根据被申请人的申报来看，窝工也分为两部分，一部分是因为材料未到，大部分是由青苗赔偿纠纷造成。对因青苗赔偿纠纷引起的窝工申请人不应承担责任。《劳务分包商招标报价要求》第二条第五项规定，劳务分包商“负责与业主、监理、设计及当地政府及有关部门联系，办理停电、跨越、青苗赔偿等手续。”所以协调青苗赔偿是被申请人的义务。部分村民要价过高而致窝工，在这期间申请人没有过失。所以在申请人没义务也没有过失的情况下，对造成的窝工让申请人承担责任没有事实和法律依据。

四、本案事实未查清，最终导致判决结果严重不公。以下四组数据可以直观地反映出：1.案涉工程建设方给申请人最终审计结算总工程款为522.8731万元。2.被申请人通过案件诉讼，仅劳务部分就让申请人承担1427.3265万元。3.申请人采购材料和向第三方支付各种费用共计160.387万元。4.依原判决申请人最终在案涉工程中共要支出1587.7135万元，这是案涉工程实际总工程款的3倍。

2. 裁判摘要

（1）关于案涉工程价款的确认问题。鸿达公司对案涉工程进行施工后，科源公司未及时与其进行结算，鸿达公司自行委托鉴定机构就案涉工程造价进行鉴定。鉴定机构依据鸿达公司提供的案涉工程图纸、《劳务分包合同》《现场签证审批单》《工程审计现场查勘底稿》、工程联系单等材料作出了鉴定意见。鸿达公司已全部将提供给鉴定机构的材料（除施工图纸外），向一审法院提交，一审法院组织双方当事人进行了质证。二审法院传唤鉴定人到庭接受双方当事人质询，并就有关鉴定事项进行了说明。经法院释明，科源公司不同意重新鉴定，亦无相反证据推翻鉴定意见，鉴定机构据实鉴定，鉴定意见能够客观反映工程造价，故原审法院按照鉴定意见认定本案工程各部分造价，符合法律规定。关于各部分工程造价，鉴定意见载明：① 合同内部分 650.71 万元；② 人力运输增加部分 415.63 万元；③ 修路部分 14.85 万元；④ 窝工及项目部租赁损失 114.22 万元；⑤ 签证增加部分 205.13 万元。科源公司申请再审对以上各项价款均提出异议，并提出工程增加价款未经业主确认不应予以计算、因青苗赔偿纠纷引起的窝工损失其不应承担等意见。科源公司的主张无事实及法律依据，本院不予采纳。

（2）关于科源公司申请再审提交的证据的认定问题。科源公司向本院提交五组证据，拟证明其为案涉工程支付材料款、劳务费等费用共计 160.387 万元，工程增加价款未经业主确认不应予以计算，因青苗赔偿纠纷引起的窝工损失不应由其承担，其与业主方约定工程内容发生变化，工程价款应予调整，鸿达公司未完成后期施工和消缺，以及案涉工程造价仅为 350.1364 万元等事实。鸿达公司委托的鉴定机构依据实际发生的工程量对工程造价进行了鉴定，且原一、二审法院对鉴定意见的内容进行了审查，鉴定意见内容符合本案实际情况。科源公司提交的证据不足以达到其证明目的，不足以证明原审对于工程款认定存在错误。本案不符合《中华人民共和国民事诉讼法》（2017 年 6 月 27 日第三次修正）第二百条第一项规定的“有新的证据，足以推翻原判决、裁定的”情形，故本院对于科源公司提交的证据不予确认。

综上，科源公司的再审申请不符合《中华人民共和国民事诉讼法》（2017 年 6 月 27 日第三次修正）第二百条第一项、第二项、第三项规定的情形。依照《中华人民共和国民事诉讼法》（2017 年 6 月 27 日第三次修正）第二百零四条第一款，《最高人民法院关于适用〈中华人民共和国民事诉讼法〉的解释》（2020 年 12 月 23 日修正）第三百九十五条第二款的规定，裁定如下：驳回甘肃科源电力集团有限公司的再审申请。

二、案例思考

（1）本案中鸿达公司自行委托造价鉴定机构对已完内容出具造价鉴定意见。在质证环节，科源公司既不同意造价鉴定意见，也无相反证据推翻宏达公司所作的造价鉴定意见，因此法院以宏达公司委托的造价鉴定机构出具的造价鉴定意见作为认定事实的依据。

（2）作为当事人，在诉讼或仲裁之前聘请一家既有资格又有专业水平的造价鉴定机构制作一份符合造价鉴定要求的造价鉴定意见是非常有必要的。这也为造价鉴定机构提供了另外一个重要的业务来源。

第五节　案例五（2021）最高法民申 6116 号

一、案例介绍

（一）案例名称及案号

1. 案例名称

郴州市湘安建筑工程有限公司、湖南景云房地产开发有限公司建设工程施工合同纠纷。

2. 案号

（2021）最高法民申 6116 号。

（二）案情介绍及裁判摘要

1. 案情介绍

发包方：湖南景云房地产开发有限公司（以下简称景云公司）。

承包方：郴州市湘安建筑工程有限公司（以下简称湘安公司）。

湘安公司根据《中华人民共和国民事诉讼法》（2017 年 6 月 27 日第三次修正）第二百条第二项、第六项的规定申请再审，请求：1. 撤销二审判决，维持一审判决；2. 本案诉讼费用由景云公司承担。事实与理由：1.《建设工程施工承包合同》约定景云公司按照月息 2% 的标准支付欠付工程款的利息，二审法院认为双方未明确约定延期付款利息系错误。2. 案涉工程系湘安公司垫资建设，按照贷款利率计息与实际约定的按照月息 2% 计息，相差巨大，对湘安公司来说显失公平。3. 案涉工程的另一进度款案件，一审案号为（2018）湘 10 民初 587 号，二审案号为（2019）湘民终 856 号，其中的款项按照月息 2% 的标准计算逾期付款的滞纳金。

景云公司根据《中华人民共和国民事诉讼法》（2017 年 6 月 27 日第三次修正）第二百条第一项、第二项、第十三项的规定申请再审，请求：1. 撤销二审判决，改判景云公司仅需支付湘安公司剩余工程款 26948049.44 元并驳回湘安公司其他诉讼请求，或将本案发回重审；2. 本案一审、二审、再审阶段全部诉讼费用由湘安公司承担。事实与理由：1. 湘安公司未按照合同约定履行义务，使合同目的无法实现，构成根本违约，应当承担违约责任。2. 景云公司依约全面履行合同义务，无拖欠工程款情节，且在 2018 年 2 月停工前，已经将履约保证金返还湘安公司，并承担违约责任另行支付了 579 万元。3. 依据合同约定，因湘安公司原因造成停工 30 天以上，景云公司在合同解除后，按湘安公司已完成工程量的 70% 支付工程款的主张应当被支持，以“显失公平”为由不予认定，属于事实认定不清，法律适用错误。4. 湖南华信求是工程造价咨询有限公司于 2020 年 9 月 20 日出具的湘信造鉴字 2020 第 A019 号《造价鉴定意见书》存在事实和程序错误，不应被采纳。5. 案涉工程保修期未届满，原审判决未将质量保证金扣除。6. 景云公司不应承担停工损失。7. 案涉工程并未竣工验收，不具备支付工程款的条件。

争议焦点：一、违约责任应当如何认定，停工损失应当如何承担；二、案涉工程款应当如何结算，原审采信鉴定意见是否正确；三、景云公司欠付工程款的利息应如何确定；四、景云公司是否应向湘安公司交付案涉工程 3# 栋一套 $56m^2$ 的房屋；五、是否应扣除质保金及工程款支付条件是否已经成就。

2. 裁判摘要

最高人民法院认为：

（1）违约责任应当如何认定，停工损失应当如何承担。

根据原审查明的事实，景云公司存在未依约退还履约保证金和支付工程进度款的行为，湘安公司亦存在施工质量问题以及违法分包转包行为，双方在履行合同过程中均存在违约行为。景云公司未及时依约退还保证金及支付工程进度款的行为发生在先，且其拖欠的全部工程进度款数额巨大。湘安公司在施工过程中几次停工，案涉工程 2#、3# 栋地下室存在质量问题，但未影响 2#、3# 栋主体结构的五方验收。因此，景云公司应承担主要的违约责任，湘安公司承担次要的违约责任。原审法院由此认定景云公司承担 70% 的停工损失并无不当。

（2）案涉工程款应当如何结算，原审采信鉴定意见是否正确。

景云公司主张按照《建设工程施工合同补充协议》（以下简称《补充协议》）

第十条第二项和《建设工程施工承包合同补充协议（三）》（以下简称《补充协议三》）第三条的约定进行结算，即按所完成工程量70%予以结算。但根据《补充协议三》《补充协议》的规定，适用上述结算方式的条件是因乙方的原因造成停工。如前所述，湘安公司在施工过程中虽有停工行为，但景云公司的未按约定及时支付工程款等违约行为在先，且在双方的违约中景云公司承担主要的违约责任，认定停工全系湘安公司的原因造成，依据不足。故按照景云公司主张的结算方式进行结算，依据不足且对湘安公司明显不公平。

本案鉴定机构系双方共同选定，鉴定人员在现场勘查的基础上，结合双方当事人提供的证据及材料进行鉴定，在鉴定意见稿多次征求景云公司与湘安公司的意见后，作出最终鉴定结论。景云公司亦未提供充分的证据推翻鉴定结论。因此，该鉴定可以采信作为本案认定案涉工程款的依据。案涉合同已经解除，湘安公司并未完成所有施工，以按定额计算的已完工程造价比定额总量工程造价得出两者的系数，再乘以合同单价1590元/m^2得出已完工程造价，符合本案实际情况，且按1590元/m^2结算也是合同约定的包干结算价格。故原审采纳鉴定结论中的第三种计价方式，并无不当。

（3）景云公司欠付工程款的利息应如何确定。

案涉合同已经解除，本案解决的是合同解除后的工程款结算问题。《建设工程施工承包合同》约定按月息2%计算延期支付工程款的滞纳金，《建设工程施工合同补充协议（二）》（以下简称《补充协议二》）约定按月息1%计息，《补充协议三》约定《补充协议二》作废。上述关于计息的约定系关于迟延支付工程款违约责任的约定。合同解除，上述约定仍可作为结算条款予以适用。但其适用的前提是景云公司应当承担迟延支付工程款的违约责任。对于景云公司欠付1#栋工程款及应承担迟延支付违约责任的纠纷，已经另案处理。在该案中，景云公司迟延支付工程款并应承担违约责任是明确的，适用上述结算条款并无不当。在本案中，景云公司继续存在的迟延支付工程款行为与湘安公司的工程质量问题、违法分包转包行为并存，双方均有违约行为，存在相互抗辩事由。认定景云公司应当承担迟延支付工程款的违约责任，依据不充分。因此，上述《建设工程施工承包合同》《补充协议二》《补充协议三》关于计息的约定不宜适用于本案。

如前所述，案涉合同已经解除，湘安公司并未完成所有施工。《中华人民共和国合同法》第九十七条规定："合同解除后，尚未履行的，终止履行；已经履行的，根据履行情况和合同性质，当事人可以要求恢复原状、采取其他补救措施，并有权要求赔偿损失。"人民法院应当根据上述规定，公平合理地确定景云公司应当支付的工程款及利息。湖南省高级人民法院二审判决，景云公司应从判决生效之日起十五日内支付湘安公司已完工程的工程款，并从合同解除之日起分别以中国人民银行发布的金融机构人民币同期同类贷款基准利率和全国银行同业拆借中心公布的贷款市场报价利率计算利息，符合法律规定，也较为适当。

（4）关于景云公司是否应向湘安公司交付案涉工程 3# 栋一套 56m^2 的房屋。

案涉《补充协议三》约定调整湘安公司的施工范围，由景云公司在 3# 栋补偿一套 56m^2 的房屋给湘安公司。该约定是景云公司对湘安公司施工范围调整减少后，对湘安公司所作出的补偿，系双方当事人的真实意思表示，后湘安公司施工范围已按约定调整，即上述约定已经部分履行，景云公司应当按约定给予湘安公司补偿，即交付 3# 栋一套 56m^2 的房屋。虽然案涉合同均已解除，但根据上述约定及履行情况以及解除的事由，合同解除的内容应不涉及调整施工范围和补偿一套 56m^2 房屋约定部分。

（5）工程款支付条件是否已经成就及是否应扣除质保金。

《建设工程施工承包合同》《补充协议》《补充协议三》已经解除，本案解决的是合同解除后的工程款结算问题。景云公司以工程未竣工验收为由主张工程款支付条件未成就，依据并不充分。且景云公司在本案询问过程中确认案涉 1#、2#、3# 栋均已有业主入住。景云公司在实际接收使用了 1#、2#、3# 栋的情况下，又主张案涉工程未竣工验收、不具备支付工程款的条件，也不应得到支持。

景云公司在再审申请中主张应扣除相应比例的质量保证金。但景云公司在本案一、二审中均没有将此作为主张予以提出。且景云公司已就工程质量问题另案提起诉讼，该案尚在审理当中，关于工程质量可能引起的争议问题，可以在另案中得到妥善处理。故对景云公司该再审申请事由本院不予审查。

综上所述，湘安公司、景云公司的再审申请均不符合《中华人民共和国民事诉讼法》(2021 年 12 月 24 日第四次修正)第二百零七条规定的情形，本院不予支持。依照《中华人民共和国民事诉讼法》(2021 年 12 月 24 日第四次修正)第二百一十一条第一款,《最高人民法院关于适用〈中华人民共和国民事诉讼法〉的解释》(2020 年 12 月 23 日修正)第三百九十五条第二款的规定，裁定如下：驳回湘安公司、景云公司的再审申请。

二、案例思考

(1)本案例为合同解除后的造价鉴定。

(2)违约责任的划分属于法律问题，由人民法院根据案情进行划分。

(3)对于合同解除后的造价鉴定应由委托人区分责任后再选择合适的鉴定方法和原则进行鉴定，若委托人在鉴定实施之前无法确定责任的，造价鉴定机构可以出具多个可供选择的造价鉴定意见，由委托人判断使用。具体可参考本书第四章第十一节和第五章第一节的相关内容。

(4)本案例中的造价鉴定机构多次向当事人征求造价鉴定意见的做法值得提倡，这个是对造价鉴定机构的保护。

(5)造价鉴定机构出具多个可供选择的造价鉴定意见供委托人判断使用的做法很好，本案中原审采纳可供选择的第三个鉴定意见作为审判依据，得到了最高人民法院的认可，也使造价鉴定机构规避了风险。

第六节　案例六（2021）最高法民申6130号

一、案例介绍

（一）案例名称及案号

1. 案例名称

武汉天舜建设有限公司、湖南省东常高速公路建设开发有限公司等建设工程施工合同纠纷。

2. 案号

（2021）最高法民申6130号。

（二）案情介绍及裁判摘要

1. 案情介绍

发包方：湖南省东常高速公路建设开发有限公司（以下简称东常高速公司）。

承包方：武汉天舜建设有限公司（以下简称武汉天舜公司）。

武汉天舜公司申请再审称，（一）有新证据推翻原判决。1. 原判决认定“100章104-3子目‘为工程师提供办公设施、实验室、车辆及其使用费用服务’110万元，400章401-1子目‘桥梁荷载试验’、401-2子目‘补充地质勘探及取样钻探’、401-3子目‘钻取混凝土芯样’、401-4子目‘施工监控’四项费用合计110万元，因武汉天舜公司未提供证据，不予支持计算工程价款”。新的证据《第18期计量支付月报表》之“中期支付证书”“清单支付报表”证明该款项系东常高速公司和监理单位已经确认的应付款项。2. 原判决认定“变更BG-14-083，钢便桥包干费相关金额220万元，属于第100章103-1-a中综合包干价60万元范围，签证未实际发生”。新的证据《转报〈关于钢便桥设计修改方案的报告〉的报告》有监理工程师郭某某签字并加盖监理单位公章，结合《关于加强钢便桥运行若干规定的通知》及施工现场照片，能够证明钢便桥施工的真实性和签证实际发生。钢便桥项目是东常高速公司招标文件《施工便道主要工程数量表》《其他临时工程一览表》及图纸之外的增项，应另行计价。（二）原判决认定的基本事实缺乏证据证明。1. 原判决根据东常高速公司提交的监理日志认定案涉工程施工中共计 39 根桩基塌孔，缺乏证据证明。该监理日志并非案涉工程的完整监理日志，大部分施工期无人记载，且该监理日志对原判决已经认可的桩基塌孔签证涉及的施工情况也没有记录，东常高速公司选择性提交的监理日志不能作为认定案件事实的依据。2. 原判决认定 39 根桩基塌孔变更造价 1676363 元，缺乏证据证明。原判决将《工程造价鉴定报告书》结算方案一的 46 份签证（BG-14-023 ~ BG-14-048、BG-14-062 ~ BG-14-081）的鉴定造价总额 16247833 元认定为 51 份签证的鉴定造价总额是错误的，且计算方式没有依据。同时，桩基塌孔的严重程度不一，处理费用差异较大，原判决认为武汉天舜公司主张的 378 根桩基塌孔中每一根塌孔施工费用是均等的，据此算出其认定的 39 根桩基塌孔费用，没有事实依据。3. 原判决关于“变更 BG-14-082，施工临时便道协议调整，相关金额 16817139 元，属于第 100 章中综合包干计价范围”的认定缺乏证据证明。变更 BG-14-082 签证中，纵向施工便道相较于招标文件发生了工程量的增量，而横向施工便道是招标文件之外的增项，均应另行计价。4. 原判决认为关于业主指定分包工程，原有便道维修费用 2223556 元，武汉天舜公司未能提供证据证明该便道维修费用应当由东常高速公司负责。对其不予确认缺乏证据证明。东常高速公司于 2011 年 9 月 27 日印发的《关于调整沅水特大桥 1# 桥部分工程任务的通知》中明确愿意承担“14 标承担任务后增加的便道费用”的 90%。武汉天舜公司在原审提交的签证文件及证据可充分证明“原有便道维修费用 2470618 元”已实际发生。原判决举证责任分配错误，致使武汉天舜公司承担了不利后果。（三）原判决适用法律错误。1. 关于 BG-14-084 材料调差，相关金额 7711686 元的问题。武汉天舜公司根据湖南省《关于发布我省交通建设项目人工和主要材料价差调整实施细则的通知》（湘交造字〔2013〕9 号）提出政策性价差调整，在该文件规定的可调差期限内，应该适用合同通用条款第 70.2 款的约定，原判决适用合同专用条款第 70.1 款约定，属于适用法律错误。2. 原判决错误理解并适用《最高人民法院关于审理建设工程施工合同纠纷案件适用法律问题的解释》第十九条规定。

武汉天舜公司在本案中的举证已达证明标准，法院应按照签证等书面文件认定争议工程量。东常高速公司未能举证推翻案涉签证及《过程质检记录表》等施工原始文件，东常高速公司应承担举证不能的不利后果，对于签证的工作量应当予以认定。综上，武汉天舜公司依据《中华人民共和国民事诉讼法》（2017年6月27日第三次修正）第二百条第一项、第二项、第六项之规定，于2021年9月26日向本院申请再审。

东常高速公司提交意见称，原审判决并不存在应当再审的情形，请求驳回武汉天舜公司的再审申请。

2. 裁判摘要

本院查明，二审被上诉人湖南湘潭公路桥梁建设有限责任公司（以下简称湘潭路桥公司）名称于2021年6月17日变更为水发（湖南）交通建设集团有限公司。

本院经审查认为，本案再审审查的重点问题为：二审判决关于案涉工程的工程量及工程造价的认定是否正确。

（1）关于工程造价计算标准应如何认定的问题。根据原审查明的事实，在案涉工程招标投标之前，武汉天舜公司就以中南市政建设集团股份有限公司的名义进场施工，后又与湘潭路桥公司签订《工程施工项目责任考核合同》，约定武汉天舜公司以湘潭路桥公司名义参加该工程项目14合同段投标，湘潭路桥公司只收取管理费。故武汉天舜公司系借用湘潭路桥公司资质承揽案涉工程，二审判决认定湘潭路桥公司与东常高速公司签订的案涉《合同协议书》无效，于法有据。本案中，案涉工程于2013年8月1日—2013年12月24日进行了交工验收，2014年5月1日进行试通车，2014年12月24日正式通车，并无证据证明案涉工程存在根本质量问题，二审法院参照案涉《合同协议书》的约定计算工程造价并无不当。案涉《合同协议书》专用条款第70.1条约定，本合同在合同期内不调价，二审法院采信鉴定意见中结算方案一，以“合同价或签证单价”，即以东常高速公司与湘潭路桥公司签订219780053元的合同文件中原合同单价或签证单价为计算依据，工程量按计量签证计算，相对公平合理。武汉天舜公司关于二审判决认定工程造价标准属于适用法律错误的申请再审理由，不能成立。

（2）关于争议工程量及工程造价应如何认定的问题。武汉天舜公司主张应按照签证等书面文件认定争议工程量。二审法院审查时发现，有大额签证单据与施工日志不符，且有的签证单仅有监理签字，没有东常高速公司相关人员签字，不符合合同约定的工程变更程序要求，且签证时间与客观实际不符，故按合同约定，结合双方当事人举证质证情况，据实认定工程量及工程造价，在采信证据方面符合法律规定。

① 关于为工程师提供办公设施、实验室、车辆及其使用费用服务，桥梁荷载试验，补充地质勘探及取样钻探，钻取混凝土芯样，施工监控等费用应如何认定的问题。本案一审审理时，双方当事人对于该部分款项是否应计入东常高速公司向武汉天舜公司已付工程款存在争议。东常高速公司认为该款项应视为已付款，但武汉天舜公司认为不应计入已付款。一审法院认为，以上暂定金220万元实际并非向武汉天舜公司支付的工程款，不能认定为已付工程款，即支持了武汉天舜公司主张。武汉天舜公司上诉主张，东常高速公司已把该项费用计入中间计量款，因此该项费用应计入应付工程款。二审法院认为，武汉天舜公司并未提供证明上述工程应当计算工程价款的凭证，故不予支持。武汉天舜公司申请再审提交《第18期计量支付月报表》，拟证明上述款项系东常高速公司和监理单位已经确认的应付款项，应当计算工程价款。但是，武汉天舜公司并未提供证据证明《第18期计量支付月报表》中涉及的上述争议工程实际由武汉天舜公司施工，故上述材料不属于足以推翻二审判决的新证据。

② 关于“变更BG-14-083，钢便桥包干费”相关金额220万元应如何认定的问题。“变更BG-14-083，钢便桥包干费”属于案涉合同约定的综合包干计价范围。上述签证虽有监理签证等书面文件，但案涉《合同协议书》对监理的授权有明确约定，即根据合同约定，监理行使本事项职权应获得业主的授权。本案中，第四监理处变更情况说明表明，签证变更无效的原因是未审查核对，不符合计量原则。上述签证材料无东常高速公司员工签字，东常高速公司事后未予追认。据此，原审法院结合合同约定和本案其他证据，对该争议工程量不予认定，并无不当。武汉天舜公司申请再审提交的《转报〈关于钢便桥设计修改方案的报告〉的报告》，没有东常高速公司授权；武汉天舜公司主张该部分工程款应另行计价，亦与《合同协议书》关于该部分工程属于包干价范围的约定

不符，不足以推翻原审判决。

（3）关于因桩基塌孔而变更的工程量应如何认定的问题。二审法院结合施工单位湘潭路桥公司向东常高速公司上报的《关于桩基塌孔情况的分析和处理意见》以及第四监理处2011年4月21日监理日志，综合考虑武汉天舜公司上报的该批桩基塌孔、漏浆、混凝土超量变更与实际桩基塌孔情况不符，且武汉天舜公司提供的签证变更材料真实性存疑，该批签证变更既未履行正常的变更流程，也没有附施工原始材料（如会议纪要、变更方案、收方单等），合理认定桩基塌孔数量且根据鉴定结论核减了相应的工程造价，并无不当。武汉天舜公司对二审判决的上述认定持有异议，但未能举示充分有效证据推翻二审判决的上述认定。

（4）关于施工临时便道协议调整相关金额16817139元应否计入工程造价的问题。参照案涉《合同协议书》的计价规则，施工临时便道属于第100章中综合包干计价的范围，武汉天舜公司提供的证据不足以证明上述工程应另行计价，且第四监理处《特别说明》中对上述工程涉及的调价签证予以否认，二审法院对涉及上述工程调价签证不予认定并无不当。

（5）关于原有便道维修费用应否认定的问题。根据民事诉讼证据规则，当事人对自己提出的诉讼请求所依据的事实或者反驳对方诉讼请求所依据的事实，应当提供证据加以证明，但法律另有规定的除外。武汉天舜公司主张东常高速公司承担该笔费用，但并未提供证据证明其主张具有事实和法律依据，二审判决不予支持其主张，举证责任分配并无不当。

综上，武汉天舜公司的再审申请不符合《中华人民共和国民事诉讼法》（2021年12月24日第四次修正）第二百零七条第一项、第二项、第六项规定的情形，其申请再审的理据不足。本院依照《中华人民共和国民事诉讼法》（2021年12月24日第四次修正）第二百一十一条第一款、《最高人民法院关于适用〈中华人民共和国民事诉讼法〉的解释》第三百九十三条第二款规定，裁定如下：驳回武汉天舜建设有限公司的再审申请。

二、案例思考

（1）本案争议的焦点是合同无效情况下的造价鉴定问题。

（2）在借用资质的情况下，合同被确认无效；合同虽然无效，但工程质量合格，参照合同的约定计算工程造价并无不当，符合法律法规的规定。但造价鉴定机构按照无效合同的价款约定计算时，应征得委托人的同意，不能自己直接决定。

（3）对于工程签证，特别是签字手续不完整的大额工程签证，应当慎重处理，且需要根据佐证判断，比如本案的签证只有监理工程师签字而无东常高速公司相关人员签字，不符合合同约定的工程变更程序要求，造价鉴定人员遇到此类问题时，应提请委托人确定，并向委托人提供专业的分析意见。

（4）在造价鉴定过程中，对于合同已经包含但当事人又额外办理了签证的内容，应提请委托人确认是否计算，并根据委托人的需求提供专业的分析判断。

第七节　案例七（2020）最高法民终 852 号

一、案例介绍

（一）案例名称及案号

1. 案例名称

中国水利水电第五工程局有限公司、大唐甘肃祁连水电有限公司建设工程施工合同纠纷。

2. 案号

（2020）最高法民终 852 号。

（二）裁判摘要

最高院认为，一审判决存在以下事实认定和法律适用方面的问题：

1. 将未经质证的证据作为鉴定及认定事实的依据

《中华人民共和国民事诉讼法》（2017 年 6 月 27 日第三次修正）第六十八条规定："证据应当在法庭上出示，并由当事人互相质证。"只有在组织双方当事人对证据进行质证的基础上，一审法院才能够对违约事实的存否及违约责任的大小、比例作出正确的判断。本院公开开庭审理本案，并要求中国水利水电第五工程局有限公司（以下简称水电五局）、大唐甘肃祁连水电有限公司（以下简称大唐公司）围绕案件争议焦点展开辩论。但是本院在二审中的努力，仍不能弥补一审在质证程序上的以下缺陷。

（1）作为认定违约责任依据的《三道湾水电工程 2009 年下半年工程建设协调会会议纪要》未经质证。一审法院直接采信大唐公司组织三道湾水电工程的各标段施工单位召开协调会并形成的《三道湾水电工程 2009 年下半年工程建设协调会会议纪要》作为认定案涉工程工期延误以及案涉合同违约责任的依据之一，但该证据未经当庭出示及双方当事人质证。

（2）作为鉴定及认定事实依据的监理日志未经质证。《最高人民法院关于审理建设工程施工合同纠纷案件适用法律问题的解释（二）》（法释〔2018〕20号）第十六条规定："人民法院应当组织当事人对鉴定意见进行质证。鉴定人将当事人有争议且未经质证的材料作为鉴定依据的，人民法院应当组织当事人就该部分材料进行质证。经质证认为不能作为鉴定依据的，根据该材料作出的鉴定意见不得作为认定案件事实的依据。"本案中，依据鉴定需要，大唐公司从案涉工程的监理单位借调并提供了完整的监理日志等材料用于鉴定，但鉴定前均未经一审法院组织双方当事人质证。本院认为，鉴定机构依据未经双方当事人质证的证据材料所作出的鉴定报告，人民法院不能直接作为认定本案事实的依据。一审法院直接根据鉴定报告认定相关事实，属认定事实不清。此外，一审法院在认定相关事实过程中，亦以未经质证的上述监理日志作为依据之一，亦属认定事实不清。

2. 鉴定依据不合理，鉴定程序不规范

（1）案涉鉴定人未适用2018年3月1日起实施的住房和城乡建设部颁布的《建设工程造价鉴定规范》GB/T 51262—2017，而是适用中国建设工程造价管理协会制定的《建设工程造价鉴定规程》CECA/GC 8—2012。前者系新制定的国家标准，其效力高于作为协会标准的后者，且其内容更加详细、程序更加规范。在鉴定机构出具鉴定意见之前，前述国家标准已经发布，以此为据进行鉴定，更有利于查清本案事实，解决本案争议。

（2）即使依据《建设工程造价鉴定规程》CECA/GC 8—2012，其第6.1.1条也规定"鉴定项目部（组）由三人以上组成"，而案涉《工程造价鉴定意见书》中执业人员签章处显示仅由两位工程师签字，违反了该程序规定。因此，一审鉴定程序存在不规范的情形。

（3）对部分确实发生的施工，仅以施工量无法计量为由对相应工程价款未予支持不妥。本案已经委托相关中介机构进行鉴定。对于确实发生的施工，即使无法准确计量施工量，亦应当委托相关中介机构予以估算，并对施工方要求支付工程价款的诉请视情形予以相应支持，方为公平。一审判决多处在认定已实际施工的情况下，仅因工程量无法准确计量，而不予认定相应工程价款不妥。

二、案例思考

（1）未经质证的证据不能直接用于造价鉴定和事实认定。造价鉴定人员必须对此提高警惕，避免造价鉴定意见不被采信。

（2）造价鉴定必须选择正确的鉴定依据，现行有效的鉴定规范是《建设工程造价鉴定规范》GB/T 51262—2017，造价鉴定机构在实施鉴定时，应当遵守上述规范的相关规定。

（3）造价鉴定属于准司法行为，必须同时注重程序和事实。

（4）造价鉴定机构实施造价鉴定时，务必注意造价鉴定人员的专业和数量问题。

（5）对于确实发生了的事项，仅以因为无法计量就不予支持或计算是有失公允的，该做法不妥，也不对。造价鉴定机构遇到此类问题时，可以提请委托人采取估算的方式确定或提请委托人根据责任划分处理，最终根据委托人的决定进行鉴定。也可以参考本书第五章第一节的相关内容，出具推断性意见，供委托人在审判时判断使用。

第八节　案例八（2018）最高法民再 116 号

一、案例介绍

（一）案号

（2018）最高法民再 116 号。

（二）裁判摘要

根据《最高人民法院关于适用〈中华人民共和国民事诉讼法〉的解释》（法释〔2015〕5 号）（2022 年 3 月 22 日第二次修正）第一百零一条、第一百零二条的规定，即使当事人逾期提交证据存在一定过失，人民法院也不宜轻易否定与案件基本事实有关的证据。但当事人因未及时向法院提交该证据，客观上确造成了司法资源的浪费，其应当对该行为承担相应法律后果，故人民法院可确定相应诉讼费由其负担。

（三）判决结果

一审案件受理费 68920 元，由倪某某、张某某共同承担；二审案件受理费 68920 元，由王某负担。

二、案例思考

（1）在司法审判过程中，司法机关对于当事人逾期提交的证据，务必认真分析，慎重对待，不可一刀切，对逾期的证据统统拒收。

（2）建设工程的证据资料非常复杂，有些证据可能涉及重大金额，但由于委托人欠缺工程造价专业知识，有时可能无法判断。造价鉴定人员应及时给委托人提供专业精准的参考建议，避免当事人逾期导致委托人拒绝重大的证据资料。最终可能导致案涉项目的当事人因此而上诉。

第十四章

与工程造价鉴定有关的部分法律法规内容摘选

第一节 《中华人民共和国民法典》摘选

第一编 总 则

第一章 基本规定

第一条 为了保护民事主体的合法权益，调整民事关系，维护社会和经济秩序，适应中国特色社会主义发展要求，弘扬社会主义核心价值观，根据宪法，制定本法。

第二条 民法调整平等主体的自然人、法人和非法人组织之间的人身关系和财产关系。

第三条 民事主体的人身权利、财产权利以及其他合法权益受法律保护，任何组织或者个人不得侵犯。

第四条 民事主体在民事活动中的法律地位一律平等。

第五条 民事主体从事民事活动，应当遵循自愿原则，按照自己的意思设立、变更、终止民事法律关系。

第六条 民事主体从事民事活动，应当遵循公平原则，合理确定各方的权利和义务。

第七条 民事主体从事民事活动，应当遵循诚信原则，秉持诚实，恪守承诺。

第八条 民事主体从事民事活动，不得违反法律，不得违背公序良俗。

第九条 民事主体从事民事活动，应当有利于节约资源、保护生态环境。

第十条 处理民事纠纷，应当依照法律；法律没有规定的，可以适用习惯，但是不得违背公序良俗。

第六章 民事法律行为

第一百三十三条 民事法律行为是民事主体通过意思表示设立、变更、终止民事法律关系的行为。

第一百三十四条　民事法律行为可以基于双方或者多方的意思表示一致成立，也可以基于单方的意思表示成立。

法人、非法人组织依照法律或者章程规定的议事方式和表决程序作出决议的，该决议行为成立。

第一百三十五条　民事法律行为可以采用书面形式、口头形式或者其他形式；法律、行政法规规定或者当事人约定采用特定形式的，应当采用特定形式。

第一百三十六条　民事法律行为自成立时生效，但是法律另有规定或者当事人另有约定的除外。

行为人非依法律规定或者未经对方同意，不得擅自变更或者解除民事法律行为。

第一百三十七条　以对话方式作出的意思表示，相对人知道其内容时生效。

以非对话方式作出的意思表示，到达相对人时生效。以非对话方式作出的采用数据电文形式的意思表示，相对人指定特定系统接收数据电文的，该数据电文进入该特定系统时生效；未指定特定系统的，相对人知道或者应当知道该数据电文进入其系统时生效。当事人对采用数据电文形式的意思表示的生效时间另有约定的，按照其约定。

第一百三十八条　无相对人的意思表示，表示完成时生效。法律另有规定的，依照其规定。

第一百三十九条　以公告方式作出的意思表示，公告发布时生效。

第一百四十条　行为人可以明示或者默示作出意思表示。

沉默只有在有法律规定、当事人约定或者符合当事人之间的交易习惯时，才可以视为意思表示。

第一百四十一条　行为人可以撤回意思表示。撤回意思表示的通知应当在意思表示到达相对人前或者与意思表示同时到达相对人。

第一百四十二条　有相对人的意思表示的解释，应当按照所使用的词句，结合相关条款、行为的性质和目的、习惯以及诚信原则，确定意思表示的含义。

无相对人的意思表示的解释，不能完全拘泥于所使用的词句，而应当结合相关条款、行为的性质和目的、习惯以及诚信原则，确定行为人的真实意思。

第一百四十三条 具备下列条件的民事法律行为有效：

（一）行为人具有相应的民事行为能力；

（二）意思表示真实；

（三）不违反法律、行政法规的强制性规定，不违背公序良俗。

第一百四十四条 无民事行为能力人实施的民事法律行为无效。

第一百四十五条 限制民事行为能力人实施的纯获利益的民事法律行为或者与其年龄、智力、精神健康状况相适应的民事法律行为有效；实施的其他民事法律行为经法定代理人同意或者追认后有效。

相对人可以催告法定代理人自收到通知之日起三十日内予以追认。法定代理人未作表示的，视为拒绝追认。民事法律行为被追认前，善意相对人有撤销的权利。撤销应当以通知的方式作出。

第一百四十六条 行为人与相对人以虚假的意思表示实施的民事法律行为无效。

以虚假的意思表示隐藏的民事法律行为的效力，依照有关法律规定处理。

第一百四十七条 基于重大误解实施的民事法律行为，行为人有权请求人民法院或者仲裁机构予以撤销。

第一百四十八条 一方以欺诈手段，使对方在违背真实意思的情况下实施的民事法律行为，受欺诈方有权请求人民法院或者仲裁机构予以撤销。

第一百四十九条 第三人实施欺诈行为，使一方在违背真实意思的情况下实施的民事法律行为，对方知道或者应当知道该欺诈行为的，受欺诈方有权请求人民法院或者仲裁机构予以撤销。

第一百五十条 一方或者第三人以胁迫手段，使对方在违背真实意思的情况下实施的民事法律行为，受胁迫方有权请求人民法院或者仲裁机构予以撤销。

第一百五十一条 一方利用对方处于危困状态、缺乏判断能力等情形，致使民事法律行为成立时显失公平的，受损害方有权请求人民法院或者仲裁机构予以撤销。

第一百五十二条　有下列情形之一的，撤销权消灭：

（一）当事人自知道或者应当知道撤销事由之日起一年内、重大误解的当事人自知道或者应当知道撤销事由之日起九十日内没有行使撤销权；

（二）当事人受胁迫，自胁迫行为终止之日起一年内没有行使撤销权；

（三）当事人知道撤销事由后明确表示或者以自己的行为表明放弃撤销权。

当事人自民事法律行为发生之日起五年内没有行使撤销权的，撤销权消灭。

第一百五十三条　违反法律、行政法规的强制性规定的民事法律行为无效。但是，该强制性规定不导致该民事法律行为无效的除外。

违背公序良俗的民事法律行为无效。

第一百五十四条　行为人与相对人恶意串通，损害他人合法权益的民事法律行为无效。

第一百五十五条　无效的或者被撤销的民事法律行为自始没有法律约束力。

第一百五十六条　民事法律行为部分无效，不影响其他部分效力的，其他部分仍然有效。

第一百五十七条　民事法律行为无效、被撤销或者确定不发生效力后，行为人因该行为取得的财产，应当予以返还；不能返还或者没有必要返还的，应当折价补偿。有过错的一方应当赔偿对方由此所受到的损失；各方都有过错的，应当各自承担相应的责任。法律另有规定的，依照其规定。

第一百五十八条　民事法律行为可以附条件，但是根据其性质不得附条件的除外。附生效条件的民事法律行为，自条件成就时生效。附解除条件的民事法律行为，自条件成就时失效。

第一百五十九条　附条件的民事法律行为，当事人为自己的利益不正当地阻止条件成就的，视为条件已经成就；不正当地促成条件成就的，视为条件不成就。

第一百六十条　民事法律行为可以附期限，但是根据其性质不得附期限的除外。附生效期限的民事法律行为，自期限届至时生效。附终止期限的民事法律行为，自期限届满时失效。

第八章　民 事 责 任

第一百七十六条　民事主体依照法律规定或者按照当事人约定，履行民事义务，承担民事责任。

第一百七十七条　二人以上依法承担按份责任，能够确定责任大小的，各自承担相应的责任；难以确定责任大小的，平均承担责任。

第一百七十八条　二人以上依法承担连带责任的，权利人有权请求部分或者全部连带责任人承担责任。

连带责任人的责任份额根据各自责任大小确定；难以确定责任大小的，平均承担责任。实际承担责任超过自己责任份额的连带责任人，有权向其他连带责任人追偿。

连带责任，由法律规定或者当事人约定。

第一百七十九条　承担民事责任的方式主要有：

（一）停止侵害；

（二）排除妨碍；

（三）消除危险；

（四）返还财产；

（五）恢复原状；

（六）修理、重作、更换；

（七）继续履行；

（八）赔偿损失；

（九）支付违约金；

（十）消除影响、恢复名誉；

（十一）赔礼道歉。

法律规定惩罚性赔偿的，依照其规定。

本条规定的承担民事责任的方式，可以单独适用，也可以合并适用。

第一百八十条　因不可抗力不能履行民事义务的，不承担民事责任。法律另有规定的，依照其规定。

不可抗力是不能预见、不能避免且不能克服的客观情况。

第一百八十一条　因正当防卫造成损害的，不承担民事责任。

正当防卫超过必要的限度，造成不应有的损害的，正当防卫人应当承担适当的民事责任。

第一百八十二条　因紧急避险造成损害的，由引起险情发生的人承担民事责任。

危险由自然原因引起的，紧急避险人不承担民事责任，可以给予适当补偿。

紧急避险采取措施不当或者超过必要的限度，造成不应有的损害的，紧急避险人应当承担适当的民事责任。

第一百八十三条　因保护他人民事权益使自己受到损害的，由侵权人承担民事责任，受益人可以给予适当补偿。没有侵权人、侵权人逃逸或者无力承担民事责任，受害人请求补偿的，受益人应当给予适当补偿。

第一百八十四条　因自愿实施紧急救助行为造成受助人损害的，救助人不承担民事责任。

第一百八十五条　侵害英雄烈士等的姓名、肖像、名誉、荣誉，损害社会公共利益的，应当承担民事责任。

第一百八十六条　因当事人一方的违约行为，损害对方人身权益、财产权益的，受损害方有权选择请求其承担违约责任或者侵权责任。

第一百八十七条　民事主体因同一行为应当承担民事责任、行政责任和刑事责任的，承担行政责任或者刑事责任不影响承担民事责任；民事主体的财产不足以支付的，优先用于承担民事责任。

第九章　诉讼时效

第一百八十八条　向人民法院请求保护民事权利的诉讼时效期间为三年。法律另有规定的，依照其规定。

诉讼时效期间自权利人知道或者应当知道权利受到损害以及义务人之日起计算。法律另有规定的，依照其规定。但是，自权利受到损害之日起超过二十年的，人民法院不予保护，有特殊情况的，人民法院可以根据权利人的申请决定延长。

第一百八十九条 当事人约定同一债务分期履行的，诉讼时效期间自最后一期履行期限届满之日起计算。

第一百九十二条 诉讼时效期间届满的，义务人可以提出不履行义务的抗辩。

诉讼时效期间届满后，义务人同意履行的，不得以诉讼时效期间届满为由抗辩；义务人已经自愿履行的，不得请求返还。

第一百九十三条 人民法院不得主动适用诉讼时效的规定。

第一百九十四条 在诉讼时效期间的最后六个月内，因下列障碍，不能行使请求权的，诉讼时效中止：

（一）不可抗力；

（二）无民事行为能力人或者限制民事行为能力人没有法定代理人，或者法定代理人死亡、丧失民事行为能力、丧失代理权；

（三）继承开始后未确定继承人或者遗产管理人；

（四）权利人被义务人或者其他人控制；

（五）其他导致权利人不能行使请求权的障碍。

自中止时效的原因消除之日起满六个月，诉讼时效期间届满。

第一百九十五条 有下列情形之一的，诉讼时效中断，从中断、有关程序终结时起，诉讼时效期间重新计算：

（一）权利人向义务人提出履行请求；

（二）义务人同意履行义务；

（三）权利人提起诉讼或者申请仲裁；

（四）与提起诉讼或者申请仲裁具有同等效力的其他情形。

第一百九十六条 下列请求权不适用诉讼时效的规定：

（一）请求停止侵害、排除妨碍、消除危险；

（二）不动产物权和登记的动产物权的权利人请求返还财产；

（三）请求支付抚养费、赡养费或者扶养费；

（四）依法不适用诉讼时效的其他请求权。

第一百九十七条 诉讼时效的期间、计算方法以及中止、中断的事由由法律规定，当事人约定无效。

当事人对诉讼时效利益的预先放弃无效。

第一百九十八条　法律对仲裁时效有规定的，依照其规定；没有规定的，适用诉讼时效的规定。

第一百九十九条　法律规定或者当事人约定的撤销权、解除权等权利的存续期间，除法律另有规定外，自权利人知道或者应当知道权利产生之日起计算，不适用有关诉讼时效中止、中断和延长的规定。存续期间届满，撤销权、解除权等权利消灭。

第十章　期间计算

第二百条　民法所称的期间按照公历年、月、日、小时计算。

第二百零一条　按照年、月、日计算期间的，开始的当日不计入，自下一日开始计算。

按照小时计算期间的，自法律规定或者当事人约定的时间开始计算。

第二百零二条　按照年、月计算期间的，到期月的对应日为期间的最后一日；没有对应日的，月末日为期间的最后一日。

第二百零三条　期间的最后一日是法定休假日的，以法定休假日结束的次日为期间的最后一日。

期间的最后一日的截止时间为二十四时；有业务时间的，停止业务活动的时间为截止时间。

第二百零四条　期间的计算方法依照本法的规定，但是法律另有规定或者当事人另有约定的除外。

第三编　合　　同

第一章　一般规定

第四百六十四条　合同是民事主体之间设立、变更、终止民事法律关系的协议。

婚姻、收养、监护等有关身份关系的协议，适用有关该身份关系的法律规定；没有规定的，可以根据其性质参照适用本编规定。

第四百六十五条 依法成立的合同，受法律保护。

依法成立的合同，仅对当事人具有法律约束力，但是法律另有规定的除外。

第四百六十六条 当事人对合同条款的理解有争议的，应当依据本法第一百四十二条第一款的规定，确定争议条款的含义。

合同文本采用两种以上文字订立并约定具有同等效力的，对各文本使用的词句推定具有相同含义。各文本使用的词句不一致的，应当根据合同的相关条款、性质、目的以及诚信原则等予以解释。

第二章 合同的订立

第四百六十九条 当事人订立合同，可以采用书面形式、口头形式或者其他形式。

书面形式是合同书、信件、电报、电传、传真等可以有形地表现所载内容的形式。

以电子数据交换、电子邮件等方式能够有形地表现所载内容，并可以随时调取查用的数据电文，视为书面形式。

第四百七十条 合同的内容由当事人约定，一般包括下列条款：

（一）当事人的姓名或者名称和住所；

（二）标的；

（三）数量；

（四）质量；

（五）价款或者报酬；

（六）履行期限、地点和方式；

（七）违约责任；

（八）解决争议的方法。

当事人可以参照各类合同的示范文本订立合同。

第四百七十一条 当事人订立合同，可以采取要约、承诺方式或者其他方式。

第四百七十二条 要约是希望与他人订立合同的意思表示，该意思表示应当符合下列条件：

（一）内容具体确定；

（二）表明经受要约人承诺，要约人即受该意思表示约束。

第四百七十三条　要约邀请是希望他人向自己发出要约的表示。拍卖公告、招标公告、招股说明书、债券募集办法、基金招募说明书、商业广告和宣传、寄送的价目表等为要约邀请。

商业广告和宣传的内容符合要约条件的，构成要约。

第四百七十四条　要约生效的时间适用本法第一百三十七条的规定。

第四百七十五条　要约可以撤回。要约的撤回适用本法第一百四十一条的规定。

第四百七十六条　要约可以撤销，但是有下列情形之一的除外：

（一）要约人以确定承诺期限或者其他形式明示要约不可撤销；

（二）受要约人有理由认为要约是不可撤销的，并已经为履行合同做了合理准备工作。

第四百七十七条　撤销要约的意思表示以对话方式作出的，该意思表示的内容应当在受要约人作出承诺之前为受要约人所知道；撤销要约的意思表示以非对话方式作出的，应当在受要约人作出承诺之前到达受要约人。

第四百七十八条　有下列情形之一的，要约失效：

（一）要约被拒绝；

（二）要约被依法撤销；

（三）承诺期限届满，受要约人未作出承诺；

（四）受要约人对要约的内容作出实质性变更。

第四百七十九条　承诺是受要约人同意要约的意思表示。

第四百八十条　承诺应当以通知的方式作出；但是，根据交易习惯或者要约表明可以通过行为作出承诺的除外。

第四百八十一条　承诺应当在要约确定的期限内到达要约人。

要约没有确定承诺期限的，承诺应当依照下列规定到达：

（一）要约以对话方式作出的，应当即时作出承诺；

（二）要约以非对话方式作出的，承诺应当在合理期限内到达。

第四百八十二条 要约以信件或者电报作出的，承诺期限自信件载明的日期或者电报交发之日开始计算。信件未载明日期的，自投寄该信件的邮戳日期开始计算。要约以电话、传真、电子邮件等快速通讯方式作出的，承诺期限自要约到达受要约人时开始计算。

第四百八十三条 承诺生效时合同成立，但是法律另有规定或者当事人另有约定的除外。

第四百八十四条 以通知方式作出的承诺，生效的时间适用本法第一百三十七条的规定。

承诺不需要通知的，根据交易习惯或者要约的要求作出承诺的行为时生效。

第四百八十五条 承诺可以撤回。承诺的撤回适用本法第一百四十一条的规定。

第四百八十六条 受要约人超过承诺期限发出承诺，或者在承诺期限内发出承诺，按照通常情形不能及时到达要约人的，为新要约；但是，要约人及时通知受要约人该承诺有效的除外。

第四百八十七条 受要约人在承诺期限内发出承诺，按照通常情形能够及时到达要约人，但是因其他原因致使承诺到达要约人时超过承诺期限的，除要约人及时通知受要约人因承诺超过期限不接受该承诺外，该承诺有效。

第四百八十八条 承诺的内容应当与要约的内容一致。受要约人对要约的内容作出实质性变更的，为新要约。有关合同标的、数量、质量、价款或者报酬、履行期限、履行地点和方式、违约责任和解决争议方法等的变更，是对要约内容的实质性变更。

第四百八十九条 承诺对要约的内容作出非实质性变更的，除要约人及时表示反对或者要约表明承诺不得对要约的内容作出任何变更外，该承诺有效，合同的内容以承诺的内容为准。

第四百九十条 当事人采用合同书形式订立合同的，自当事人均签名、盖章或者按指印时合同成立。在签名、盖章或者按指印之前，当事人一方已经履行主要义务，对方接受时，该合同成立。

法律、行政法规规定或者当事人约定合同应当采用书面形式订立，当事人未采用书面形式但是一方已经履行主要义务，对方接受时，该合同成立。

第四百九十一条　当事人采用信件、数据电文等形式订立合同要求签订确认书的，签订确认书时合同成立。

当事人一方通过互联网等信息网络发布的商品或者服务信息符合要约条件的，对方选择该商品或者服务并提交订单成功时合同成立，但是当事人另有约定的除外。

第四百九十二条　承诺生效的地点为合同成立的地点。

采用数据电文形式订立合同的，收件人的主营业地为合同成立的地点；没有主营业地的，其住所地为合同成立的地点。当事人另有约定的，按照其约定。

第四百九十三条　当事人采用合同书形式订立合同的，最后签名、盖章或者按指印的地点为合同成立的地点，但是当事人另有约定的除外。

第四百九十五条　当事人约定在将来一定期限内订立合同的认购书、订购书、预订书等，构成预约合同。

当事人一方不履行预约合同约定的订立合同义务的，对方可以请求其承担预约合同的违约责任。

第四百九十六条　格式条款是当事人为了重复使用而预先拟定，并在订立合同时未与对方协商的条款。

采用格式条款订立合同的，提供格式条款的一方应当遵循公平原则确定当事人之间的权利和义务，并采取合理的方式提示对方注意免除或者减轻其责任等与对方有重大利害关系的条款，按照对方的要求，对该条款予以说明。提供格式条款的一方未履行提示或者说明义务，致使对方没有注意或者理解与其有重大利害关系的条款的，对方可以主张该条款不成为合同的内容。

第四百九十七条　有下列情形之一的，该格式条款无效：

（一）具有本法第一编第六章第三节和本法第五百零六条规定的无效情形；

（二）提供格式条款一方不合理地免除或者减轻其责任、加重对方责任、限制对方主要权利；

（三）提供格式条款一方排除对方主要权利。

第四百九十八条　对格式条款的理解发生争议的，应当按照通常理解予以解释。对格式条款有两种以上解释的，应当作出不利于提供格式条款一方的解释。格式条款和非格式条款不一致的，应当采用非格式条款。

第五百条　当事人在订立合同过程中有下列情形之一，造成对方损失的，应当承担赔偿责任：

（一）假借订立合同，恶意进行磋商；

（二）故意隐瞒与订立合同有关的重要事实或者提供虚假情况；

（三）有其他违背诚信原则的行为。

第五百零一条　当事人在订立合同过程中知悉的商业秘密或者其他应当保密的信息，无论合同是否成立，不得泄露或者不正当地使用；泄露、不正当地使用该商业秘密或者信息，造成对方损失的，应当承担赔偿责任。

第三章　合同的效力

第五百零二条　依法成立的合同，自成立时生效，但是法律另有规定或者当事人另有约定的除外。

依照法律、行政法规的规定，合同应当办理批准等手续的，依照其规定。未办理批准等手续影响合同生效的，不影响合同中履行报批等义务条款以及相关条款的效力。应当办理申请批准等手续的当事人未履行义务的，对方可以请求其承担违反该义务的责任。

依照法律、行政法规的规定，合同的变更、转让、解除等情形应当办理批准等手续的，适用前款规定。

第五百零三条　无权代理人以被代理人的名义订立合同，被代理人已经开始履行合同义务或者接受相对人履行的，视为对合同的追认。

第五百零四条　法人的法定代表人或者非法人组织的负责人超越权限订立的合同，除相对人知道或者应当知道其超越权限外，该代表行为有效，订立的合同对法人或者非法人组织发生效力。

第五百零五条　当事人超越经营范围订立的合同的效力，应当依照本法第一编第六章第三节和本编的有关规定确定，不得仅以超越经营范围确认合同无效。

第五百零六条　合同中的下列免责条款无效：

（一）造成对方人身损害的；

（二）因故意或者重大过失造成对方财产损失的。

第五百零七条　合同不生效、无效、被撤销或者终止的，不影响合同中有关解决争议方法的条款的效力。

第五百零八条　本编对合同的效力没有规定的，适用第六章的有关规定。

第四章　合同的履行

第五百零九条　当事人应当按照约定全面履行自己的义务。

当事人应当遵循诚信原则，根据合同的性质、目的和交易习惯履行通知、协助、保密等义务。

当事人在履行合同过程中，应当避免浪费资源、污染环境和破坏生态。

第五百一十条　合同生效后，当事人就质量、价款或者报酬、履行地点等内容没有约定或者约定不明确的，可以协议补充；不能达成补充协议的，按照合同相关条款或者交易习惯确定。

第五百一十一条　当事人就有关合同内容约定不明确，依据前条规定仍不能确定的，适用下列规定：

（一）质量要求不明确的，按照强制性国家标准履行；没有强制性国家标准的，按照推荐性国家标准履行；没有推荐性国家标准的，按照行业标准履行；没有国家标准、行业标准的，按照通常标准或者符合合同目的的特定标准履行。

（二）价款或者报酬不明确的，按照订立合同时履行地的市场价格履行；依法应当执行政府定价或者政府指导价的，依照规定履行。

（三）履行地点不明确，给付货币的，在接受货币一方所在地履行；交付不动产的，在不动产所在地履行；其他标的，在履行义务一方所在地履行。

（四）履行期限不明确的，债务人可以随时履行，债权人也可以随时请求履行，但是应当给对方必要的准备时间。

（五）履行方式不明确的，按照有利于实现合同目的的方式履行。

（六）履行费用的负担不明确的，由履行义务一方负担；因债权人原因增加的履行费用，由债权人负担。

第五百一十二条 通过互联网等信息网络订立的电子合同的标的为交付商品并采用快递物流方式交付的，收货人的签收时间为交付时间。电子合同的标的为提供服务的，生成的电子凭证或者实物凭证中载明的时间为提供服务时间；前述凭证没有载明时间或者载明时间与实际提供服务时间不一致的，以实际提供服务的时间为准。

电子合同的标的物为采用在线传输方式交付的，合同标的物进入对方当事人指定的特定系统且能够检索识别的时间为交付时间。

电子合同当事人对交付商品或者提供服务的方式、时间另有约定的，按照其约定。

第五百一十三条 执行政府定价或者政府指导价的，在合同约定的交付期限内政府价格调整时，按照交付时的价格计价。逾期交付标的物的，遇价格上涨时，按照原价格执行；价格下降时，按照新价格执行。逾期提取标的物或者逾期付款的，遇价格上涨时，按照新价格执行；价格下降时，按照原价格执行。

第五百一十四条 以支付金钱为内容的债，除法律另有规定或者当事人另有约定外，债权人可以请求债务人以实际履行地的法定货币履行。

第五百一十九条 连带债务人之间的份额难以确定的，视为份额相同。

实际承担债务超过自己份额的连带债务人，有权就超出部分在其他连带债务人未履行的份额范围内向其追偿，并相应地享有债权人的权利，但是不得损害债权人的利益。其他连带债务人对债权人的抗辩，可以向该债务人主张。

被追偿的连带债务人不能履行其应分担份额的，其他连带债务人应当在相应范围内按比例分担。

第五百二十条 部分连带债务人履行、抵销债务或者提存标的物的，其他债务人对债权人的债务在相应范围内消灭；该债务人可以依据前条规定向其他债务人追偿。

部分连带债务人的债务被债权人免除的，在该连带债务人应当承担的份额范围内，其他债务人对债权人的债务消灭。

部分连带债务人的债务与债权人的债权同归于一人的，在扣除该债务人应当承担的份额后，债权人对其他债务人的债权继续存在。

债权人对部分连带债务人的给付受领迟延的，对其他连带债务人发生效力。

第五百二十一条　连带债权人之间的份额难以确定的，视为份额相同。

实际受领债权的连带债权人，应当按比例向其他连带债权人返还。

连带债权参照适用本章连带债务的有关规定。

第五百二十二条　当事人约定由债务人向第三人履行债务，债务人未向第三人履行债务或者履行债务不符合约定的，应当向债权人承担违约责任。

法律规定或者当事人约定第三人可以直接请求债务人向其履行债务，第三人未在合理期限内明确拒绝，债务人未向第三人履行债务或者履行债务不符合约定的，第三人可以请求债务人承担违约责任；债务人对债权人的抗辩，可以向第三人主张。

第五百二十三条　当事人约定由第三人向债权人履行债务，第三人不履行债务或者履行债务不符合约定的，债务人应当向债权人承担违约责任。

第五百二十四条　债务人不履行债务，第三人对履行该债务具有合法利益的，第三人有权向债权人代为履行；但是，根据债务性质、按照当事人约定或者依照法律规定只能由债务人履行的除外。

债权人接受第三人履行后，其对债务人的债权转让给第三人，但是债务人和第三人另有约定的除外。

第五百二十五条　当事人互负债务，没有先后履行顺序的，应当同时履行。一方在对方履行之前有权拒绝其履行请求。一方在对方履行债务不符合约定时，有权拒绝其相应的履行请求。

第五百二十六条　当事人互负债务，有先后履行顺序，应当先履行债务一方未履行的，后履行一方有权拒绝其履行请求。先履行一方履行债务不符合约定的，后履行一方有权拒绝其相应的履行请求。

第五百二十七条　应当先履行债务的当事人，有确切证据证明对方有下列情形之一的，可以中止履行：

（一）经营状况严重恶化；

（二）转移财产、抽逃资金，以逃避债务；

（三）丧失商业信誉；

（四）有丧失或者可能丧失履行债务能力的其他情形。

当事人没有确切证据中止履行的，应当承担违约责任。

第五百二十八条 当事人依据前条规定中止履行的，应当及时通知对方。对方提供适当担保的，应当恢复履行。中止履行后，对方在合理期限内未恢复履行能力且未提供适当担保的，视为以自己的行为表明不履行主要债务，中止履行的一方可以解除合同并可以请求对方承担违约责任。

第五百二十九条 债权人分立、合并或者变更住所没有通知债务人，致使履行债务发生困难的，债务人可以中止履行或者将标的物提存。

第五百三十条 债权人可以拒绝债务人提前履行债务，但是提前履行不损害债权人利益的除外。

债务人提前履行债务给债权人增加的费用，由债务人负担。

第五百三十一条 债权人可以拒绝债务人部分履行债务，但是部分履行不损害债权人利益的除外。

债务人部分履行债务给债权人增加的费用，由债务人负担。

第五百三十二条 合同生效后，当事人不得因姓名、名称的变更或者法定代表人、负责人、承办人的变动而不履行合同义务。

第五百三十三条 合同成立后，合同的基础条件发生了当事人在订立合同时无法预见的、不属于商业风险的重大变化，继续履行合同对于当事人一方明显不公平的，受不利影响的当事人可以与对方重新协商；在合理期限内协商不成的，当事人可以请求人民法院或者仲裁机构变更或者解除合同。

人民法院或者仲裁机构应当结合案件的实际情况，根据公平原则变更或者解除合同。

第五百三十四条 对当事人利用合同实施危害国家利益、社会公共利益行为的，市场监督管理和其他有关行政主管部门依照法律、行政法规的规定负责监督处理。

第六章 合同的变更和转让

第五百四十三条 当事人协商一致，可以变更合同。

第五百四十四条 当事人对合同变更的内容约定不明确的，推定为未变更。

第五百四十五条　债权人可以将债权的全部或者部分转让给第三人，但是有下列情形之一的除外：

（一）根据债权性质不得转让；

（二）按照当事人约定不得转让；

（三）依照法律规定不得转让。

当事人约定非金钱债权不得转让的，不得对抗善意第三人。当事人约定金钱债权不得转让的，不得对抗第三人。

第五百四十六条　债权人转让债权，未通知债务人的，该转让对债务人不发生效力。

债权转让的通知不得撤销，但是经受让人同意的除外。

第五百四十七条　债权人转让债权的，受让人取得与债权有关的从权利，但是该从权利专属于债权人自身的除外。

受让人取得从权利不因该从权利未办理转移登记手续或者未转移占有而受到影响。

第五百四十八条　债务人接到债权转让通知后，债务人对让与人的抗辩，可以向受让人主张。

第五百四十九条　有下列情形之一的，债务人可以向受让人主张抵销：

（一）债务人接到债权转让通知时，债务人对让与人享有债权，且债务人的债权先于转让的债权到期或者同时到期；

（二）债务人的债权与转让的债权是基于同一合同产生。

第五百五十条　因债权转让增加的履行费用，由让与人负担。

第五百五十一条　债务人将债务的全部或者部分转移给第三人的，应当经债权人同意。

债务人或者第三人可以催告债权人在合理期限内予以同意，债权人未作表示的，视为不同意。

第五百五十二条　第三人与债务人约定加入债务并通知债权人，或者第三人向债权人表示愿意加入债务，债权人未在合理期限内明确拒绝的，债权人可以请求第三人在其愿意承担的债务范围内和债务人承担连带债务。

第五百五十三条　债务人转移债务的，新债务人可以主张原债务人对债权人的抗辩；原债务人对债权人享有债权的，新债务人不得向债权人主张抵销。

第五百五十四条 债务人转移债务的，新债务人应当承担与主债务有关的从债务，但是该从债务专属于原债务人自身的除外。

第五百五十五条 当事人一方经对方同意，可以将自己在合同中的权利和义务一并转让给第三人。

第五百五十六条 合同的权利和义务一并转让的，适用债权转让、债务转移的有关规定。

第七章 合同的权利义务终止

第五百五十七条 有下列情形之一的，债权债务终止：

（一）债务已经履行；

（二）债务相互抵销；

（三）债务人依法将标的物提存；

（四）债权人免除债务；

（五）债权债务同归于一人；

（六）法律规定或者当事人约定终止的其他情形。

合同解除的，该合同的权利义务关系终止。

第五百五十八条 债权债务终止后，当事人应当遵循诚信等原则，根据交易习惯履行通知、协助、保密、旧物回收等义务。

第五百五十九条 债权债务终止时，债权的从权利同时消灭，但是法律另有规定或者当事人另有约定的除外。

第五百六十条 债务人对同一债权人负担的数项债务种类相同，债务人的给付不足以清偿全部债务的，除当事人另有约定外，由债务人在清偿时指定其履行的债务。

债务人未作指定的，应当优先履行已经到期的债务；数项债务均到期的，优先履行对债权人缺乏担保或者担保最少的债务；均无担保或者担保相等的，优先履行债务人负担较重的债务；负担相同的，按照债务到期的先后顺序履行；到期时间相同的，按照债务比例履行。

第五百六十一条 债务人在履行主债务外还应当支付利息和实现债权的有

关费用，其给付不足以清偿全部债务的，除当事人另有约定外，应当按照下列顺序履行：

（一）实现债权的有关费用；

（二）利息；

（三）主债务。

第五百六十二条 当事人协商一致，可以解除合同。

当事人可以约定一方解除合同的事由。解除合同的事由发生时，解除权人可以解除合同。

第五百六十三条 有下列情形之一的，当事人可以解除合同：

（一）因不可抗力致使不能实现合同目的；

（二）在履行期限届满前，当事人一方明确表示或者以自己的行为表明不履行主要债务；

（三）当事人一方迟延履行主要债务，经催告后在合理期限内仍未履行；

（四）当事人一方迟延履行债务或者有其他违约行为致使不能实现合同目的；

（五）法律规定的其他情形。

以持续履行的债务为内容的不定期合同，当事人可以随时解除合同，但是应当在合理期限之前通知对方。

第五百六十四条 法律规定或者当事人约定解除权行使期限，期限届满当事人不行使的，该权利消灭。

法律没有规定或者当事人没有约定解除权行使期限，自解除权人知道或者应当知道解除事由之日起一年内不行使，或者经对方催告后在合理期限内不行使的，该权利消灭。

第五百六十五条 当事人一方依法主张解除合同的，应当通知对方。合同自通知到达对方时解除；通知载明债务人在一定期限内不履行债务则合同自动解除，债务人在该期限内未履行债务的，合同自通知载明的期限届满时解除。对方对解除合同有异议的，任何一方当事人均可以请求人民法院或者仲裁机构确认解除行为的效力。

当事人一方未通知对方，直接以提起诉讼或者申请仲裁的方式依法主张解除合同，人民法院或者仲裁机构确认该主张的，合同自起诉状副本或者仲裁申请书副本送达对方时解除。

第五百六十六条 合同解除后，尚未履行的，终止履行；已经履行的，根据履行情况和合同性质，当事人可以请求恢复原状或者采取其他补救措施，并有权请求赔偿损失。

合同因违约解除的，解除权人可以请求违约方承担违约责任，但是当事人另有约定的除外。

主合同解除后，担保人对债务人应当承担的民事责任仍应当承担担保责任，但是担保合同另有约定的除外。

第五百六十七条 合同的权利义务关系终止，不影响合同中结算和清理条款的效力。

第五百六十八条 当事人互负债务，该债务的标的物种类、品质相同的，任何一方可以将自己的债务与对方的到期债务抵销；但是，根据债务性质、按照当事人约定或者依照法律规定不得抵销的除外。

当事人主张抵销的，应当通知对方。通知自到达对方时生效。抵销不得附条件或者附期限。

第五百六十九条 当事人互负债务，标的物种类、品质不相同的，经协商一致，也可以抵销。

第五百七十条 有下列情形之一，难以履行债务的，债务人可以将标的物提存：

（一）债权人无正当理由拒绝受领；

（二）债权人下落不明；

（三）债权人死亡未确定继承人、遗产管理人，或者丧失民事行为能力未确定监护人；

（四）法律规定的其他情形。

标的物不适于提存或者提存费用过高的，债务人依法可以拍卖或者变卖标的物，提存所得的价款。

第五百七十一条 债务人将标的物或者将标的物依法拍卖、变卖所得价款交付提存部门时，提存成立。

提存成立的，视为债务人在其提存范围内已经交付标的物。

第五百七十二条　标的物提存后，债务人应当及时通知债权人或者债权人的继承人、遗产管理人、监护人、财产代管人。

第五百七十三条　标的物提存后，毁损、灭失的风险由债权人承担。提存期间，标的物的孳息归债权人所有。提存费用由债权人负担。

第五百七十四条　债权人可以随时领取提存物。但是，债权人对债务人负有到期债务的，在债权人未履行债务或者提供担保之前，提存部门根据债务人的要求应当拒绝其领取提存物。

债权人领取提存物的权利，自提存之日起五年内不行使而消灭，提存物扣除提存费用后归国家所有。但是，债权人未履行对债务人的到期债务，或者债权人向提存部门书面表示放弃领取提存物权利的，债务人负担提存费用后有权取回提存物。

第五百七十五条　债权人免除债务人部分或者全部债务的，债权债务部分或者全部终止，但是债务人在合理期限内拒绝的除外。

第五百七十六条　债权和债务同归于一人的，债权债务终止，但是损害第三人利益的除外。

第八章　违 约 责 任

第五百七十七条　当事人一方不履行合同义务或者履行合同义务不符合约定的，应当承担继续履行、采取补救措施或者赔偿损失等违约责任。

第五百七十八条　当事人一方明确表示或者以自己的行为表明不履行合同义务的，对方可以在履行期限届满前请求其承担违约责任。

第五百七十九条　当事人一方未支付价款、报酬、租金、利息，或者不履行其他金钱债务的，对方可以请求其支付。

第五百八十条　当事人一方不履行非金钱债务或者履行非金钱债务不符合约定的，对方可以请求履行，但是有下列情形之一的除外：

（一）法律上或者事实上不能履行；

（二）债务的标的不适于强制履行或者履行费用过高；

（三）债权人在合理期限内未请求履行。

有前款规定的除外情形之一，致使不能实现合同目的的，人民法院或者仲裁机构可以根据当事人的请求终止合同权利义务关系，但是不影响违约责任的承担。

第五百八十一条 当事人一方不履行债务或者履行债务不符合约定，根据债务的性质不得强制履行的，对方可以请求其负担由第三人替代履行的费用。

第五百八十二条 履行不符合约定的，应当按照当事人的约定承担违约责任。对违约责任没有约定或者约定不明确，依据本法第五百一十条的规定仍不能确定的，受损害方根据标的的性质以及损失的大小，可以合理选择请求对方承担修理、重作、更换、退货、减少价款或者报酬等违约责任。

第五百八十三条 当事人一方不履行合同义务或者履行合同义务不符合约定的，在履行义务或者采取补救措施后，对方还有其他损失的，应当赔偿损失。

第五百八十四条 当事人一方不履行合同义务或者履行合同义务不符合约定，造成对方损失的，损失赔偿额应当相当于因违约所造成的损失，包括合同履行后可以获得的利益；但是，不得超过违约一方订立合同时预见到或者应当预见到的因违约可能造成的损失。

第五百八十五条 当事人可以约定一方违约时应当根据违约情况向对方支付一定数额的违约金，也可以约定因违约产生的损失赔偿额的计算方法。

约定的违约金低于造成的损失的，人民法院或者仲裁机构可以根据当事人的请求予以增加；约定的违约金过分高于造成的损失的，人民法院或者仲裁机构可以根据当事人的请求予以适当减少。

当事人就迟延履行约定违约金的，违约方支付违约金后，还应当履行债务。

第五百八十六条 当事人可以约定一方向对方给付定金作为债权的担保。定金合同自实际交付定金时成立。

定金的数额由当事人约定；但是，不得超过主合同标的额的百分之二十，超过部分不产生定金的效力。实际交付的定金数额多于或者少于约定数额的，视为变更约定的定金数额。

第五百八十七条 债务人履行债务的，定金应当抵作价款或者收回。给付定金的一方不履行债务或者履行债务不符合约定，致使不能实现合同目的的，无权请求返还定金；收受定金的一方不履行债务或者履行债务不符合约定，致使不能实现合同目的的，应当双倍返还定金。

第五百八十八条　当事人既约定违约金，又约定定金的，一方违约时，对方可以选择适用违约金或者定金条款。

定金不足以弥补一方违约造成的损失的，对方可以请求赔偿超过定金数额的损失。

第五百八十九条　债务人按照约定履行债务，债权人无正当理由拒绝受领的，债务人可以请求债权人赔偿增加的费用。

在债权人受领迟延期间，债务人无须支付利息。

第五百九十条　当事人一方因不可抗力不能履行合同的，根据不可抗力的影响，部分或者全部免除责任，但是法律另有规定的除外。因不可抗力不能履行合同的，应当及时通知对方，以减轻可能给对方造成的损失，并应当在合理期限内提供证明。

当事人迟延履行后发生不可抗力的，不免除其违约责任。

第五百九十一条　当事人一方违约后，对方应当采取适当措施防止损失的扩大；没有采取适当措施致使损失扩大的，不得就扩大的损失请求赔偿。

当事人因防止损失扩大而支出的合理费用，由违约方负担。

第五百九十二条　当事人都违反合同的，应当各自承担相应的责任。

当事人一方违约造成对方损失，对方对损失的发生有过错的，可以减少相应的损失赔偿额。

第五百九十三条　当事人一方因第三人的原因造成违约的，应当依法向对方承担违约责任。当事人一方和第三人之间的纠纷，依照法律规定或者按照约定处理。

第五百九十四条　因国际货物买卖合同和技术进出口合同争议提起诉讼或者申请仲裁的时效期间为四年。

第十七章　承 揽 合 同

第七百七十条　承揽合同是承揽人按照定作人的要求完成工作，交付工作成果，定作人支付报酬的合同。

承揽包括加工、定作、修理、复制、测试、检验等工作。

第七百七十一条 承揽合同的内容一般包括承揽的标的、数量、质量、报酬，承揽方式，材料的提供，履行期限，验收标准和方法等条款。

第七百七十二条 承揽人应当以自己的设备、技术和劳力，完成主要工作，但是当事人另有约定的除外。

承揽人将其承揽的主要工作交由第三人完成的，应当就该第三人完成的工作成果向定作人负责；未经定作人同意的，定作人也可以解除合同。

第七百七十三条 承揽人可以将其承揽的辅助工作交由第三人完成。承揽人将其承揽的辅助工作交由第三人完成的，应当就该第三人完成的工作成果向定作人负责。

第七百七十四条 承揽人提供材料的，应当按照约定选用材料，并接受定作人检验。

第七百七十五条 定作人提供材料的，应当按照约定提供材料。承揽人对定作人提供的材料应当及时检验，发现不符合约定时，应当及时通知定作人更换、补齐或者采取其他补救措施。

承揽人不得擅自更换定作人提供的材料，不得更换不需要修理的零部件。

第七百七十六条 承揽人发现定作人提供的图纸或者技术要求不合理的，应当及时通知定作人。因定作人怠于答复等原因造成承揽人损失的，应当赔偿损失。

第七百七十七条 定作人中途变更承揽工作的要求，造成承揽人损失的，应当赔偿损失。

第七百七十八条 承揽工作需要定作人协助的，定作人有协助的义务。定作人不履行协助义务致使承揽工作不能完成的，承揽人可以催告定作人在合理期限内履行义务，并可以顺延履行期限；定作人逾期不履行的，承揽人可以解除合同。

第七百七十九条 承揽人在工作期间，应当接受定作人必要的监督检验。定作人不得因监督检验妨碍承揽人的正常工作。

第七百八十条 承揽人完成工作的，应当向定作人交付工作成果，并提交必要的技术资料和有关质量证明。定作人应当验收该工作成果。

第七百八十一条　承揽人交付的工作成果不符合质量要求的，定作人可以合理选择请求承揽人承担修理、重作、减少报酬、赔偿损失等违约责任。

第七百八十二条　定作人应当按照约定的期限支付报酬。对支付报酬的期限没有约定或者约定不明确，依据本法第五百一十条的规定仍不能确定的，定作人应当在承揽人交付工作成果时支付；工作成果部分交付的，定作人应当相应支付。

第七百八十三条　定作人未向承揽人支付报酬或者材料费等价款的，承揽人对完成的工作成果享有留置权或者有权拒绝交付，但是当事人另有约定的除外。

第七百八十四条　承揽人应当妥善保管定作人提供的材料以及完成的工作成果，因保管不善造成毁损、灭失的，应当承担赔偿责任。

第七百八十五条　承揽人应当按照定作人的要求保守秘密，未经定作人许可，不得留存复制品或者技术资料。

第七百八十六条　共同承揽人对定作人承担连带责任，但是当事人另有约定的除外。

第七百八十七条　定作人在承揽人完成工作前可以随时解除合同，造成承揽人损失的，应当赔偿损失。

第十八章　建设工程合同

第七百八十八条　建设工程合同是承包人进行工程建设，发包人支付价款的合同。

建设工程合同包括工程勘察、设计、施工合同。

第七百八十九条　建设工程合同应当采用书面形式。

第七百九十条　建设工程的招标投标活动，应当依照有关法律的规定公开、公平、公正进行。

第七百九十一条　发包人可以与总承包人订立建设工程合同，也可以分别与勘察人、设计人、施工人订立勘察、设计、施工承包合同。发包人不得将应当由一个承包人完成的建设工程支解成若干部分发包给数个承包人。

总承包人或者勘察、设计、施工承包人经发包人同意，可以将自己承包的部分工作交由第三人完成。第三人就其完成的工作成果与总承包人或者勘察、设计、施工承包人向发包人承担连带责任。承包人不得将其承包的全部建设工程转包给第三人或者将其承包的全部建设工程支解以后以分包的名义分别转包给第三人。

禁止承包人将工程分包给不具备相应资质条件的单位。禁止分包单位将其承包的工程再分包。建设工程主体结构的施工必须由承包人自行完成。

第七百九十二条 国家重大建设工程合同，应当按照国家规定的程序和国家批准的投资计划、可行性研究报告等文件订立。

第七百九十三条 建设工程施工合同无效，但是建设工程经验收合格的，可以参照合同关于工程价款的约定折价补偿承包人。

建设工程施工合同无效，且建设工程经验收不合格的，按照以下情形处理：

（一）修复后的建设工程经验收合格的，发包人可以请求承包人承担修复费用；

（二）修复后的建设工程经验收不合格的，承包人无权请求参照合同关于工程价款的约定折价补偿。

发包人对因建设工程不合格造成的损失有过错的，应当承担相应的责任。

第七百九十四条 勘察、设计合同的内容一般包括提交有关基础资料和概预算等文件的期限、质量要求、费用以及其他协作条件等条款。

第七百九十五条 施工合同的内容一般包括工程范围、建设工期、中间交工工程的开工和竣工时间、工程质量、工程造价、技术资料交付时间、材料和设备供应责任、拨款和结算、竣工验收、质量保修范围和质量保证期、相互协作等条款。

第七百九十六条 建设工程实行监理的，发包人应当与监理人采用书面形式订立委托监理合同。发包人与监理人的权利和义务以及法律责任，应当依照本编委托合同以及其他有关法律、行政法规的规定。

第七百九十七条 发包人在不妨碍承包人正常作业的情况下，可以随时对作业进度、质量进行检查。

第七百九十八条　隐蔽工程在隐蔽以前，承包人应当通知发包人检查。发包人没有及时检查的，承包人可以顺延工程日期，并有权请求赔偿停工、窝工等损失。

第七百九十九条　建设工程竣工后，发包人应当根据施工图纸及说明书、国家颁发的施工验收规范和质量检验标准及时进行验收。验收合格的，发包人应当按照约定支付价款，并接收该建设工程。

建设工程竣工经验收合格后，方可交付使用；未经验收或者验收不合格的，不得交付使用。

第八百条　勘察、设计的质量不符合要求或者未按照期限提交勘察、设计文件拖延工期，造成发包人损失的，勘察人、设计人应当继续完善勘察、设计，减收或者免收勘察、设计费并赔偿损失。

第八百零一条　因施工人的原因致使建设工程质量不符合约定的，发包人有权请求施工人在合理期限内无偿修理或者返工、改建。经过修理或者返工、改建后，造成逾期交付的，施工人应当承担违约责任。

第八百零二条　因承包人的原因致使建设工程在合理使用期限内造成人身损害和财产损失的，承包人应当承担赔偿责任。

第八百零三条　发包人未按照约定的时间和要求提供原材料、设备、场地、资金、技术资料的，承包人可以顺延工程日期，并有权请求赔偿停工、窝工等损失。

第八百零四条　因发包人的原因致使工程中途停建、缓建的，发包人应当采取措施弥补或者减少损失，赔偿承包人因此造成的停工、窝工、倒运、机械设备调迁、材料和构件积压等损失和实际费用。

第八百零五条　因发包人变更计划，提供的资料不准确，或者未按照期限提供必需的勘察、设计工作条件而造成勘察、设计的返工、停工或者修改设计，发包人应当按照勘察人、设计人实际消耗的工作量增付费用。

第八百零六条　承包人将建设工程转包、违法分包的，发包人可以解除合同。

发包人提供的主要建筑材料、建筑构配件和设备不符合强制性标准或者不履行协助义务，致使承包人无法施工，经催告后在合理期限内仍未履行相应义务的，承包人可以解除合同。

合同解除后，已经完成的建设工程质量合格的，发包人应当按照约定支付相应的工程价款；已经完成的建设工程质量不合格的，参照本法第七百九十三条的规定处理。

第八百零七条 发包人未按照约定支付价款的，承包人可以催告发包人在合理期限内支付价款。发包人逾期不支付的，除根据建设工程的性质不宜折价、拍卖外，承包人可以与发包人协议将该工程折价，也可以请求人民法院将该工程依法拍卖。建设工程的价款就该工程折价或者拍卖的价款优先受偿。

第八百零八条 本章没有规定的，适用承揽合同的有关规定。

第二节 《中华人民共和国民事诉讼法》（2021年12月24日第四次修正）摘选

第一编　总　　则

第一章　任务、适用范围和基本原则

第二条　中华人民共和国民事诉讼法的任务，是保护当事人行使诉讼权利，保证人民法院查明事实，分清是非，正确适用法律，及时审理民事案件，确认民事权利义务关系，制裁民事违法行为，保护当事人的合法权益，教育公民自觉遵守法律，维护社会秩序、经济秩序，保障社会主义建设事业顺利进行。

第三条　人民法院受理公民之间、法人之间、其他组织之间以及他们相互之间因财产关系和人身关系提起的民事诉讼，适用本法的规定。

第四条　凡在中华人民共和国领域内进行民事诉讼，必须遵守本法。

第六条　民事案件的审判权由人民法院行使。

人民法院依照法律规定对民事案件独立进行审判，不受行政机关、社会团体和个人的干涉。

第七条　人民法院审理民事案件，必须以事实为根据，以法律为准绳。

第八条　民事诉讼当事人有平等的诉讼权利。人民法院审理民事案件，应当保障和便利当事人行使诉讼权利，对当事人在适用法律上一律平等。

第九条　人民法院审理民事案件，应当根据自愿和合法的原则进行调解；调解不成的，应当及时判决。

第十条　人民法院审理民事案件，依照法律规定实行合议、回避、公开审判和两审终审制度。

第十二条　人民法院审理民事案件时，当事人有权进行辩论。

第十三条 民事诉讼应当遵循诚信原则。当事人有权在法律规定的范围内处分自己的民事权利和诉讼权利。

第十四条 人民检察院有权对民事诉讼实行法律监督。

第十六条 经当事人同意，民事诉讼活动可以通过信息网络平台在线进行。

民事诉讼活动通过信息网络平台在线进行的，与线下诉讼活动具有同等法律效力。

第二章 管 辖

第十八条 基层人民法院管辖第一审民事案件，但本法另有规定的除外。

第十九条 中级人民法院管辖下列第一审民事案件：

（一）重大涉外案件；

（二）在本辖区有重大影响的案件；

（三）最高人民法院确定由中级人民法院管辖的案件。

第二十条 高级人民法院管辖在本辖区有重大影响的第一审民事案件。

第二十一条 最高人民法院管辖下列第一审民事案件：

（一）在全国有重大影响的案件；

（二）认为应当由本院审理的案件。

第二十四条 因合同纠纷提起的诉讼，由被告住所地或者合同履行地人民法院管辖。

第三十五条 合同或者其他财产权益纠纷的当事人可以书面协议选择被告住所地、合同履行地、合同签订地、原告住所地、标的物所在地等与争议有实际联系的地点的人民法院管辖，但不得违反本法对级别管辖和专属管辖的规定。

第三十六条 两个以上人民法院都有管辖权的诉讼，原告可以向其中一个人民法院起诉；原告向两个以上有管辖权的人民法院起诉的，由最先立案的人民法院管辖。

第三十七条 人民法院发现受理的案件不属于本院管辖的，应当移送有管辖权的人民法院，受移送的人民法院应当受理。受移送的人民法院认为受移送的案件依照规定不属于本院管辖的，应当报请上级人民法院指定管辖，不得再自行移送。

第三章　审 判 组 织

第四十条　人民法院审理第一审民事案件，由审判员、陪审员共同组成合议庭或者由审判员组成合议庭。合议庭的成员人数，必须是单数。

适用简易程序审理的民事案件，由审判员一人独任审理。基层人民法院审理的基本事实清楚、权利义务关系明确的第一审民事案件，可以由审判员一人适用普通程序独任审理。

陪审员在执行陪审职务时，与审判员有同等的权利义务。

第四十一条　人民法院审理第二审民事案件，由审判员组成合议庭。合议庭的成员人数，必须是单数。

中级人民法院对第一审适用简易程序审结或者不服裁定提起上诉的第二审民事案件，事实清楚、权利义务关系明确的，经双方当事人同意，可以由审判员一人独任审理。

发回重审的案件，原审人民法院应当按照第一审程序另行组成合议庭。

审理再审案件，原来是第一审的，按照第一审程序另行组成合议庭；原来是第二审的或者是上级人民法院提审的，按照第二审程序另行组成合议庭。

第四章　回　　避

第四十七条　审判人员有下列情形之一的，应当自行回避，当事人有权用口头或者书面方式申请他们回避：

（一）是本案当事人或者当事人、诉讼代理人近亲属的；

（二）与本案有利害关系的；

（三）与本案当事人、诉讼代理人有其他关系，可能影响对案件公正审理的。

审判人员接受当事人、诉讼代理人请客送礼，或者违反规定会见当事人、诉讼代理人的，当事人有权要求他们回避。

审判人员有前款规定的行为的，应当依法追究法律责任。

前三款规定，适用于书记员、翻译人员、鉴定人、勘验人。

第五十条 人民法院对当事人提出的回避申请，应当在申请提出的三日内，以口头或者书面形式作出决定。申请人对决定不服的，可以在接到决定时申请复议一次。复议期间，被申请回避的人员，不停止参与本案的工作。人民法院对复议申请，应当在三日内作出复议决定，并通知复议申请人。

第五章 诉讼参加人

第五十一条 公民、法人和其他组织可以作为民事诉讼的当事人。

法人由其法定代表人进行诉讼。其他组织由其主要负责人进行诉讼。

第五十二条 当事人有权委托代理人，提出回避申请，收集、提供证据，进行辩论，请求调解，提起上诉，申请执行。

当事人可以查阅本案有关材料，并可以复制本案有关材料和法律文书。查阅、复制本案有关材料的范围和办法由最高人民法院规定。

当事人必须依法行使诉讼权利，遵守诉讼秩序，履行发生法律效力的判决书、裁定书和调解书。

第五十三条 双方当事人可以自行和解。

第五十四条 原告可以放弃或者变更诉讼请求。被告可以承认或者反驳诉讼请求，有权提起反诉。

第六十一条 当事人、法定代理人可以委托一至二人作为诉讼代理人。

下列人员可以被委托为诉讼代理人：

（一）律师、基层法律服务工作者；

（二）当事人的近亲属或者工作人员；

（三）当事人所在社区、单位以及有关社会团体推荐的公民。

第六十二条 委托他人代为诉讼，必须向人民法院提交由委托人签名或者盖章的授权委托书。

授权委托书必须记明委托事项和权限。诉讼代理人代为承认、放弃、变更诉讼请求，进行和解，提起反诉或者上诉，必须有委托人的特别授权。

第六十三条 诉讼代理人的权限如果变更或者解除，当事人应当书面告知人民法院，并由人民法院通知对方当事人。

第六十四条　代理诉讼的律师和其他诉讼代理人有权调查收集证据，可以查阅本案有关材料。查阅本案有关材料的范围和办法由最高人民法院规定。

第六章　证　　据

第六十六条　证据包括：

（一）当事人的陈述；

（二）书证；

（三）物证；

（四）视听资料；

（五）电子数据；

（六）证人证言；

（七）鉴定意见；

（八）勘验笔录。

证据必须查证属实，才能作为认定事实的根据。

第六十七条　当事人对自己提出的主张，有责任提供证据。

当事人及其诉讼代理人因客观原因不能自行收集的证据，或者人民法院认为审理案件需要的证据，人民法院应当调查收集。

人民法院应当按照法定程序，全面地、客观地审查核实证据。

第六十八条　当事人对自己提出的主张应当及时提供证据。

人民法院根据当事人的主张和案件审理情况，确定当事人应当提供的证据及其期限。当事人在该期限内提供证据确有困难的，可以向人民法院申请延长期限，人民法院根据当事人的申请适当延长。当事人逾期提供证据的，人民法院应当责令其说明理由；拒不说明理由或者理由不成立的，人民法院根据不同情形可以不予采纳该证据，或者采纳该证据但予以训诫、罚款。

第六十九条　人民法院收到当事人提交的证据材料，应当出具收据，写明证据名称、页数、份数、原件或者复印件以及收到时间等，并由经办人员签名或者盖章。

第七十条　人民法院有权向有关单位和个人调查取证，有关单位和个人不得拒绝。

人民法院对有关单位和个人提出的证明文书，应当辨别真伪，审查确定其效力。

第七十一条 证据应当在法庭上出示，并由当事人互相质证。对涉及国家秘密、商业秘密和个人隐私的证据应当保密，需要在法庭出示的，不得在公开开庭时出示。

第七十二条 经过法定程序公证证明的法律事实和文书，人民法院应当作为认定事实的根据，但有相反证据足以推翻公证证明的除外。

第七十三条 书证应当提交原件。物证应当提交原物。提交原件或者原物确有困难的，可以提交复制品、照片、副本、节录本。

提交外文书证，必须附有中文译本。

第七十四条 人民法院对视听资料，应当辨别真伪，并结合本案的其他证据，审查确定能否作为认定事实的根据。

第七十五条 凡是知道案件情况的单位和个人，都有义务出庭作证。有关单位的负责人应当支持证人作证。

不能正确表达意思的人，不能作证。

第七十六条 经人民法院通知，证人应当出庭作证。有下列情形之一的，经人民法院许可，可以通过书面证言、视听传输技术或者视听资料等方式作证：

（一）因健康原因不能出庭的；

（二）因路途遥远，交通不便不能出庭的；

（三）因自然灾害等不可抗力不能出庭的；

（四）其他有正当理由不能出庭的。

第七十七条 证人因履行出庭作证义务而支出的交通、住宿、就餐等必要费用以及误工损失，由败诉一方当事人负担。当事人申请证人作证的，由该当事人先行垫付；当事人没有申请，人民法院通知证人作证的，由人民法院先行垫付。

第七十八条 人民法院对当事人的陈述，应当结合本案的其他证据，审查确定能否作为认定事实的根据。

当事人拒绝陈述的，不影响人民法院根据证据认定案件事实。

第七十九条　当事人可以就查明事实的专门性问题向人民法院申请鉴定。当事人申请鉴定的，由双方当事人协商确定具备资格的鉴定人；协商不成的，由人民法院指定。

当事人未申请鉴定，人民法院对专门性问题认为需要鉴定的，应当委托具备资格的鉴定人进行鉴定。

第八十条　鉴定人有权了解进行鉴定所需要的案件材料，必要时可以询问当事人、证人。

鉴定人应当提出书面鉴定意见，在鉴定书上签名或者盖章。

第八十一条　当事人对鉴定意见有异议或者人民法院认为鉴定人有必要出庭的，鉴定人应当出庭作证。经人民法院通知，鉴定人拒不出庭作证的，鉴定意见不得作为认定事实的根据；支付鉴定费用的当事人可以要求返还鉴定费用。

第八十二条　当事人可以申请人民法院通知有专门知识的人出庭，就鉴定人作出的鉴定意见或者专业问题提出意见。

第八十三条　勘验物证或者现场，勘验人必须出示人民法院的证件，并邀请当地基层组织或者当事人所在单位派人参加。当事人或者当事人的成年家属应当到场，拒不到场的，不影响勘验的进行。

有关单位和个人根据人民法院的通知，有义务保护现场，协助勘验工作。

勘验人应当将勘验情况和结果制作笔录，由勘验人、当事人和被邀参加人签名或者盖章。

第八十四条　在证据可能灭失或者以后难以取得的情况下，当事人可以在诉讼过程中向人民法院申请保全证据，人民法院也可以主动采取保全措施。

因情况紧急，在证据可能灭失或者以后难以取得的情况下，利害关系人可以在提起诉讼或者申请仲裁前向证据所在地、被申请人住所地或者对案件有管辖权的人民法院申请保全证据。

证据保全的其他程序，参照适用本法第九章保全的有关规定。

第七章　期间、送达

第八十五条　期间包括法定期间和人民法院指定的期间。

期间以时、日、月、年计算。期间开始的时和日，不计算在期间内。

期间届满的最后一日是法定休假日的，以法定休假日后的第一日为期间届满的日期。

期间不包括在途时间，诉讼文书在期满前交邮的，不算过期。

第八十六条　当事人因不可抗拒的事由或者其他正当理由耽误期限的，在障碍消除后的十日内，可以申请顺延期限，是否准许，由人民法院决定。

第八十七条　送达诉讼文书必须有送达回证，由受送达人在送达回证上记明收到日期，签名或者盖章。

受送达人在送达回证上的签收日期为送达日期。

第八十八条　送达诉讼文书，应当直接送交受送达人。受送达人是公民的，本人不在交他的同住成年家属签收；受送达人是法人或者其他组织的，应当由法人的法定代表人、其他组织的主要负责人或者该法人、组织负责收件的人签收；受送达人有诉讼代理人的，可以送交其代理人签收；受送达人已向人民法院指定代收人的，送交代收人签收。

受送达人的同住成年家属，法人或者其他组织的负责收件的人，诉讼代理人或者代收人在送达回证上签收的日期为送达日期。

第九十一条　直接送达诉讼文书有困难的，可以委托其他人民法院代为送达，或者邮寄送达。邮寄送达的，以回执上注明的收件日期为送达日期。

第九十四条　代为转交的机关、单位收到诉讼文书后，必须立即交受送达人签收，以在送达回证上的签收日期，为送达日期。

第九十五条　受送达人下落不明，或者用本节规定的其他方式无法送达的，公告送达。自发出公告之日起，经过三十日，即视为送达。

公告送达，应当在案卷中记明原因和经过。

第八章　调　　解

第九十六条　人民法院审理民事案件，根据当事人自愿的原则，在事实清楚的基础上，分清是非，进行调解。

第九十七条　人民法院进行调解，可以由审判员一人主持，也可以由合议庭主持，并尽可能就地进行。

人民法院进行调解，可以用简便方式通知当事人、证人到庭。

第九十八条　人民法院进行调解，可以邀请有关单位和个人协助。被邀请的单位和个人，应当协助人民法院进行调解。

第九十九条　调解达成协议，必须双方自愿，不得强迫。调解协议的内容不得违反法律规定。

第一百条　调解达成协议，人民法院应当制作调解书。调解书应当写明诉讼请求、案件的事实和调解结果。

调解书由审判人员、书记员署名，加盖人民法院印章，送达双方当事人。

调解书经双方当事人签收后，即具有法律效力。

第一百零二条　调解未达成协议或者调解书送达前一方反悔的，人民法院应当及时判决。

第九章　保全和先予执行

第一百零五条　保全限于请求的范围，或者与本案有关的财物。

第一百零六条　财产保全采取查封、扣押、冻结或者法律规定的其他方法。人民法院保全财产后，应当立即通知被保全财产的人。

财产已被查封、冻结的，不得重复查封、冻结。

第一百零八条　申请有错误的，申请人应当赔偿被申请人因保全所遭受的损失。

第十章　对妨害民事诉讼的强制措施

第一百一十三条　诉讼参与人和其他人应当遵守法庭规则。

人民法院对违反法庭规则的人，可以予以训诫，责令退出法庭或者予以罚款、拘留。

人民法院对哄闹、冲击法庭，侮辱、诽谤、威胁、殴打审判人员，严重扰乱法庭秩序的人，依法追究刑事责任；情节较轻的，予以罚款、拘留。

第一百一十四条　诉讼参与人或者其他人有下列行为之一的，人民法院可以根据情节轻重予以罚款、拘留；构成犯罪的，依法追究刑事责任：

（一）伪造、毁灭重要证据，妨碍人民法院审理案件的；

（二）以暴力、威胁、贿买方法阻止证人作证或者指使、贿买、胁迫他人作伪证的；

（四）对司法工作人员、诉讼参加人、证人、翻译人员、鉴定人、勘验人、协助执行的人，进行侮辱、诽谤、诬陷、殴打或者打击报复的；

（五）以暴力、威胁或者其他方法阻碍司法工作人员执行职务的；

（六）拒不履行人民法院已经发生法律效力的判决、裁定的。

人民法院对有前款规定的行为之一的单位，可以对其主要负责人或者直接责任人员予以罚款、拘留；构成犯罪的，依法追究刑事责任。

第一百一十五条 当事人之间恶意串通，企图通过诉讼、调解等方式侵害他人合法权益的，人民法院应当驳回其请求，并根据情节轻重予以罚款、拘留；构成犯罪的，依法追究刑事责任。

第一百一十六条 被执行人与他人恶意串通，通过诉讼、仲裁、调解等方式逃避履行法律文书确定的义务的，人民法院应当根据情节轻重予以罚款、拘留；构成犯罪的，依法追究刑事责任。

第十一章 诉 讼 费 用

第一百二十一条 当事人进行民事诉讼，应当按照规定交纳案件受理费。财产案件除交纳案件受理费外，并按照规定交纳其他诉讼费用。

当事人交纳诉讼费用确有困难的，可以按照规定向人民法院申请缓交、减交或者免交。

收取诉讼费用的办法另行制定。

第二编 审 判 程 序

第十二章 第一审普通程序

第一百二十二条 起诉必须符合下列条件：

（一）原告是与本案有直接利害关系的公民、法人和其他组织；

（二）有明确的被告；

（三）有具体的诉讼请求和事实、理由；

（四）属于人民法院受理民事诉讼的范围和受诉人民法院管辖。

第一百二十三条　起诉应当向人民法院递交起诉状，并按照被告人数提出副本。

书写起诉状确有困难的，可以口头起诉，由人民法院记入笔录，并告知对方当事人。

第一百二十四条　起诉状应当记明下列事项：

（一）原告的姓名、性别、年龄、民族、职业、工作单位、住所、联系方式，法人或者其他组织的名称、住所和法定代表人或者主要负责人的姓名、职务、联系方式；

（二）被告的姓名、性别、工作单位、住所等信息，法人或者其他组织的名称、住所等信息；

（三）诉讼请求和所根据的事实与理由；

（四）证据和证据来源，证人姓名和住所。

第一百二十五条　当事人起诉到人民法院的民事纠纷，适宜调解的，先行调解，但当事人拒绝调解的除外。

第一百二十八条　人民法院应当在立案之日起五日内将起诉状副本发送被告，被告应当在收到之日起十五日内提出答辩状。答辩状应当记明被告的姓名、性别、年龄、民族、职业、工作单位、住所、联系方式；法人或者其他组织的名称、住所和法定代表人或者主要负责人的姓名、职务、联系方式。人民法院应当在收到答辩状之日起五日内将答辩状副本发送原告。

被告不提出答辩状的，不影响人民法院审理。

第一百二十九条　人民法院对决定受理的案件，应当在受理案件通知书和应诉通知书中向当事人告知有关的诉讼权利义务，或者口头告知。

第一百三十一条　审判人员确定后，应当在三日内告知当事人。

第一百三十六条　人民法院对受理的案件，分别情形，予以处理：

（一）当事人没有争议，符合督促程序规定条件的，可以转入督促程序；

（二）开庭前可以调解的，采取调解方式及时解决纠纷；

（三）根据案件情况，确定适用简易程序或者普通程序；

（四）需要开庭审理的，通过要求当事人交换证据等方式，明确争议焦点。

第一百三十九条 人民法院审理民事案件，应当在开庭三日前通知当事人和其他诉讼参与人。公开审理的，应当公告当事人姓名、案由和开庭的时间、地点。

第一百四十条 开庭审理前，书记员应当查明当事人和其他诉讼参与人是否到庭，宣布法庭纪律。

开庭审理时，由审判长或者独任审判员核对当事人，宣布案由，宣布审判人员、书记员名单，告知当事人有关的诉讼权利义务，询问当事人是否提出回避申请。

第一百四十一条 法庭调查按照下列顺序进行：

（一）当事人陈述；

（二）告知证人的权利义务，证人作证，宣读未到庭的证人证言；

（三）出示书证、物证、视听资料和电子数据；

（四）宣读鉴定意见；

（五）宣读勘验笔录。

第一百四十二条 当事人在法庭上可以提出新的证据。

当事人经法庭许可，可以向证人、鉴定人、勘验人发问。

当事人要求重新进行调查、鉴定或者勘验的，是否准许，由人民法院决定。

第一百四十三条 原告增加诉讼请求，被告提出反诉，第三人提出与本案有关的诉讼请求，可以合并审理。

第一百四十四条 法庭辩论按照下列顺序进行：

（一）原告及其诉讼代理人发言；

（二）被告及其诉讼代理人答辩；

（三）第三人及其诉讼代理人发言或者答辩；

（四）互相辩论。

法庭辩论终结，由审判长或者独任审判员按照原告、被告、第三人的先后顺序征询各方最后意见。

第一百四十五条 法庭辩论终结，应当依法作出判决。判决前能够调解的，还可以进行调解，调解不成的，应当及时判决。

第一百四十九条　有下列情形之一的，可以延期开庭审理：

（一）必须到庭的当事人和其他诉讼参与人有正当理由没有到庭的；

（二）当事人临时提出回避申请的；

（三）需要通知新的证人到庭，调取新的证据，重新鉴定、勘验，或者需要补充调查的；

（四）其他应当延期的情形。

第一百五十条　书记员应当将法庭审理的全部活动记入笔录，由审判人员和书记员签名。

法庭笔录应当当庭宣读，也可以告知当事人和其他诉讼参与人当庭或者在五日内阅读。当事人和其他诉讼参与人认为对自己的陈述记录有遗漏或者差错的，有权申请补正。如果不予补正，应当将申请记录在案。

法庭笔录由当事人和其他诉讼参与人签名或者盖章。拒绝签名盖章的，记明情况附卷。

第一百五十三条　有下列情形之一的，中止诉讼：

（一）一方当事人死亡，需要等待继承人表明是否参加诉讼的；

（二）一方当事人丧失诉讼行为能力，尚未确定法定代理人的；

（三）作为一方当事人的法人或者其他组织终止，尚未确定权利义务承受人的；

（四）一方当事人因不可抗拒的事由，不能参加诉讼的；

（五）本案必须以另一案的审理结果为依据，而另一案尚未审结的；

（六）其他应当中止诉讼的情形。

中止诉讼的原因消除后，恢复诉讼。

第一百五十四条　有下列情形之一的，终结诉讼：

（一）原告死亡，没有继承人，或者继承人放弃诉讼权利的；

（二）被告死亡，没有遗产，也没有应当承担义务的人的；

第一百五十五条　判决书应当写明判决结果和作出该判决的理由。判决书内容包括：

（一）案由、诉讼请求、争议的事实和理由；

（二）判决认定的事实和理由、适用的法律和理由；

（三）判决结果和诉讼费用的负担；

（四）上诉期间和上诉的法院。

判决书由审判人员、书记员署名，加盖人民法院印章。

第一百五十六条 人民法院审理案件，其中一部分事实已经清楚，可以就该部分先行判决。

第一百五十七条 裁定适用于下列范围：

（一）不予受理；

（二）对管辖权有异议的；

（三）驳回起诉；

（四）保全和先予执行；

（五）准许或者不准许撤诉；

（六）中止或者终结诉讼；

（七）补正判决书中的笔误；

（八）中止或者终结执行；

（九）撤销或者不予执行仲裁裁决；

（十）不予执行公证机关赋予强制执行效力的债权文书；

（十一）其他需要裁定解决的事项。

对前款第一项至第三项裁定，可以上诉。

裁定书应当写明裁定结果和作出该裁定的理由。裁定书由审判人员、书记员署名，加盖人民法院印章。口头裁定的，记入笔录。

第一百五十八条 最高人民法院的判决、裁定，以及依法不准上诉或者超过上诉期没有上诉的判决、裁定，是发生法律效力的判决、裁定。

第一百五十九条 公众可以查阅发生法律效力的判决书、裁定书，但涉及国家秘密、商业秘密和个人隐私的内容除外。

第十四章 第二审程序

第一百七十一条 当事人不服地方人民法院第一审判决的，有权在判决书送达之日起十五日内向上一级人民法院提起上诉。

当事人不服地方人民法院第一审裁定的，有权在裁定书送达之日起十日内向上一级人民法院提起上诉。

第一百七十二条　上诉应当递交上诉状。上诉状的内容，应当包括当事人的姓名，法人的名称及其法定代表人的姓名或者其他组织的名称及其主要负责人的姓名；原审人民法院名称、案件的编号和案由；上诉的请求和理由。

第一百七十三条　上诉状应当通过原审人民法院提出，并按照对方当事人或者代表人的人数提出副本。

当事人直接向第二审人民法院上诉的，第二审人民法院应当在五日内将上诉状移交原审人民法院。

第一百七十四条　原审人民法院收到上诉状，应当在五日内将上诉状副本送达对方当事人，对方当事人在收到之日起十五日内提出答辩状。人民法院应当在收到答辩状之日起五日内将副本送达上诉人。对方当事人不提出答辩状的，不影响人民法院审理。

原审人民法院收到上诉状、答辩状，应当在五日内连同全部案卷和证据，报送第二审人民法院。

第一百七十五条　第二审人民法院应当对上诉请求的有关事实和适用法律进行审查。

第一百七十六条　第二审人民法院对上诉案件应当开庭审理。经过阅卷、调查和询问当事人，对没有提出新的事实、证据或者理由，人民法院认为不需要开庭审理的，可以不开庭审理。

第二审人民法院审理上诉案件，可以在本院进行，也可以到案件发生地或者原审人民法院所在地进行。

第一百七十七条　第二审人民法院对上诉案件，经过审理，按照下列情形，分别处理：

（一）原判决、裁定认定事实清楚，适用法律正确的，以判决、裁定方式驳回上诉，维持原判决、裁定；

（二）原判决、裁定认定事实错误或者适用法律错误的，以判决、裁定方式依法改判、撤销或者变更；

（三）原判决认定基本事实不清的，裁定撤销原判决，发回原审人民法院重审，或者查清事实后改判；

（四）原判决遗漏当事人或者违法缺席判决等严重违反法定程序的，裁定撤销原判决，发回原审人民法院重审。

原审人民法院对发回重审的案件作出判决后，当事人提起上诉的，第二审人民法院不得再次发回重审。

第一百七十八条 第二审人民法院对不服第一审人民法院裁定的上诉案件的处理，一律使用裁定。

第一百七十九条 第二审人民法院审理上诉案件，可以进行调解。调解达成协议，应当制作调解书，由审判人员、书记员署名，加盖人民法院印章。调解书送达后，原审人民法院的判决即视为撤销。

第一百八十条 第二审人民法院判决宣告前，上诉人申请撤回上诉的，是否准许，由第二审人民法院裁定。

第一百八十一条 第二审人民法院审理上诉案件，除依照本章规定外，适用第一审普通程序。

第一百八十二条 第二审人民法院的判决、裁定，是终审的判决、裁定。

第一百八十三条 人民法院审理对判决的上诉案件，应当在第二审立案之日起三个月内审结。有特殊情况需要延长的，由本院院长批准。

人民法院审理对裁定的上诉案件，应当在第二审立案之日起三十日内作出终审裁定。

第十六章 审判监督程序

第二百零五条 各级人民法院院长对本院已经发生法律效力的判决、裁定、调解书，发现确有错误，认为需要再审的，应当提交审判委员会讨论决定。

最高人民法院对地方各级人民法院已经发生法律效力的判决、裁定、调解书，上级人民法院对下级人民法院已经发生法律效力的判决、裁定、调解书，发现确有错误的，有权提审或者指令下级人民法院再审。

第二百零六条 当事人对已经发生法律效力的判决、裁定，认为有错误的，可以向上一级人民法院申请再审；当事人一方人数众多或者当事人双方为公民的案件，也可以向原审人民法院申请再审。当事人申请再审的，不停止判决、裁定的执行。

第二百零七条　当事人的申请符合下列情形之一的，人民法院应当再审：

（一）有新的证据，足以推翻原判决、裁定的；

（二）原判决、裁定认定的基本事实缺乏证据证明的；

（三）原判决、裁定认定事实的主要证据是伪造的；

（四）原判决、裁定认定事实的主要证据未经质证的；

（五）对审理案件需要的主要证据，当事人因客观原因不能自行收集，书面申请人民法院调查收集，人民法院未调查收集的；

（六）原判决、裁定适用法律确有错误的；

（七）审判组织的组成不合法或者依法应当回避的审判人员没有回避的；

（八）无诉讼行为能力人未经法定代理人代为诉讼或者应当参加诉讼的当事人，因不能归责于本人或者其诉讼代理人的事由，未参加诉讼的；

（九）违反法律规定，剥夺当事人辩论权利的；

（十）未经传票传唤，缺席判决的；

（十一）原判决、裁定遗漏或者超出诉讼请求的；

（十二）据以作出原判决、裁定的法律文书被撤销或者变更的；

（十三）审判人员审理该案件时有贪污受贿，徇私舞弊，枉法裁判行为的。

第二百零八条　当事人对已经发生法律效力的调解书，提出证据证明调解违反自愿原则或者调解协议的内容违反法律的，可以申请再审。经人民法院审查属实的，应当再审。

第二百一十四条　人民法院按照审判监督程序再审的案件，发生法律效力的判决、裁定是由第一审法院作出的，按照第一审程序审理，所作的判决、裁定，当事人可以上诉；发生法律效力的判决、裁定是由第二审法院作出的，按照第二审程序审理，所作的判决、裁定，是发生法律效力的判决、裁定；上级人民法院按照审判监督程序提审的，按照第二审程序审理，所作的判决、裁定是发生法律效力的判决、裁定。

人民法院审理再审案件，应当另行组成合议庭。

第二百一十五条　最高人民检察院对各级人民法院已经发生法律效力的判决、裁定，上级人民检察院对下级人民法院已经发生法律效力的判决、裁定，发现有本法第二百零七条规定情形之一的，或者发现调解书损害国家利益、社会公共利益的，应当提出抗诉。

地方各级人民检察院对同级人民法院已经发生法律效力的判决、裁定，发现有本法第二百零七条规定情形之一的，或者发现调解书损害国家利益、社会公共利益的，可以向同级人民法院提出检察建议，并报上级人民检察院备案；也可以提请上级人民检察院向同级人民法院提出抗诉。

各级人民检察院对审判监督程序以外的其他审判程序中审判人员的违法行为，有权向同级人民法院提出检察建议。

第二百一十六条 有下列情形之一的，当事人可以向人民检察院申请检察建议或者抗诉：

（一）人民法院驳回再审申请的；

（二）人民法院逾期未对再审申请作出裁定的；

（三）再审判决、裁定有明显错误的。

人民检察院对当事人的申请应当在三个月内进行审查，作出提出或者不予提出检察建议或者抗诉的决定。当事人不得再次向人民检察院申请检察建议或者抗诉。

第三节　《最高人民法院关于适用〈中华人民共和国民事诉讼法〉的解释》（法释［2015］5号）（2022年3月22日第二次修正）摘选

第四十三条　审判人员有下列情形之一的，应当自行回避，当事人有权申请其回避：

（一）是本案当事人或者当事人近亲属的；

（二）本人或者其近亲属与本案有利害关系的；

（三）担任过本案的证人、鉴定人、辩护人、诉讼代理人、翻译人员的；

（四）是本案诉讼代理人近亲属的；

（五）本人或者其近亲属持有本案非上市公司当事人的股份或者股权的；

（六）与本案当事人或者诉讼代理人有其他利害关系，可能影响公正审理的。

第四十四条　审判人员有下列情形之一的，当事人有权申请其回避：

（一）接受本案当事人及其受托人宴请，或者参加由其支付费用的活动的；

（二）索取、接受本案当事人及其受托人财物或者其他利益的；

（三）违反规定会见本案当事人、诉讼代理人的；

（四）为本案当事人推荐、介绍诉讼代理人，或者为律师、其他人员介绍代理本案的；

（五）向本案当事人及其受托人借用款物的；

（六）有其他不正当行为，可能影响公正审理的。

第五十七条　提供劳务一方因劳务造成他人损害，受害人提起诉讼的，以接受劳务一方为被告。

第八十九条　当事人向人民法院提交的授权委托书，应当在开庭审理前送交人民法院。授权委托书仅写“全权代理”而无具体授权的，诉讼代理人无权代为承认、放弃、变更诉讼请求，进行和解，提出反诉或者提起上诉。

第九十条 当事人对自己提出的诉讼请求所依据的事实或者反驳对方诉讼请求所依据的事实，应当提供证据加以证明，但法律另有规定的除外。

在作出判决前，当事人未能提供证据或者证据不足以证明其事实主张的，由负有举证证明责任的当事人承担不利的后果。

第九十一条 人民法院应当依照下列原则确定举证证明责任的承担，但法律另有规定的除外：

（一）主张法律关系存在的当事人，应当对产生该法律关系的基本事实承担举证证明责任；

（二）主张法律关系变更、消灭或者权利受到妨害的当事人，应当对该法律关系变更、消灭或者权利受到妨害的基本事实承担举证证明责任。

第九十二条 一方当事人在法庭审理中，或者在起诉状、答辩状、代理词等书面材料中，对于己不利的事实明确表示承认的，另一方当事人无需举证证明。

对于涉及身份关系、国家利益、社会公共利益等应当由人民法院依职权调查的事实，不适用前款自认的规定。

自认的事实与查明的事实不符的，人民法院不予确认。

第九十三条 下列事实，当事人无须举证证明：

（一）自然规律以及定理、定律；

（二）众所周知的事实；

（三）根据法律规定推定的事实；

（四）根据已知的事实和日常生活经验法则推定出的另一事实；

（五）已为人民法院发生法律效力的裁判所确认的事实；

（六）已为仲裁机构生效裁决所确认的事实；

（七）已为有效公证文书所证明的事实。

前款第二项至第四项规定的事实，当事人有相反证据足以反驳的除外；第五项至第七项规定的事实，当事人有相反证据足以推翻的除外。

第九十四条 民事诉讼法第六十七条第二款规定的当事人及其诉讼代理人因客观原因不能自行收集的证据包括：

（一）证据由国家有关部门保存，当事人及其诉讼代理人无权查阅调取的；

（二）涉及国家秘密、商业秘密或者个人隐私的；

（三）当事人及其诉讼代理人因客观原因不能自行收集的其他证据。

当事人及其诉讼代理人因客观原因不能自行收集的证据，可以在举证期限届满前书面申请人民法院调查收集。

第九十五条　当事人申请调查收集的证据，与待证事实无关联、对证明待证事实无意义或者其他无调查收集必要的，人民法院不予准许。

第九十九条　人民法院应当在审理前的准备阶段确定当事人的举证期限。举证期限可以由当事人协商，并经人民法院准许。

人民法院确定举证期限，第一审普通程序案件不得少于十五日，当事人提供新的证据的第二审案件不得少于十日。

举证期限届满后，当事人对已经提供的证据，申请提供反驳证据或者对证据来源、形式等方面的瑕疵进行补正的，人民法院可以酌情再次确定举证期限，该期限不受前款规定的限制。

第一百零二条　当事人因故意或者重大过失逾期提供的证据，人民法院不予采纳。但该证据与案件基本事实有关的，人民法院应当采纳，并依照民事诉讼法第六十八条、第一百一十八条第一款的规定予以训诫、罚款。

当事人非因故意或者重大过失逾期提供的证据，人民法院应当采纳，并对当事人予以训诫。

当事人一方要求另一方赔偿因逾期提供证据致使其增加的交通、住宿、就餐、误工、证人出庭作证等必要费用的，人民法院可予支持。

第一百零三条　证据应当在法庭上出示，由当事人互相质证。未经当事人质证的证据，不得作为认定案件事实的根据。

当事人在审理前的准备阶段认可的证据，经审判人员在庭审中说明后，视为质证过的证据。

涉及国家秘密、商业秘密、个人隐私或者法律规定应当保密的证据，不得公开质证。

第一百一十六条　视听资料包括录音资料和影像资料。

电子数据是指通过电子邮件、电子数据交换、网上聊天记录、博客、微博客、手机短信、电子签名、域名等形成或者存储在电子介质中的信息。

存储在电子介质中的录音资料和影像资料，适用电子数据的规定。

第一百二十条 证人拒绝签署保证书的，不得作证，并自行承担相关费用。

第一百二十一条 当事人申请鉴定，可以在举证期限届满前提出。申请鉴定的事项与待证事实无关联，或者对证明待证事实无意义的，人民法院不予准许。

人民法院准许当事人鉴定申请的，应当组织双方当事人协商确定具备相应资格的鉴定人。当事人协商不成的，由人民法院指定。

符合依职权调查收集证据条件的，人民法院应当依职权委托鉴定，在询问当事人的意见后，指定具备相应资格的鉴定人。

第一百二十二条 当事人可以依照民事诉讼法第八十二条的规定，在举证期限届满前申请一至二名具有专门知识的人出庭，代表当事人对鉴定意见进行质证，或者对案件事实所涉及的专业问题提出意见。

具有专门知识的人在法庭上就专业问题提出的意见，视为当事人的陈述。

人民法院准许当事人申请的，相关费用由提出申请的当事人负担。

第一百二十三条 人民法院可以对出庭的具有专门知识的人进行询问。经法庭准许，当事人可以对出庭的具有专门知识的人进行询问，当事人各自申请的具有专门知识的人可以就案件中的有关问题进行对质。

具有专门知识的人不得参与专业问题之外的法庭审理活动。

第一百二十四条 人民法院认为有必要的，可以根据当事人的申请或者依职权对物证或者现场进行勘验。勘验时应当保护他人的隐私和尊严。

人民法院可以要求鉴定人参与勘验。必要时，可以要求鉴定人在勘验中进行鉴定。

第一百二十五条 依照民事诉讼法第八十五条第二款规定，民事诉讼中以时起算的期间从次时起算；以日、月、年计算的期间从次日起算。

第一百四十五条 人民法院审理民事案件，应当根据自愿、合法的原则进行调解。当事人一方或者双方坚持不愿调解的，应当及时裁判。

第一百九十四条 依照民事诉讼法第五十七条审理的案件不预交案件受理费，结案后按照诉讼标的额由败诉方交纳。

第二百零六条 人民法院决定减半收取案件受理费的，只能减半一次。

第二百一十五条　依照民事诉讼法第一百二十七条第二项的规定，当事人在书面合同中订有仲裁条款，或者在发生纠纷后达成书面仲裁协议，一方向人民法院起诉的，人民法院应当告知原告向仲裁机构申请仲裁，其坚持起诉的，裁定不予受理，但仲裁条款或者仲裁协议不成立、无效、失效、内容不明确无法执行的除外。

第二百一十六条　在人民法院首次开庭前，被告以有书面仲裁协议为由对受理民事案件提出异议的，人民法院应当进行审查。

经审查符合下列情形之一的，人民法院应当裁定驳回起诉：

（一）仲裁机构或者人民法院已经确认仲裁协议有效的；

（二）当事人没有在仲裁庭首次开庭前对仲裁协议的效力提出异议的；

（三）仲裁协议符合仲裁法第十六条规定且不具有仲裁法第十七条规定情形的。

第二百二十五条　根据案件具体情况，庭前会议可以包括下列内容：

（一）明确原告的诉讼请求和被告的答辩意见；

（二）审查处理当事人增加、变更诉讼请求的申请和提出的反诉，以及第三人提出的与本案有关的诉讼请求；

（三）根据当事人的申请决定调查收集证据，委托鉴定，要求当事人提供证据，进行勘验，进行证据保全；

（四）组织交换证据；

（五）归纳争议焦点；

（六）进行调解。

第四节 《中华人民共和国仲裁法》（2017年9月1日第二次修正）摘选

第一条 为保证公正、及时地仲裁经济纠纷，保护当事人的合法权益，保障社会主义市场经济健康发展，制定本法。

第二条 平等主体的公民、法人和其他组织之间发生的合同纠纷和其他财产权益纠纷，可以仲裁。

第四条 当事人采用仲裁方式解决纠纷，应当双方自愿，达成仲裁协议。没有仲裁协议，一方申请仲裁的，仲裁委员会不予受理。

第五条 当事人达成仲裁协议，一方向人民法院起诉的，人民法院不予受理，但仲裁协议无效的除外。

第六条 仲裁委员会应当由当事人协议选定。

仲裁不实行级别管辖和地域管辖。

第七条 仲裁应当根据事实，符合法律规定，公平合理地解决纠纷。

第八条 仲裁依法独立进行，不受行政机关、社会团体和个人的干涉。

第九条 仲裁实行一裁终局的制度。裁决作出后，当事人就同一纠纷再申请仲裁或者向人民法院起诉的，仲裁委员会或者人民法院不予受理。

裁决被人民法院依法裁定撤销或者不予执行的，当事人就该纠纷可以根据双方重新达成的仲裁协议申请仲裁，也可以向人民法院起诉。

第十四条 仲裁委员会独立于行政机关，与行政机关没有隶属关系。仲裁委员会之间也没有隶属关系。

第十五条 中国仲裁协会是社会团体法人。仲裁委员会是中国仲裁协会的会员。中国仲裁协会的章程由全国会员大会制定。

中国仲裁协会是仲裁委员会的自律性组织，根据章程对仲裁委员会及其组成人员、仲裁员的违纪行为进行监督。

中国仲裁协会依照本法和民事诉讼法的有关规定制定仲裁规则。

第十八条　仲裁协议对仲裁事项或者仲裁委员会没有约定或者约定不明确的，当事人可以补充协议；达不成补充协议的，仲裁协议无效。

第十九条　仲裁协议独立存在，合同的变更、解除、终止或者无效，不影响仲裁协议的效力。

仲裁庭有权确认合同的效力。

第二十条　当事人对仲裁协议的效力有异议的，可以请求仲裁委员会作出决定或者请求人民法院作出裁定。一方请求仲裁委员会作出决定，另一方请求人民法院作出裁定的，由人民法院裁定。

当事人对仲裁协议的效力有异议，应当在仲裁庭首次开庭前提出。

第二十一条　当事人申请仲裁应当符合下列条件：

（一）有仲裁协议；

（二）有具体的仲裁请求和事实、理由；

（三）属于仲裁委员会的受理范围。

第二十六条　当事人达成仲裁协议，一方向人民法院起诉未声明有仲裁协议，人民法院受理后，另一方在首次开庭前提交仲裁协议的，人民法院应当驳回起诉，但仲裁协议无效的除外；另一方在首次开庭前未对人民法院受理该案提出异议的，视为放弃仲裁协议，人民法院应当继续审理。

第三十四条　仲裁员有下列情形之一的，必须回避，当事人也有权提出回避申请：

（一）是本案当事人或者当事人、代理人的近亲属；

（二）与本案有利害关系；

（三）与本案当事人、代理人有其他关系，可能影响公正仲裁的；

（四）私自会见当事人、代理人，或者接受当事人、代理人的请客送礼的。

第四十条　仲裁不公开进行。当事人协议公开的，可以公开进行，但涉及国家秘密的除外。

第四十三条　当事人应当对自己的主张提供证据。

仲裁庭认为有必要收集的证据，可以自行收集。

第四十四条　仲裁庭对专门性问题认为需要鉴定的，可以交由当事人约定的鉴定部门鉴定，也可以由仲裁庭指定的鉴定部门鉴定。

根据当事人的请求或者仲裁庭的要求，鉴定部门应当派鉴定人参加开庭。当事人经仲裁庭许可，可以向鉴定人提问。

第四十五条 证据应当在开庭时出示，当事人可以质证。

第四十八条 仲裁庭应当将开庭情况记入笔录。当事人和其他仲裁参与人认为对自己陈述的记录有遗漏或者差错的，有权申请补正。如果不予补正，应当记录该申请。

笔录由仲裁员、记录人员、当事人和其他仲裁参与人签名或者盖章。

第四十九条 当事人申请仲裁后，可以自行和解。达成和解协议的，可以请求仲裁庭根据和解协议作出裁决书，也可以撤回仲裁申请。

第五十条 当事人达成和解协议，撤回仲裁申请后反悔的，可以根据仲裁协议申请仲裁。

第五十一条 仲裁庭在作出裁决前，可以先行调解。当事人自愿调解的，仲裁庭应当调解。调解不成的，应当及时作出裁决。

调解达成协议的，仲裁庭应当制作调解书或者根据协议的结果制作裁决书。调解书与裁决书具有同等法律效力。

第五十二条 调解书应当写明仲裁请求和当事人协议的结果。调解书由仲裁员签名，加盖仲裁委员会印章，送达双方当事人。

调解书经双方当事人签收后，即发生法律效力。

在调解书签收前当事人反悔的，仲裁庭应当及时作出裁决。

第五十三条 裁决应当按照多数仲裁员的意见作出，少数仲裁员的不同意见可以记入笔录。仲裁庭不能形成多数意见时，裁决应当按照首席仲裁员的意见作出。

第五十四条 裁决书应当写明仲裁请求、争议事实、裁决理由、裁决结果、仲裁费用的负担和裁决日期。当事人协议不愿写明争议事实和裁决理由的，可以不写。裁决书由仲裁员签名，加盖仲裁委员会印章。对裁决持不同意见的仲裁员，可以签名，也可以不签名。

第五十五条 仲裁庭仲裁纠纷时，其中一部分事实已经清楚，可以就该部分先行裁决。

第五十八条 当事人提出证据证明裁决有下列情形之一的，可以向仲裁委员会所在地的中级人民法院申请撤销裁决：

（一）没有仲裁协议的；

（二）裁决的事项不属于仲裁协议的范围或者仲裁委员会无权仲裁的；

（三）仲裁庭的组成或者仲裁的程序违反法定程序的；

（四）裁决所根据的证据是伪造的；

（五）对方当事人隐瞒了足以影响公正裁决的证据的；

（六）仲裁员在仲裁该案时有索贿受贿，徇私舞弊，枉法裁决行为的。

人民法院经组成合议庭审查核实裁决有前款规定情形之一的，应当裁定撤销。

人民法院认定该裁决违背社会公共利益的，应当裁定撤销。

第五节 《最高人民法院关于审理建设工程施工合同纠纷案件适用法律问题的解释（一）》（法释〔2020〕25号）

为正确审理建设工程施工合同纠纷案件，依法保护当事人合法权益，维护建筑市场秩序，促进建筑市场健康发展，根据《中华人民共和国民法典》《中华人民共和国建筑法》《中华人民共和国招标投标法》《中华人民共和国民事诉讼法》等相关法律规定，结合审判实践，制定本解释。

第一条 建设工程施工合同具有下列情形之一的，应当依据民法典第一百五十三条第一款的规定，认定无效：

（一）承包人未取得建筑业企业资质或者超越资质等级的；

（二）没有资质的实际施工人借用有资质的建筑施工企业名义的；

（三）建设工程必须进行招标而未招标或者中标无效的。

承包人因转包、违法分包建设工程与他人签订的建设工程施工合同，应当依据民法典第一百五十三条第一款及第七百九十一条第二款、第三款的规定，认定无效。

第二条 招标人和中标人另行签订的建设工程施工合同约定的工程范围、建设工期、工程质量、工程价款等实质性内容，与中标合同不一致，一方当事人请求按照中标合同确定权利义务的，人民法院应予支持。

招标人和中标人在中标合同之外就明显高于市场价格购买承建房产、无偿建设住房配套设施、让利、向建设单位捐赠财物等另行签订合同，变相降低工程价款，一方当事人以该合同背离中标合同实质性内容为由请求确认无效的，人民法院应予支持。

第三条 当事人以发包人未取得建设工程规划许可证等规划审批手续为由，请求确认建设工程施工合同无效的，人民法院应予支持，但发包人在起诉前取得建设工程规划许可证等规划审批手续的除外。

发包人能够办理审批手续而未办理，并以未办理审批手续为由请求确认建设工程施工合同无效的，人民法院不予支持。

第四条　承包人超越资质等级许可的业务范围签订建设工程施工合同，在建设工程竣工前取得相应资质等级，当事人请求按照无效合同处理的，人民法院不予支持。

第五条　具有劳务作业法定资质的承包人与总承包人、分包人签订的劳务分包合同，当事人请求确认无效的，人民法院依法不予支持。

第六条　建设工程施工合同无效，一方当事人请求对方赔偿损失的，应当就对方过错、损失大小、过错与损失之间的因果关系承担举证责任。损失大小无法确定，一方当事人请求参照合同约定的质量标准、建设工期、工程价款支付时间等内容确定损失大小的，人民法院可以结合双方过错程度、过错与损失之间的因果关系等因素作出裁判。

第七条　缺乏资质的单位或者个人借用有资质的建筑施工企业名义签订建设工程施工合同，发包人请求出借方与借用方对建设工程质量不合格等因出借资质造成的损失承担连带赔偿责任的，人民法院应予支持。

第八条　当事人对建设工程开工日期有争议的，人民法院应当分别按照以下情形予以认定：

（一）开工日期为发包人或者监理人发出的开工通知载明的开工日期；开工通知发出后，尚不具备开工条件的，以开工条件具备的时间为开工日期；因承包人原因导致开工时间推迟的，以开工通知载明的时间为开工日期。

（二）承包人经发包人同意已经实际进场施工的，以实际进场施工时间为开工日期。

（三）发包人或者监理人未发出开工通知，亦无相关证据证明实际开工日期的，应当综合考虑开工报告、合同、施工许可证、竣工验收报告或者竣工验收备案表等载明的时间，并结合是否具备开工条件的事实，认定开工日期。

第九条　当事人对建设工程实际竣工日期有争议的，人民法院应当分别按照以下情形予以认定：

（一）建设工程经竣工验收合格的，以竣工验收合格之日为竣工日期；

（二）承包人已经提交竣工验收报告，发包人拖延验收的，以承包人提交验收报告之日为竣工日期；

（三）建设工程未经竣工验收，发包人擅自使用的，以转移占有建设工程之日为竣工日期。

第十条 当事人约定顺延工期应当经发包人或者监理人签证等方式确认，承包人虽未取得工期顺延的确认，但能够证明在合同约定的期限内向发包人或者监理人申请过工期顺延且顺延事由符合合同约定，承包人以此为由主张工期顺延的，人民法院应予支持。

当事人约定承包人未在约定期限内提出工期顺延申请视为工期不顺延的，按照约定处理，但发包人在约定期限后同意工期顺延或者承包人提出合理抗辩的除外。

第十一条 建设工程竣工前，当事人对工程质量发生争议，工程质量经鉴定合格的，鉴定期间为顺延工期期间。

第十二条 因承包人的原因造成建设工程质量不符合约定，承包人拒绝修理、返工或者改建，发包人请求减少支付工程价款的，人民法院应予支持。

第十三条 发包人具有下列情形之一，造成建设工程质量缺陷，应当承担过错责任：

（一）提供的设计有缺陷；

（二）提供或者指定购买的建筑材料、建筑构配件、设备不符合强制性标准；

（三）直接指定分包人分包专业工程。

承包人有过错的，也应当承担相应的过错责任。

第十四条 建设工程未经竣工验收，发包人擅自使用后，又以使用部分质量不符合约定为由主张权利的，人民法院不予支持；但是承包人应当在建设工程的合理使用寿命内对地基基础工程和主体结构质量承担民事责任。

第十五条 因建设工程质量发生争议的，发包人可以以总承包人、分包人和实际施工人为共同被告提起诉讼。

第十六条 发包人在承包人提起的建设工程施工合同纠纷案件中，以建设工程质量不符合合同约定或者法律规定为由，就承包人支付违约金或者赔偿修理、返工、改建的合理费用等损失提出反诉的，人民法院可以合并审理。

第十七条　有下列情形之一，承包人请求发包人返还工程质量保证金的，人民法院应予支持：

（一）当事人约定的工程质量保证金返还期限届满；

（二）当事人未约定工程质量保证金返还期限的，自建设工程通过竣工验收之日起满二年；

（三）因发包人原因建设工程未按约定期限进行竣工验收的，自承包人提交工程竣工验收报告九十日后当事人约定的工程质量保证金返还期限届满；当事人未约定工程质量保证金返还期限的，自承包人提交工程竣工验收报告九十日后起满二年。

发包人返还工程质量保证金后，不影响承包人根据合同约定或者法律规定履行工程保修义务。

第十八条　因保修人未及时履行保修义务，导致建筑物毁损或者造成人身损害、财产损失的，保修人应当承担赔偿责任。

保修人与建筑物所有人或者发包人对建筑物毁损均有过错的，各自承担相应的责任。

第十九条　当事人对建设工程的计价标准或者计价方法有约定的，按照约定结算工程价款。

因设计变更导致建设工程的工程量或者质量标准发生变化，当事人对该部分工程价款不能协商一致的，可以参照签订建设工程施工合同时当地建设行政主管部门发布的计价方法或者计价标准结算工程价款。

建设工程施工合同有效，但建设工程经竣工验收不合格的，依照民法典第五百七十七条规定处理。

第二十条　当事人对工程量有争议的，按照施工过程中形成的签证等书面文件确认。承包人能够证明发包人同意其施工，但未能提供签证文件证明工程量发生的，可以按照当事人提供的其他证据确认实际发生的工程量。

第二十一条　当事人约定，发包人收到竣工结算文件后，在约定期限内不予答复，视为认可竣工结算文件的，按照约定处理。承包人请求按照竣工结算文件结算工程价款的，人民法院应予支持。

第二十二条　当事人签订的建设工程施工合同与招标文件、投标文件、中标通知书载明的工程范围、建设工期、工程质量、工程价款不一致，一方当事人请求将招标文件、投标文件、中标通知书作为结算工程价款的依据的，人民法院应予支持。

第二十三条 发包人将依法不属于必须招标的建设工程进行招标后，与承包人另行订立的建设工程施工合同背离中标合同的实质性内容，当事人请求以中标合同作为结算建设工程价款依据的，人民法院应予支持，但发包人与承包人因客观情况发生了在招标投标时难以预见的变化而另行订立建设工程施工合同的除外。

第二十四条 当事人就同一建设工程订立的数份建设工程施工合同均无效，但建设工程质量合格，一方当事人请求参照实际履行的合同关于工程价款的约定折价补偿承包人的，人民法院应予支持。

实际履行的合同难以确定，当事人请求参照最后签订的合同关于工程价款的约定折价补偿承包人的，人民法院应予支持。

第二十五条 当事人对垫资和垫资利息有约定，承包人请求按照约定返还垫资及其利息的，人民法院应予支持，但是约定的利息计算标准高于垫资时的同类贷款利率或者同期贷款市场报价利率的部分除外。

当事人对垫资没有约定的，按照工程欠款处理。

当事人对垫资利息没有约定，承包人请求支付利息的，人民法院不予支持。

第二十六条 当事人对欠付工程价款利息计付标准有约定的，按照约定处理。没有约定的，按照同期同类贷款利率或者同期贷款市场报价利率计息。

第二十七条 利息从应付工程价款之日开始计付。当事人对付款时间没有约定或者约定不明的，下列时间视为应付款时间：

（一）建设工程已实际交付的，为交付之日；

（二）建设工程没有交付的，为提交竣工结算文件之日；

（三）建设工程未交付，工程价款也未结算的，为当事人起诉之日。

第二十八条 当事人约定按照固定价结算工程价款，一方当事人请求对建设工程造价进行鉴定的，人民法院不予支持。

第二十九条 当事人在诉讼前已经对建设工程价款结算达成协议，诉讼中一方当事人申请对工程造价进行鉴定的，人民法院不予准许。

第三十条 当事人在诉讼前共同委托有关机构、人员对建设工程造价出具咨询意见，诉讼中一方当事人不认可该咨询意见申请鉴定的，人民法院应予准许，但双方当事人明确表示受该咨询意见约束的除外。

第三十一条 当事人对部分案件事实有争议的，仅对有争议的事实进行鉴定，但争议事实范围不能确定，或者双方当事人请求对全部事实鉴定的除外。

第三十二条 当事人对工程造价、质量、修复费用等专门性问题有争议，人民法院认为需要鉴定的，应当向负有举证责任的当事人释明。当事人经释明未申请鉴定，虽申请鉴定但未支付鉴定费用或者拒不提供相关材料的，应当承担举证不能的法律后果。

一审诉讼中负有举证责任的当事人未申请鉴定，虽申请鉴定但未支付鉴定费用或者拒不提供相关材料，二审诉讼中申请鉴定，人民法院认为确有必要的，应当依照民事诉讼法第一百七十条第一款第三项的规定处理。

第三十三条 人民法院准许当事人的鉴定申请后，应当根据当事人申请及查明案件事实的需要，确定委托鉴定的事项、范围、鉴定期限等，并组织当事人对争议的鉴定材料进行质证。

第三十四条 人民法院应当组织当事人对鉴定意见进行质证。鉴定人将当事人有争议且未经质证的材料作为鉴定依据的，人民法院应当组织当事人就该部分材料进行质证。经质证认为不能作为鉴定依据的，根据该材料作出的鉴定意见不得作为认定案件事实的依据。

第三十五条 与发包人订立建设工程施工合同的承包人，依据民法典第八百零七条的规定请求其承建工程的价款就工程折价或者拍卖的价款优先受偿的，人民法院应予支持。

第三十六条 承包人根据民法典第八百零七条规定享有的建设工程价款优先受偿权优于抵押权和其他债权。

第三十七条 装饰装修工程具备折价或者拍卖条件，装饰装修工程的承包人请求工程价款就该装饰装修工程折价或者拍卖的价款优先受偿的，人民法院应予支持。

第三十八条 建设工程质量合格，承包人请求其承建工程的价款就工程折价或者拍卖的价款优先受偿的，人民法院应予支持。

第三十九条 未竣工的建设工程质量合格，承包人请求其承建工程的价款就其承建工程部分折价或者拍卖的价款优先受偿的，人民法院应予支持。

第四十条 承包人建设工程价款优先受偿的范围依照国务院有关行政主管部门关于建设工程价款范围的规定确定。

承包人就逾期支付建设工程价款的利息、违约金、损害赔偿金等主张优先受偿的，人民法院不予支持。

第四十一条 承包人应当在合理期限内行使建设工程价款优先受偿权，但最长不得超过十八个月，自发包人应当给付建设工程价款之日起算。

第四十二条 发包人与承包人约定放弃或者限制建设工程价款优先受偿权，损害建筑工人利益，发包人根据该约定主张承包人不享有建设工程价款优先受偿权的，人民法院不予支持。

第四十三条 实际施工人以转包人、违法分包人为被告起诉的，人民法院应当依法受理。

实际施工人以发包人为被告主张权利的，人民法院应当追加转包人或者违法分包人为本案第三人，在查明发包人欠付转包人或者违法分包人建设工程价款的数额后，判决发包人在欠付建设工程价款范围内对实际施工人承担责任。

第四十四条 实际施工人依据民法典第五百三十五条规定，以转包人或者违法分包人怠于向发包人行使到期债权或者与该债权有关的从权利，影响其到期债权实现，提起代位权诉讼的，人民法院应予支持。

第四十五条 本解释自2021年1月1日起施行。

第六节 《最高人民法院关于人民法院民事诉讼中委托鉴定审查工作若干问题的规定》（法〔2020〕202号）

为进一步规范民事诉讼中委托鉴定工作，促进司法公正，根据《中华人民共和国民事诉讼法》《最高人民法院关于适用〈中华人民共和国民事诉讼法〉的解释》《最高人民法院关于民事诉讼证据的若干规定》等法律、司法解释的规定，结合人民法院工作实际，制定本规定。

一、对鉴定事项的审查

1. 严格审查拟鉴定事项是否属于查明案件事实的专门性问题，有下列情形之一的，人民法院不予委托鉴定：

（1）通过生活常识、经验法则可以推定的事实；

（2）与待证事实无关联的问题；

（3）对证明待证事实无意义的问题；

（4）应当由当事人举证的非专门性问题；

（5）通过法庭调查、勘验等方法可以查明的事实；

（6）对当事人责任划分的认定；

（7）法律适用问题；

（8）测谎；

（9）其他不适宜委托鉴定的情形。

2. 拟鉴定事项所涉鉴定技术和方法争议较大的，应当先对其鉴定技术和方法的科学可靠性进行审查。所涉鉴定技术和方法没有科学可靠性的，不予委托鉴定。

二、对鉴定材料的审查

3. 严格审查鉴定材料是否符合鉴定要求，人民法院应当告知当事人不提供符合要求鉴定材料的法律后果。

4. 未经法庭质证的材料（包括补充材料），不得作为鉴定材料。

当事人无法联系、公告送达或当事人放弃质证的，鉴定材料应当经合议庭确认。

5. 对当事人有争议的材料，应当由人民法院予以认定，不得直接交由鉴定机构、鉴定人选用。

三、对鉴定机构的审查

6. 人民法院选择鉴定机构，应当根据法律、司法解释等规定，审查鉴定机构的资质、执业范围等事项。

7. 当事人协商一致选择鉴定机构的，人民法院应当审查协商选择的鉴定机构是否具备鉴定资质及符合法律、司法解释等规定。发现双方当事人的选择有可能损害国家利益、集体利益或第三方利益的，应当终止协商选择程序，采用随机方式选择。

8. 人民法院应当要求鉴定机构在接受委托后 5 个工作日内，提交鉴定方案、收费标准、鉴定人情况和鉴定人承诺书。

重大、疑难、复杂鉴定事项可适当延长提交期限。

鉴定人拒绝签署承诺书的，人民法院应当要求更换鉴定人或另行委托鉴定机构。

四、对鉴定人的审查

9. 人民法院委托鉴定机构指定鉴定人的，应当严格依照法律、司法解释等规定，对鉴定人的专业能力、从业经验、业内评价、执业范围、鉴定资格、资质证书有效期以及是否有依法回避的情形等进行审查。

特殊情形人民法院直接指定鉴定人的，依照前款规定进行审查。

五、对鉴定意见书的审查

10. 人民法院应当审查鉴定意见书是否具备《最高人民法院关于民事诉讼证据的若干规定》第三十六条规定的内容。

11. 鉴定意见书有下列情形之一的，视为未完成委托鉴定事项，人民法院应当要求鉴定人补充鉴定或重新鉴定：

（1）鉴定意见和鉴定意见书的其他部分相互矛盾的；

（2）同一认定意见使用不确定性表述的；

（3）鉴定意见书有其他明显瑕疵的。

补充鉴定或重新鉴定仍不能完成委托鉴定事项的，人民法院应当责令鉴定人退回已经收取的鉴定费用。

六、加强对鉴定活动的监督

12. 人民法院应当向当事人释明不按期预交鉴定费用及鉴定人出庭费用的法律后果，并对鉴定机构、鉴定人收费情况进行监督。

公益诉讼可以申请暂缓交纳鉴定费用和鉴定人出庭费用。

符合法律援助条件的当事人可以申请暂缓或减免交纳鉴定费用和鉴定人出庭费用。

13. 人民法院委托鉴定应当根据鉴定事项的难易程度、鉴定材料准备情况，确定合理的鉴定期限，一般案件鉴定时限不超过30个工作日，重大、疑难、复杂案件鉴定时限不超过60个工作日。

鉴定机构、鉴定人因特殊情况需要延长鉴定期限的，应当提出书面申请，人民法院可以根据具体情况决定是否延长鉴定期限。

鉴定人未按期提交鉴定书的，人民法院应当审查鉴定人是否存在正当理由。如无正当理由且人民法院准许当事人申请另行委托鉴定的，应当责令原鉴定机构、鉴定人退回已经收取的鉴定费用。

14. 鉴定机构、鉴定人超范围鉴定、虚假鉴定、无正当理由拖延鉴定、拒不出庭作证、违规收费以及有其他违法违规情形的，人民法院可以根据情节轻重，对鉴定机构、鉴定人予以暂停委托、责令退还鉴定费用、从人民法院委托鉴定专业机构、专业人员备选名单中除名等惩戒，并向行政主管部门或者行业协会发出司法建议。鉴定机构、鉴定人存在违法犯罪情形的，人民法院应当将有关线索材料移送公安、检察机关处理。

人民法院建立鉴定人黑名单制度。鉴定机构、鉴定人有前款情形的，可列入鉴定人黑名单。鉴定机构、鉴定人被列入黑名单期间，不得进入人民法院委托鉴定专业机构、专业人员备选名单和相关信息平台。

15. 人民法院应当充分运用委托鉴定信息平台加强对委托鉴定工作的管理。

16. 行政诉讼中人民法院委托鉴定，参照适用本规定。

17. 本规定自 2020 年 9 月 1 日起施行。

附件：

鉴定人承诺书（试行）

本人接受人民法院委托，作为诉讼参与人参加诉讼活动，依照国家法律法规和人民法院相关规定完成本次司法鉴定活动，承诺如下：

一、遵循科学、公正和诚实原则，客观、独立地进行鉴定，保证鉴定意见不受当事人、代理人或其他第三方的干扰。

二、廉洁自律，不接受当事人、诉讼代理人及其请托人提供的财物、宴请或其他利益。

三、自觉遵守有关回避的规定，及时向人民法院报告可能影响鉴定意见的各种情形。

四、保守在鉴定活动中知悉的国家秘密、商业秘密和个人隐私，不利用鉴定活动中知悉的国家秘密、商业秘密和个人隐私获取利益，不向无关人员泄露案情及鉴定信息。

五、勤勉尽责，遵照相关鉴定管理规定及技术规范，认真分析判断专业问题，独立进行检验、测算、分析、评定并形成鉴定意见，保证不出具虚假或误导性鉴定意见；妥善保管、保存、移交相关鉴定材料，不因自身原因造成鉴定材料污损、遗失。

六、按照规定期限和人民法院要求完成鉴定事项，如遇特殊情形不能如期完成的，应当提前向人民法院申请延期。

七、保证依法履行鉴定人出庭作证义务，做好鉴定意见的解释及质证工作。

本人已知悉违反上述承诺将承担的法律责任及行业主管部门、人民法院给予的相应处理后果。

承诺人：　　　　（签名）

鉴定机构：　　　　（盖章）

日期：　　　年　月　日

第七节 《司法部关于进一步规范和完善司法鉴定人出庭作证活动的指导意见》（司规［2020］2号）

各省、自治区、直辖市司法厅（局），新疆生产建设兵团司法局：

为了规范和指导司法行政机关登记管理的司法鉴定人出庭作证活动，保障诉讼活动的顺利进行，根据《全国人民代表大会常务委员会关于司法鉴定管理问题的决定》和有关法律、法规的规定，制定本指导意见。

一、本指导意见所称的司法鉴定人出庭作证是指经司法行政机关审核登记，取得《司法鉴定人执业证》的司法鉴定人经人民法院依法通知，在法庭上对自己作出的鉴定意见，从鉴定依据、鉴定步骤、鉴定方法、可靠程度等方面进行解释和说明，并在法庭上当面回答质询和提问的行为。

二、人民法院出庭通知已指定出庭作证鉴定人的，要由被指定的鉴定人出庭作证；未指定出庭作证的鉴定人时，由鉴定机构指定一名或多名在司法鉴定意见书上签名的鉴定人出庭作证。

司法鉴定机构要为鉴定人出庭提供必要条件。

三、人民法院通知鉴定人到庭作证后，有下列情形之一的，鉴定人可以向人民法院提出不到庭书面申请：

（一）未按照法定时限通知到庭的；

（二）因健康原因不能到庭的；

（三）路途特别遥远，交通不便难以到庭的；

（四）因自然灾害等不可抗力不能到庭的；

（五）有其他正当理由不能到庭的。

经人民法院同意，未到庭的鉴定人可以提交书面答复或者说明，或者使用视频传输等技术作证。

四、鉴定人出庭前，要做好如下准备工作：

（一）了解、查阅与鉴定事项有关的情况和资料；

（二）了解出庭的相关信息和质证的争议焦点；

（三）准备需要携带的有助于说明鉴定的辅助器材和设备；

（四）其他需要准备的工作。

五、鉴定人出庭要做到：

（一）遵守法律、法规，恪守职业道德，实事求是，尊重科学，尊重事实；

（二）按时出庭，举止文明，遵守法庭纪律；

（三）配合法庭质证，如实回答与鉴定有关的问题；

（四）妥善保管出庭所需的鉴定材料、样本和鉴定档案资料；

（五）所回答问题涉及执业活动中知悉的国家秘密、商业秘密和个人隐私的，应当向人民法院阐明；经人民法院许可的，应当如实回答；

（六）依法应当做到的其他事项。

六、鉴定人到庭作证时，要按照人民法院的要求，携带本人身份证件、司法鉴定人执业证和人民法院出庭通知等材料，并在法庭指定的鉴定人席就座。

七、在出庭过程中，鉴定人遇有下列情形的，可以及时向人民法院提出请求：

（一）认为本人或者其近亲属的人身安全面临危险，需要请求保护的；

（二）受到诉讼参与人或者其他人以言语或者行为进行侮辱、诽谤，需要予以制止的。

八、鉴定人出庭作证时，要如实回答涉及下列内容的问题：

（一）与本人及其所执业鉴定机构执业资格和执业范围有关的问题；

（二）与鉴定活动及其鉴定意见有关的问题；

（三）其他依法应当回答的问题。

九、法庭质证中，鉴定人无法当庭回答质询或者提问的，经法庭同意，可以在庭后提交书面意见。

十、鉴定人退庭后，要对法庭笔录中鉴定意见的质证内容进行确认。

经确认无误的，应当签名；发现记录有差错的，可以要求补充或者改正。

十一、出庭结束后，鉴定机构要将鉴定人出庭作证相关材料归档。

十二、司法行政机关要监督、指导鉴定人依法履行出庭作证义务，定期或者不定期了解掌握鉴定人履行出庭作证义务情况。

十三、司法行政机关要健全完善与人民法院的衔接机制，加强鉴定人出庭作证信息共享，及时研究解决鉴定人出庭作证中的相关问题，保障鉴定人依法履行出庭作证义务。

十四、司法行政机关接到人民法院有关鉴定人无正当理由拒不出庭的通报、司法建议，或公民、法人和其他组织有关投诉、举报的，要依法进行调查处理。

在调查中发现鉴定人存在经人民法院依法通知，拒绝出庭作证情形的，要依法给予其停止从事司法鉴定业务三个月以上一年以下的处罚；情节严重的，撤销登记。

十五、司法鉴定行业协会要根据本指导意见，制定鉴定人出庭作证的行业规范，加强鉴定人出庭作证行业自律管理。

十六、本指导意见自公布之日起实施。

司法部

2020 年 5 月 14 日

第八节 《最高人民法院关于民事诉讼证据的若干规定》（法释［2019］19号）

为保证人民法院正确认定案件事实，公正、及时审理民事案件，保障和便利当事人依法行使诉讼权利，根据《中华人民共和国民事诉讼法》（以下简称民事诉讼法）等有关法律的规定，结合民事审判经验和实际情况，制定本规定。

一、当事人举证

第一条 原告向人民法院起诉或者被告提出反诉，应当提供符合起诉条件的相应的证据。

第二条 人民法院应当向当事人说明举证的要求及法律后果，促使当事人在合理期限内积极、全面、正确、诚实地完成举证。

当事人因客观原因不能自行收集的证据，可申请人民法院调查收集。

第三条 在诉讼过程中，一方当事人陈述的于己不利的事实，或者对于己不利的事实明确表示承认的，另一方当事人无需举证证明。

在证据交换、询问、调查过程中，或者在起诉状、答辩状、代理词等书面材料中，当事人明确承认于己不利的事实的，适用前款规定。

第四条 一方当事人对于另一方当事人主张的于己不利的事实既不承认也不否认，经审判人员说明并询问后，其仍然不明确表示肯定或者否定的，视为对该事实的承认。

第五条 当事人委托诉讼代理人参加诉讼的，除授权委托书明确排除的事项外，诉讼代理人的自认视为当事人的自认。

当事人在场对诉讼代理人的自认明确否认的，不视为自认。

第六条 普通共同诉讼中，共同诉讼人中一人或者数人作出的自认，对作出自认的当事人发生效力。

必要共同诉讼中，共同诉讼人中一人或者数人作出自认而其他共同诉讼人予以否认的，不发生自认的效力。其他共同诉讼人既不承认也不否认，经审判人员说明并询问后仍然不明确表示意见的，视为全体共同诉讼人的自认。

第七条 一方当事人对于另一方当事人主张的于己不利的事实有所限制或者附加条件予以承认的，由人民法院综合案件情况决定是否构成自认。

第八条 《最高人民法院关于适用〈中华人民共和国民事诉讼法〉的解释》第九十六条第一款规定的事实，不适用有关自认的规定。

自认的事实与已经查明的事实不符的，人民法院不予确认。

第九条 有下列情形之一，当事人在法庭辩论终结前撤销自认的，人民法院应当准许：

（一）经对方当事人同意的；

（二）自认是在受胁迫或者重大误解情况下作出的。

人民法院准许当事人撤销自认的，应当作出口头或者书面裁定。

第十条 下列事实，当事人无须举证证明：

（一）自然规律以及定理、定律；

（二）众所周知的事实；

（三）根据法律规定推定的事实；

（四）根据已知的事实和日常生活经验法则推定出的另一事实；

（五）已为仲裁机构的生效裁决所确认的事实；

（六）已为人民法院发生法律效力的裁判所确认的基本事实；

（七）已为有效公证文书所证明的事实。

前款第二项至第五项事实，当事人有相反证据足以反驳的除外；第六项、第七项事实，当事人有相反证据足以推翻的除外。

第十一条 当事人向人民法院提供证据，应当提供原件或者原物。如需自己保存证据原件、原物或者提供原件、原物确有困难的，可以提供经人民法院核对无异的复制件或者复制品。

第十二条 以动产作为证据的，应当将原物提交人民法院。原物不宜搬移或者不宜保存的，当事人可以提供复制品、影像资料或者其他替代品。

人民法院在收到当事人提交的动产或者替代品后，应当及时通知双方当事人到人民法院或者保存现场查验。

第十三条　当事人以不动产作为证据的，应当向人民法院提供该不动产的影像资料。

人民法院认为有必要的，应当通知双方当事人到场进行查验。

第十四条　电子数据包括下列信息、电子文件：

（一）网页、博客、微博客等网络平台发布的信息；

（二）手机短信、电子邮件、即时通信、通讯群组等网络应用服务的通信信息；

（三）用户注册信息、身份认证信息、电子交易记录、通信记录、登录日志等信息；

（四）文档、图片、音频、视频、数字证书、计算机程序等电子文件；

（五）其他以数字化形式存储、处理、传输的能够证明案件事实的信息。

第十五条　当事人以视听资料作为证据的，应当提供存储该视听资料的原始载体。

当事人以电子数据作为证据的，应当提供原件。电子数据的制作者制作的与原件一致的副本，或者直接来源于电子数据的打印件或其他可以显示、识别的输出介质，视为电子数据的原件。

第十六条　当事人提供的公文书证系在中华人民共和国领域外形成的，该证据应当经所在国公证机关证明，或者履行中华人民共和国与该所在国订立的有关条约中规定的证明手续。

中华人民共和国领域外形成的涉及身份关系的证据，应当经所在国公证机关证明并经中华人民共和国驻该国使领馆认证，或者履行中华人民共和国与该所在国订立的有关条约中规定的证明手续。

当事人向人民法院提供的证据是在香港、澳门、台湾地区形成的，应当履行相关的证明手续。

第十七条　当事人向人民法院提供外文书证或者外文说明资料，应当附有中文译本。

第十八条　双方当事人无争议的事实符合《最高人民法院关于适用〈中华人民共和国民事诉讼法〉的解释》第九十六条第一款规定情形的，人民法院可以责令当事人提供有关证据。

第十九条 当事人应当对其提交的证据材料逐一分类编号，对证据材料的来源、证明对象和内容作简要说明，签名盖章，注明提交日期，并依照对方当事人人数提出副本。

人民法院收到当事人提交的证据材料，应当出具收据，注明证据的名称、份数和页数以及收到的时间，由经办人员签名或者盖章。

二、证据的调查收集和保全

第二十条 当事人及其诉讼代理人申请人民法院调查收集证据，应当在举证期限届满前提交书面申请。

申请书应当载明被调查人的姓名或者单位名称、住所地等基本情况、所要调查收集的证据名称或者内容、需要由人民法院调查收集证据的原因及其要证明的事实以及明确的线索。

第二十一条 人民法院调查收集的书证，可以是原件，也可以是经核对无误的副本或者复制件。是副本或者复制件的，应当在调查笔录中说明来源和取证情况。

第二十二条 人民法院调查收集的物证应当是原物。被调查人提供原物确有困难的，可以提供复制品或者影像资料。提供复制品或者影像资料的，应当在调查笔录中说明取证情况。

第二十三条 人民法院调查收集视听资料、电子数据，应当要求被调查人提供原始载体。

提供原始载体确有困难的，可以提供复制件。提供复制件的，人民法院应当在调查笔录中说明其来源和制作经过。

人民法院对视听资料、电子数据采取证据保全措施的，适用前款规定。

第二十四条 人民法院调查收集可能需要鉴定的证据，应当遵守相关技术规范，确保证据不被污染。

第二十五条 当事人或者利害关系人根据民事诉讼法第八十一条的规定申请证据保全的，申请书应当载明需要保全的证据的基本情况、申请保全的理由以及采取何种保全措施等内容。

当事人根据民事诉讼法第八十一条第一款的规定申请证据保全的，应当在举证期限届满前向人民法院提出。

法律、司法解释对诉前证据保全有规定的，依照其规定办理。

第二十六条　当事人或者利害关系人申请采取查封、扣押等限制保全标的物使用、流通等保全措施，或者保全可能对证据持有人造成损失的，人民法院应当责令申请人提供相应的担保。

担保方式或者数额由人民法院根据保全措施对证据持有人的影响、保全标的物的价值、当事人或者利害关系人争议的诉讼标的金额等因素综合确定。

第二十七条　人民法院进行证据保全，可以要求当事人或者诉讼代理人到场。

根据当事人的申请和具体情况，人民法院可以采取查封、扣押、录音、录像、复制、鉴定、勘验等方法进行证据保全，并制作笔录。

在符合证据保全目的的情况下，人民法院应当选择对证据持有人利益影响最小的保全措施。

第二十八条　申请证据保全错误造成财产损失，当事人请求申请人承担赔偿责任的，人民法院应予支持。

第二十九条　人民法院采取诉前证据保全措施后，当事人向其他有管辖权的人民法院提起诉讼的，采取保全措施的人民法院应当根据当事人的申请，将保全的证据及时移交受理案件的人民法院。

第三十条　人民法院在审理案件过程中认为待证事实需要通过鉴定意见证明的，应当向当事人释明，并指定提出鉴定申请的期间。

符合《最高人民法院关于适用〈中华人民共和国民事诉讼法〉的解释》第九十六条第一款规定情形的，人民法院应当依职权委托鉴定。

第三十一条　当事人申请鉴定，应当在人民法院指定期间内提出，并预交鉴定费用。逾期不提出申请或者不预交鉴定费用的，视为放弃申请。

对需要鉴定的待证事实负有举证责任的当事人，在人民法院指定期间内无正当理由不提出鉴定申请或者不预交鉴定费用，或者拒不提供相关材料，致使待证事实无法查明的，应当承担举证不能的法律后果。

第三十二条　人民法院准许鉴定申请的，应当组织双方当事人协商确定具备相应资格的鉴定人。当事人协商不成的，由人民法院指定。

人民法院依职权委托鉴定的，可以在询问当事人的意见后，指定具备相应资格的鉴定人。

人民法院在确定鉴定人后应当出具委托书，委托书中应当载明鉴定事项、鉴定范围、鉴定目的和鉴定期限。

第三十三条 鉴定开始之前，人民法院应当要求鉴定人签署承诺书。承诺书中应当载明鉴定人保证客观、公正、诚实地进行鉴定，保证出庭作证，如作虚假鉴定应当承担法律责任等内容。

鉴定人故意作虚假鉴定的，人民法院应当责令其退还鉴定费用，并根据情节，依照民事诉讼法第一百一十一条的规定进行处罚。

第三十四条 人民法院应当组织当事人对鉴定材料进行质证。未经质证的材料，不得作为鉴定的根据。

经人民法院准许，鉴定人可以调取证据、勘验物证和现场、询问当事人或者证人。

第三十五条 鉴定人应当在人民法院确定的期限内完成鉴定，并提交鉴定书。

鉴定人无正当理由未按期提交鉴定书的，当事人可以申请人民法院另行委托鉴定人进行鉴定。人民法院准许的，原鉴定人已经收取的鉴定费用应当退还；拒不退还的，依照本规定第八十一条第二款的规定处理。

第三十六条 人民法院对鉴定人出具的鉴定书，应当审查是否具有下列内容：

（一）委托法院的名称；

（二）委托鉴定的内容、要求；

（三）鉴定材料；

（四）鉴定所依据的原理、方法；

（五）对鉴定过程的说明；

（六）鉴定意见；

（七）承诺书。

鉴定书应当由鉴定人签名或者盖章，并附鉴定人的相应资格证明。委托机构鉴定的，鉴定书应当由鉴定机构盖章，并由从事鉴定的人员签名。

第三十七条　人民法院收到鉴定书后，应当及时将副本送交当事人。

当事人对鉴定书的内容有异议的，应当在人民法院指定期间内以书面方式提出。

对于当事人的异议，人民法院应当要求鉴定人作出解释、说明或者补充。人民法院认为有必要的，可以要求鉴定人对当事人未提出异议的内容进行解释、说明或者补充。

第三十八条　当事人在收到鉴定人的书面答复后仍有异议的，人民法院应当根据《诉讼费用交纳办法》第十一条的规定，通知有异议的当事人预交鉴定人出庭费用，并通知鉴定人出庭。有异议的当事人不预交鉴定人出庭费用的，视为放弃异议。

双方当事人对鉴定意见均有异议的，分摊预交鉴定人出庭费用。

第三十九条　鉴定人出庭费用按照证人出庭作证费用的标准计算，由败诉的当事人负担。因鉴定意见不明确或者有瑕疵需要鉴定人出庭的，出庭费用由其自行负担。

人民法院委托鉴定时已经确定鉴定人出庭费用包含在鉴定费用中的，不再通知当事人预交。

第四十条　当事人申请重新鉴定，存在下列情形之一的，人民法院应当准许：

（一）鉴定人不具备相应资格的；

（二）鉴定程序严重违法的；

（三）鉴定意见明显依据不足的；

（四）鉴定意见不能作为证据使用的其他情形。

存在前款第一项至第三项情形的，鉴定人已经收取的鉴定费用应当退还。拒不退还的，依照本规定第八十一条第二款的规定处理。

对鉴定意见的瑕疵，可以通过补正、补充鉴定或者补充质证、重新质证等方法解决的，人民法院不予准许重新鉴定的申请。

重新鉴定的，原鉴定意见不得作为认定案件事实的根据。

第四十一条　对于一方当事人就专门性问题自行委托有关机构或者人员出具的意见，另一方当事人有证据或者理由足以反驳并申请鉴定的，人民法院应予准许。

第四十二条 鉴定意见被采信后，鉴定人无正当理由撤销鉴定意见的，人民法院应当责令其退还鉴定费用，并可以根据情节，依照民事诉讼法第一百一十一条的规定对鉴定人进行处罚。当事人主张鉴定人负担由此增加的合理费用的，人民法院应予支持。

人民法院采信鉴定意见后准许鉴定人撤销的，应当责令其退还鉴定费用。

第四十三条 人民法院应当在勘验前将勘验的时间和地点通知当事人。当事人不参加的，不影响勘验进行。

当事人可以就勘验事项向人民法院进行解释和说明，可以请求人民法院注意勘验中的重要事项。

人民法院勘验物证或者现场，应当制作笔录，记录勘验的时间、地点、勘验人、在场人、勘验的经过、结果，由勘验人、在场人签名或者盖章。对于绘制的现场图应当注明绘制的时间、方位、测绘人姓名、身份等内容。

第四十四条 摘录有关单位制作的与案件事实相关的文件、材料，应当注明出处，并加盖制作单位或者保管单位的印章，摘录人和其他调查人员应当在摘录件上签名或者盖章。

摘录文件、材料应当保持内容相应的完整性。

第四十五条 当事人根据《最高人民法院关于适用〈中华人民共和国民事诉讼法〉的解释》第一百一十二条的规定申请人民法院责令对方当事人提交书证的，申请书应当载明所申请提交的书证名称或者内容、需要以该书证证明的事实及事实的重要性、对方当事人控制该书证的根据以及应当提交该书证的理由。

对方当事人否认控制书证的，人民法院应当根据法律规定、习惯等因素，结合案件的事实、证据，对于书证是否在对方当事人控制之下的事实作出综合判断。

第四十六条 人民法院对当事人提交书证的申请进行审查时，应当听取对方当事人的意见，必要时可以要求双方当事人提供证据、进行辩论。

当事人申请提交的书证不明确、书证对于待证事实的证明无必要、待证事实对于裁判结果无实质性影响、书证未在对方当事人控制之下或者不符合本规定第四十七条情形的，人民法院不予准许。

当事人申请理由成立的，人民法院应当作出裁定，责令对方当事人提交书证；理由不成立的，通知申请人。

第四十七条　下列情形，控制书证的当事人应当提交书证：

（一）控制书证的当事人在诉讼中曾经引用过的书证；

（二）为对方当事人的利益制作的书证；

（三）对方当事人依照法律规定有权查阅、获取的书证；

（四）账簿、记账原始凭证；

（五）人民法院认为应当提交书证的其他情形。

前款所列书证，涉及国家秘密、商业秘密、当事人或第三人的隐私，或者存在法律规定应当保密的情形的，提交后不得公开质证。

第四十八条　控制书证的当事人无正当理由拒不提交书证的，人民法院可以认定对方当事人所主张的书证内容为真实。

控制书证的当事人存在《最高人民法院关于适用〈中华人民共和国民事诉讼法〉的解释》第一百一十三条规定情形的，人民法院可以认定对方当事人主张以该书证证明的事实为真实。

三、举证时限与证据交换

第四十九条　被告应当在答辩期届满前提出书面答辩，阐明其对原告诉讼请求及所依据的事实和理由的意见。

第五十条　人民法院应当在审理前的准备阶段向当事人送达举证通知书。

举证通知书应当载明举证责任的分配原则和要求、可以向人民法院申请调查收集证据的情形、人民法院根据案件情况指定的举证期限以及逾期提供证据的法律后果等内容。

第五十一条　举证期限可以由当事人协商，并经人民法院准许。

人民法院指定举证期限的，适用第一审普通程序审理的案件不得少于十五日，当事人提供新的证据的第二审案件不得少于十日。适用简易程序审理的案件不得超过十五日，小额诉讼案件的举证期限一般不得超过七日。

举证期限届满后，当事人提供反驳证据或者对已经提供的证据的来源、形式等方面的瑕疵进行补正的，人民法院可以酌情再次确定举证期限，该期限不受前款规定的期间限制。

第五十二条 当事人在举证期限内提供证据存在客观障碍，属于民事诉讼法第六十五条第二款规定的“当事人在该期限内提供证据确有困难”的情形。

前款情形，人民法院应当根据当事人的举证能力、不能在举证期限内提供证据的原因等因素综合判断。必要时，可以听取对方当事人的意见。

第五十三条 诉讼过程中，当事人主张的法律关系性质或者民事行为效力与人民法院根据案件事实作出的认定不一致的，人民法院应当将法律关系性质或者民事行为效力作为焦点问题进行审理。但法律关系性质对裁判理由及结果没有影响，或者有关问题已经当事人充分辩论的除外。

存在前款情形，当事人根据法庭审理情况变更诉讼请求的，人民法院应当准许并可以根据案件的具体情况重新指定举证期限。

第五十四条 当事人申请延长举证期限的，应当在举证期限届满前向人民法院提出书面申请。

申请理由成立的，人民法院应当准许，适当延长举证期限，并通知其他当事人。延长的举证期限适用于其他当事人。

申请理由不成立的，人民法院不予准许，并通知申请人。

第五十五条 存在下列情形的，举证期限按照如下方式确定：

（一）当事人依照民事诉讼法第一百二十七条规定提出管辖权异议的，举证期限中止，自驳回管辖权异议的裁定生效之日起恢复计算；

（二）追加当事人、有独立请求权的第三人参加诉讼或者无独立请求权的第三人经人民法院通知参加诉讼的，人民法院应当依照本规定第五十一条的规定为新参加诉讼的当事人确定举证期限，该举证期限适用于其他当事人；

（三）发回重审的案件，第一审人民法院可以结合案件具体情况和发回重审的原因，酌情确定举证期限；

（四）当事人增加、变更诉讼请求或者提出反诉的，人民法院应当根据案件具体情况重新确定举证期限；

（五）公告送达的，举证期限自公告期届满之次日起计算。

第五十六条 人民法院依照民事诉讼法第一百三十三条第四项的规定，通过组织证据交换进行审理前准备的，证据交换之日举证期限届满。

证据交换的时间可以由当事人协商一致并经人民法院认可，也可以由人民法院指定。当事人申请延期举证经人民法院准许的，证据交换日相应顺延。

第五十七条　证据交换应当在审判人员的主持下进行。

在证据交换的过程中，审判人员对当事人无异议的事实、证据应当记录在卷；对有异议的证据，按照需要证明的事实分类记录在卷，并记载异议的理由。通过证据交换，确定双方当事人争议的主要问题。

第五十八条　当事人收到对方的证据后有反驳证据需要提交的，人民法院应当再次组织证据交换。

第五十九条　人民法院对逾期提供证据的当事人处以罚款的，可以结合当事人逾期提供证据的主观过错程度、导致诉讼迟延的情况、诉讼标的金额等因素，确定罚款数额。

四、质证

第六十条　当事人在审理前的准备阶段或者人民法院调查、询问过程中发表过质证意见的证据，视为质证过的证据。

当事人要求以书面方式发表质证意见，人民法院在听取对方当事人意见后认为有必要的，可以准许。人民法院应当及时将书面质证意见送交对方当事人。

第六十一条　对书证、物证、视听资料进行质证时，当事人应当出示证据的原件或者原物。但有下列情形之一的除外：

（一）出示原件或者原物确有困难并经人民法院准许出示复制件或者复制品的；

（二）原件或者原物已不存在，但有证据证明复制件、复制品与原件或者原物一致的。

第六十二条　质证一般按下列顺序进行：

（一）原告出示证据，被告、第三人与原告进行质证；

（二）被告出示证据，原告、第三人与被告进行质证；

（三）第三人出示证据，原告、被告与第三人进行质证。

人民法院根据当事人申请调查收集的证据，审判人员对调查收集证据的情况进行说明后，由提出申请的当事人与对方当事人、第三人进行质证。

人民法院依职权调查收集的证据，由审判人员对调查收集证据的情况进行说明后，听取当事人的意见。

第六十三条 当事人应当就案件事实作真实、完整的陈述。

当事人的陈述与此前陈述不一致的，人民法院应当责令其说明理由，并结合当事人的诉讼能力、证据和案件具体情况进行审查认定。

当事人故意作虚假陈述妨碍人民法院审理的，人民法院应当根据情节，依照民事诉讼法第一百一十一条的规定进行处罚。

第六十四条 人民法院认为有必要的，可以要求当事人本人到场，就案件的有关事实接受询问。

人民法院要求当事人到场接受询问的，应当通知当事人询问的时间、地点、拒不到场的后果等内容。

第六十五条 人民法院应当在询问前责令当事人签署保证书并宣读保证书的内容。

保证书应当载明保证据实陈述，绝无隐瞒、歪曲、增减，如有虚假陈述应当接受处罚等内容。当事人应当在保证书上签名、捺印。

当事人有正当理由不能宣读保证书的，由书记员宣读并进行说明。

第六十六条 当事人无正当理由拒不到场、拒不签署或宣读保证书或者拒不接受询问的，人民法院应当综合案件情况，判断待证事实的真伪。待证事实无其他证据证明的，人民法院应当作出不利于该当事人的认定。

第六十七条 不能正确表达意思的人，不能作为证人。

待证事实与其年龄、智力状况或者精神健康状况相适应的无民事行为能力人和限制民事行为能力人，可以作为证人。

第六十八条 人民法院应当要求证人出庭作证，接受审判人员和当事人的询问。证人在审理前的准备阶段或者人民法院调查、询问等双方当事人在场时陈述证言的，视为出庭作证。

双方当事人同意证人以其他方式作证并经人民法院准许的，证人可以不出庭作证。

无正当理由未出庭的证人以书面等方式提供的证言，不得作为认定案件事实的根据。

第六十九条　当事人申请证人出庭作证的，应当在举证期限届满前向人民法院提交申请书。

申请书应当载明证人的姓名、职业、住所、联系方式，作证的主要内容，作证内容与待证事实的关联性，以及证人出庭作证的必要性。

符合《最高人民法院关于适用〈中华人民共和国民事诉讼法〉的解释》第九十六条第一款规定情形的，人民法院应当依职权通知证人出庭作证。

第七十条　人民法院准许证人出庭作证申请的，应当向证人送达通知书并告知双方当事人。通知书中应当载明证人作证的时间、地点，作证的事项、要求以及作伪证的法律后果等内容。

当事人申请证人出庭作证的事项与待证事实无关，或者没有通知证人出庭作证必要的，人民法院不予准许当事人的申请。

第七十一条　人民法院应当要求证人在作证之前签署保证书，并在法庭上宣读保证书的内容。但无民事行为能力人和限制民事行为能力人作为证人的除外。

证人确有正当理由不能宣读保证书的，由书记员代为宣读并进行说明。

证人拒绝签署或者宣读保证书的，不得作证，并自行承担相关费用。

证人保证书的内容适用当事人保证书的规定。

第七十二条　证人应当客观陈述其亲身感知的事实，作证时不得使用猜测、推断或者评论性语言。

证人作证前不得旁听法庭审理，作证时不得以宣读事先准备的书面材料的方式陈述证言。

证人言辞表达有障碍的，可以通过其他表达方式作证。

第七十三条　证人应当就其作证的事项进行连续陈述。

当事人及其法定代理人、诉讼代理人或者旁听人员干扰证人陈述的，人民法院应当及时制止，必要时可以依照民事诉讼法第一百一十条的规定进行处罚。

第七十四条　审判人员可以对证人进行询问。当事人及其诉讼代理人经审判人员许可后可以询问证人。

询问证人时其他证人不得在场。

人民法院认为有必要的，可以要求证人之间进行对质。

第七十五条 证人出庭作证后，可以向人民法院申请支付证人出庭作证费用。证人有困难需要预先支取出庭作证费用的，人民法院可以根据证人的申请在出庭作证前支付。

第七十六条 证人确有困难不能出庭作证，申请以书面证言、视听传输技术或者视听资料等方式作证的，应当向人民法院提交申请书。申请书中应当载明不能出庭的具体原因。

符合民事诉讼法第七十三条规定情形的，人民法院应当准许。

第七十七条 证人经人民法院准许，以书面证言方式作证的，应当签署保证书；以视听传输技术或者视听资料方式作证的，应当签署保证书并宣读保证书的内容。

第七十八条 当事人及其诉讼代理人对证人的询问与待证事实无关，或者存在威胁、侮辱证人或不适当引导等情形的，审判人员应当及时制止。必要时可以依照民事诉讼法第一百一十条、第一百一十一条的规定进行处罚。

证人故意作虚假陈述，诉讼参与人或者其他人以暴力、威胁、贿买等方法妨碍证人作证，或者在证人作证后以侮辱、诽谤、诬陷、恐吓、殴打等方式对证人打击报复的，人民法院应当根据情节，依照民事诉讼法第一百一十一条的规定，对行为人进行处罚。

第七十九条 鉴定人依照民事诉讼法第七十八条的规定出庭作证的，人民法院应当在开庭审理三日前将出庭的时间、地点及要求通知鉴定人。

委托机构鉴定的，应当由从事鉴定的人员代表机构出庭。

第八十条 鉴定人应当就鉴定事项如实答复当事人的异议和审判人员的询问。当庭答复确有困难的，经人民法院准许，可以在庭审结束后书面答复。

人民法院应当及时将书面答复送交当事人，并听取当事人的意见。必要时，可以再次组织质证。

第八十一条 鉴定人拒不出庭作证的，鉴定意见不得作为认定案件事实的根据。人民法院应当建议有关主管部门或者组织对拒不出庭作证的鉴定人予以处罚。

当事人要求退还鉴定费用的，人民法院应当在三日内作出裁定，责令鉴定人退还；拒不退还的，由人民法院依法执行。

当事人因鉴定人拒不出庭作证申请重新鉴定的，人民法院应当准许。

第八十二条 经法庭许可，当事人可以询问鉴定人、勘验人。

询问鉴定人、勘验人不得使用威胁、侮辱等不适当的言语和方式。

第八十三条 当事人依照民事诉讼法第七十九条和《最高人民法院关于适用〈中华人民共和国民事诉讼法〉的解释》第一百二十二条的规定，申请有专门知识的人出庭的，申请书中应当载明有专门知识的人的基本情况和申请的目的。

人民法院准许当事人申请的，应当通知双方当事人。

第八十四条 审判人员可以对有专门知识的人进行询问。经法庭准许，当事人可以对有专门知识的人进行询问，当事人各自申请的有专门知识的人可以就案件中的有关问题进行对质。

有专门知识的人不得参与对鉴定意见质证或者就专业问题发表意见之外的法庭审理活动。

五、证据的审核认定

第八十五条 人民法院应当以证据能够证明的案件事实为根据依法作出裁判。

审判人员应当依照法定程序，全面、客观地审核证据，依据法律的规定，遵循法官职业道德，运用逻辑推理和日常生活经验，对证据有无证明力和证明力大小独立进行判断，并公开判断的理由和结果。

第八十六条 当事人对于欺诈、胁迫、恶意串通事实的证明，以及对于口头遗嘱或赠与事实的证明，人民法院确信该待证事实存在的可能性能够排除合理怀疑的，应当认定该事实存在。

与诉讼保全、回避等程序事项有关的事实，人民法院结合当事人的说明及相关证据，认为有关事实存在的可能性较大的，可以认定该事实存在。

第八十七条 审判人员对单一证据可以从下列方面进行审核认定：

（一）证据是否为原件、原物，复制件、复制品与原件、原物是否相符；

（二）证据与本案事实是否相关；

（三）证据的形式、来源是否符合法律规定；

（四）证据的内容是否真实；

（五）证人或者提供证据的人与当事人有无利害关系。

第八十八条 审判人员对案件的全部证据，应当从各证据与案件事实的关联程度、各证据之间的联系等方面进行综合审查判断。

第八十九条 当事人在诉讼过程中认可的证据，人民法院应当予以确认。但法律、司法解释另有规定的除外。

当事人对认可的证据反悔的，参照《最高人民法院关于适用〈中华人民共和国民事诉讼法〉的解释》第二百二十九条的规定处理。

第九十条 下列证据不能单独作为认定案件事实的根据：

（一）当事人的陈述；

（二）无民事行为能力人或者限制民事行为能力人所作的与其年龄、智力状况或者精神健康状况不相当的证言；

（三）与一方当事人或者其代理人有利害关系的证人陈述的证言；

（四）存有疑点的视听资料、电子数据；

（五）无法与原件、原物核对的复制件、复制品。

第九十一条 公文书证的制作者根据文书原件制作的载有部分或者全部内容的副本，与正本具有相同的证明力。

在国家机关存档的文件，其复制件、副本、节录本经档案部门或者制作原本的机关证明其内容与原本一致的，该复制件、副本、节录本具有与原本相同的证明力。

第九十二条 私文书证的真实性，由主张以私文书证证明案件事实的当事人承担举证责任。

私文书证由制作者或者其代理人签名、盖章或捺印的，推定为真实。

私文书证上有删除、涂改、增添或者其他形式瑕疵的，人民法院应当综合案件的具体情况判断其证明力。

第九十三条 人民法院对于电子数据的真实性，应当结合下列因素综合判断：

（一）电子数据的生成、存储、传输所依赖的计算机系统的硬件、软件环境是否完整、可靠；

（二）电子数据的生成、存储、传输所依赖的计算机系统的硬件、软件环境是否处于正常运行状态，或者不处于正常运行状态时对电子数据的生成、存储、传输是否有影响；

（三）电子数据的生成、存储、传输所依赖的计算机系统的硬件、软件环境是否具备有效的防止出错的监测、核查手段；

（四）电子数据是否被完整地保存、传输、提取，保存、传输、提取的方法是否可靠；

（五）电子数据是否在正常的往来活动中形成和存储；

（六）保存、传输、提取电子数据的主体是否适当；

（七）影响电子数据完整性和可靠性的其他因素。

人民法院认为有必要的，可以通过鉴定或者勘验等方法，审查判断电子数据的真实性。

第九十四条　电子数据存在下列情形的，人民法院可以确认其真实性，但有足以反驳的相反证据的除外：

（一）由当事人提交或者保管的于己不利的电子数据；

（二）由记录和保存电子数据的中立第三方平台提供或者确认的；

（三）在正常业务活动中形成的；

（四）以档案管理方式保管的；

（五）以当事人约定的方式保存、传输、提取的。

电子数据的内容经公证机关公证的，人民法院应当确认其真实性，但有相反证据足以推翻的除外。

第九十五条　一方当事人控制证据无正当理由拒不提交，对待证事实负有举证责任的当事人主张该证据的内容不利于控制人的，人民法院可以认定该主张成立。

第九十六条　人民法院认定证人证言，可以通过对证人的智力状况、品德、知识、经验、法律意识和专业技能等的综合分析作出判断。

第九十七条　人民法院应当在裁判文书中阐明证据是否采纳的理由。

对当事人无争议的证据，是否采纳的理由可以不在裁判文书中表述。

六、其他

第九十八条 对证人、鉴定人、勘验人的合法权益依法予以保护。

当事人或者其他诉讼参与人伪造、毁灭证据，提供虚假证据，阻止证人作证，指使、贿买、胁迫他人作伪证，或者对证人、鉴定人、勘验人打击报复的，依照民事诉讼法第一百一十条、第一百一十一条的规定进行处罚。

第九十九条 本规定对证据保全没有规定的，参照适用法律、司法解释关于财产保全的规定。

除法律、司法解释另有规定外，对当事人、鉴定人、有专门知识的人的询问参照适用本规定中关于询问证人的规定；关于书证的规定适用于视听资料、电子数据；存储在电子计算机等电子介质中的视听资料，适用电子数据的规定。

第一百条 本规定自 2020 年 5 月 1 日起施行。

本规定公布施行后，最高人民法院以前发布的司法解释与本规定不一致的，不再适用。

第九节 《全国人民代表大会常务委员会关于司法鉴定管理问题的决定》（2015年4月24日修正）

一、司法鉴定是指在诉讼活动中鉴定人运用科学技术或者专门知识对诉讼涉及的专门性问题进行鉴别和判断并提供鉴定意见的活动。

五、法人或者其他组织申请从事司法鉴定业务的，应当具备下列条件：

（一）有明确的业务范围；

（二）有在业务范围内进行司法鉴定所必需的仪器、设备；

（三）有在业务范围内进行司法鉴定所必需的依法通过计量认证或者实验室认可的检测实验室；

（四）每项司法鉴定业务有三名以上鉴定人。

六、申请从事司法鉴定业务的个人、法人或者其他组织，由省级人民政府司法行政部门审核，对符合条件的予以登记，编入鉴定人和鉴定机构名册并公告。

省级人民政府司法行政部门应当根据鉴定人或者鉴定机构的增加和撤销登记情况，定期更新所编制的鉴定人和鉴定机构名册并公告。

八、各鉴定机构之间没有隶属关系；鉴定机构接受委托从事司法鉴定业务，不受地域范围的限制。

鉴定人应当在一个鉴定机构中从事司法鉴定业务。

九、在诉讼中，对本决定第二条所规定的鉴定事项发生争议，需要鉴定的，应当委托列入鉴定人名册的鉴定人进行鉴定。鉴定人从事司法鉴定业务，由所在的鉴定机构统一接受委托。

鉴定人和鉴定机构应当在鉴定人和鉴定机构名册注明的业务范围内从事司法鉴定业务。

鉴定人应当依照诉讼法律规定实行回避。

十、司法鉴定实行鉴定人负责制度。鉴定人应当独立进行鉴定，对鉴定意见负责并在鉴定书上签名或者盖章。多人参加的鉴定，对鉴定意见有不同意见的，应当注明。

十一、在诉讼中，当事人对鉴定意见有异议的，经人民法院依法通知，鉴定人应当出庭作证。

十二、鉴定人和鉴定机构从事司法鉴定业务，应当遵守法律、法规，遵守职业道德和职业纪律，尊重科学，遵守技术操作规范。

十三、鉴定人或者鉴定机构有违反本决定规定行为的，由省级人民政府司法行政部门予以警告，责令改正。

鉴定人或者鉴定机构有下列情形之一的，由省级人民政府司法行政部门给予停止从事司法鉴定业务三个月以上一年以下的处罚；情节严重的，撤销登记：

（一）因严重不负责任给当事人合法权益造成重大损失的；

（二）提供虚假证明文件或者采取其他欺诈手段，骗取登记的；

（三）经人民法院依法通知，拒绝出庭作证的；

（四）法律、行政法规规定的其他情形。

鉴定人故意作虚假鉴定，构成犯罪的，依法追究刑事责任；尚不构成犯罪的，依照前款规定处罚。

第十节 《人民法院对外委托司法鉴定管理规定》（法释［2002］8号）摘选

第二条　人民法院司法鉴定机构负责统一对外委托和组织司法鉴定。未设司法鉴定机构的人民法院，可在司法行政管理部门配备专职司法鉴定人员，并由司法行政管理部门代行对外委托司法鉴定的职责。

第三条　人民法院司法鉴定机构建立社会鉴定机构和鉴定人（以下简称鉴定人）名册，根据鉴定对象对专业技术的要求，随机选择和委托鉴定人进行司法鉴定。

第十条　人民法院司法鉴定机构依据尊重当事人选择和人民法院指定相结合的原则，组织诉讼双方当事人进行司法鉴定的对外委托。

诉讼双方当事人协商不一致的，由人民法院司法鉴定机构在列入名册的、符合鉴定要求的鉴定人中，选择受委托人鉴定。

第十一条　司法鉴定所涉及的专业未纳入名册时，人民法院司法鉴定机构可以从社会相关专业中，择优选定受委托单位或专业人员进行鉴定。如果被选定的单位或专业人员需要进入鉴定人名册的，仍应当呈报上一级人民法院司法鉴定机构批准。

第十二条　遇有鉴定人应当回避等情形时，有关人民法院司法鉴定机构应当重新选择鉴定人。

第十三条　人民法院司法鉴定机构对外委托鉴定的，应当指派专人负责协调，主动了解鉴定的有关情况，及时处理可能影响鉴定的问题。

第十四条　接受委托的鉴定人认为需要补充鉴定材料时，如果由申请鉴定的当事人提供确有困难的，可以向有关人民法院司法鉴定机构提出请求，由人民法院决定依据职权采集鉴定材料。

第十五条　鉴定人应当依法履行出庭接受质询的义务。人民法院司法鉴定机构应当协调鉴定人做好出庭工作。

第十一节 《司法鉴定程序通则》（2015 年 12 月 24 日修订）摘选

第二条 司法鉴定是指在诉讼活动中鉴定人运用科学技术或者专门知识对诉讼涉及的专门性问题进行鉴别和判断并提供鉴定意见的活动。司法鉴定程序是指司法鉴定机构和司法鉴定人进行司法鉴定活动的方式、步骤以及相关规则的总称。

第三条 本通则适用于司法鉴定机构和司法鉴定人从事各类司法鉴定业务的活动。

第四条 司法鉴定机构和司法鉴定人进行司法鉴定活动，应当遵守法律、法规、规章，遵守职业道德和执业纪律，尊重科学，遵守技术操作规范。

第五条 司法鉴定实行鉴定人负责制度。司法鉴定人应当依法独立、客观、公正地进行鉴定，并对自己作出的鉴定意见负责。司法鉴定人不得违反规定会见诉讼当事人及其委托的人。

第六条 司法鉴定机构和司法鉴定人应当保守在执业活动中知悉的国家秘密、商业秘密，不得泄露个人隐私。

第七条 司法鉴定人在执业活动中应当依照有关诉讼法律和本通则规定实行回避。

第八条 司法鉴定收费执行国家有关规定。

第九条 司法鉴定机构和司法鉴定人进行司法鉴定活动应当依法接受监督。对于有违反有关法律、法规、规章规定行为的，由司法行政机关依法给予相应的行政处罚；对于有违反司法鉴定行业规范行为的，由司法鉴定协会给予相应的行业处分。

第十条 司法鉴定机构应当加强对司法鉴定人执业活动的管理和监督。司法鉴定人违反本通则规定的，司法鉴定机构应当予以纠正。

第十二条 委托人委托鉴定的，应当向司法鉴定机构提供真实、完整、充分的鉴定材料，并对鉴定材料的真实性、合法性负责。司法鉴定机构应当核对并记录鉴定材料的名称、种类、数量、性状、保存状况、收到时间等。

诉讼当事人对鉴定材料有异议的，应当向委托人提出。

第十三条　司法鉴定机构应当自收到委托之日起七个工作日内作出是否受理的决定。对于复杂、疑难或者特殊鉴定事项的委托，司法鉴定机构可以与委托人协商决定受理的时间。

第十四条　司法鉴定机构应当对委托鉴定事项、鉴定材料等进行审查。对属于本机构司法鉴定业务范围，鉴定用途合法，提供的鉴定材料能够满足鉴定需要的，应当受理。

对于鉴定材料不完整、不充分，不能满足鉴定需要的，司法鉴定机构可以要求委托人补充；经补充后能够满足鉴定需要的，应当受理。

第十五条　具有下列情形之一的鉴定委托，司法鉴定机构不得受理：

（一）委托鉴定事项超出本机构司法鉴定业务范围的；

（二）发现鉴定材料不真实、不完整、不充分或者取得方式不合法的；

（三）鉴定用途不合法或者违背社会公德的；

（四）鉴定要求不符合司法鉴定执业规则或者相关鉴定技术规范的；

（五）鉴定要求超出本机构技术条件或者鉴定能力的；

（六）委托人就同一鉴定事项同时委托其他司法鉴定机构进行鉴定的；

（七）其他不符合法律、法规、规章规定的情形。

第十六条　司法鉴定机构决定受理鉴定委托的，应当与委托人签订司法鉴定委托书。司法鉴定委托书应当载明委托人名称、司法鉴定机构名称、委托鉴定事项、是否属于重新鉴定、鉴定用途、与鉴定有关的基本案情、鉴定材料的提供和退还、鉴定风险，以及双方商定的鉴定时限、鉴定费用及收取方式、双方权利义务等其他需要载明的事项。

第十七条　司法鉴定机构决定不予受理鉴定委托的，应当向委托人说明理由，退还鉴定材料。

第十八条　司法鉴定机构受理鉴定委托后，应当指定本机构具有该鉴定事项执业资格的司法鉴定人进行鉴定。

委托人有特殊要求的，经双方协商一致，也可以从本机构中选择符合条件的司法鉴定人进行鉴定。

委托人不得要求或者暗示司法鉴定机构、司法鉴定人按其意图或者特定目的提供鉴定意见。

第十九条 司法鉴定机构对同一鉴定事项，应当指定或者选择二名司法鉴定人进行鉴定；对复杂、疑难或者特殊鉴定事项，可以指定或者选择多名司法鉴定人进行鉴定。

第二十条 司法鉴定人本人或者其近亲属与诉讼当事人、鉴定事项涉及的案件有利害关系，可能影响其独立、客观、公正进行鉴定的，应当回避。

司法鉴定人曾经参加过同一鉴定事项鉴定的，或者曾经作为专家提供过咨询意见的，或者曾被聘请为有专门知识的人参与过同一鉴定事项法庭质证的，应当回避。

第二十一条 司法鉴定人自行提出回避的，由其所属的司法鉴定机构决定；委托人要求司法鉴定人回避的，应当向该司法鉴定人所属的司法鉴定机构提出，由司法鉴定机构决定。

委托人对司法鉴定机构作出的司法鉴定人是否回避的决定有异议的，可以撤销鉴定委托。

第二十二条 司法鉴定机构应当建立鉴定材料管理制度，严格监控鉴定材料的接收、保管、使用和退还。

司法鉴定机构和司法鉴定人在鉴定过程中应当严格依照技术规范保管和使用鉴定材料，因严重不负责任造成鉴定材料损毁、遗失的，应当依法承担责任。

第二十三条 司法鉴定人进行鉴定，应当依下列顺序遵守和采用该专业领域的技术标准、技术规范和技术方法：

（一）国家标准；

（二）行业标准和技术规范；

（三）该专业领域多数专家认可的技术方法。

第二十四条 司法鉴定人有权了解进行鉴定所需要的案件材料，可以查阅、复制相关资料，必要时可以询问诉讼当事人、证人。

经委托人同意，司法鉴定机构可以派员到现场提取鉴定材料。现场提取鉴定材料应当由不少于二名司法鉴定机构的工作人员进行，其中至少一名应为该鉴定事项的司法鉴定人。现场提取鉴定材料时，应当有委托人指派或者委托的人员在场见证并在提取记录上签名。

第二十七条　司法鉴定人应当对鉴定过程进行实时记录并签名。记录可以采取笔记、录音、录像、拍照等方式。记录应当载明主要的鉴定方法和过程，检查、检验、检测结果，以及仪器设备使用情况等。记录的内容应当真实、客观、准确、完整、清晰，记录的文本资料、音像资料等应当存入鉴定档案。

第二十八条　司法鉴定机构应当自司法鉴定委托书生效之日起三十个工作日内完成鉴定。

鉴定事项涉及复杂、疑难、特殊技术问题或者鉴定过程需要较长时间的，经本机构负责人批准，完成鉴定的时限可以延长，延长时限一般不得超过三十个工作日。鉴定时限延长的，应当及时告知委托人。

司法鉴定机构与委托人对鉴定时限另有约定的，从其约定。

在鉴定过程中补充或者重新提取鉴定材料所需的时间，不计入鉴定时限。

第二十九条　司法鉴定机构在鉴定过程中，有下列情形之一的，可以终止鉴定：

（一）发现有本通则第十五条第二项至第七项规定情形的；

（二）鉴定材料发生耗损，委托人不能补充提供的；

（三）委托人拒不履行司法鉴定委托书规定的义务、被鉴定人拒不配合或者鉴定活动受到严重干扰，致使鉴定无法继续进行的；

（四）委托人主动撤销鉴定委托，或者委托人、诉讼当事人拒绝支付鉴定费用的；

（五）因不可抗力致使鉴定无法继续进行的；

（六）其他需要终止鉴定的情形。

终止鉴定的，司法鉴定机构应当书面通知委托人，说明理由并退还鉴定材料。

第三十条　有下列情形之一的，司法鉴定机构可以根据委托人的要求进行补充鉴定：

（一）原委托鉴定事项有遗漏的；

（二）委托人就原委托鉴定事项提供新的鉴定材料的；

（三）其他需要补充鉴定的情形。

补充鉴定是原委托鉴定的组成部分，应当由原司法鉴定人进行。

第三十一条 有下列情形之一的，司法鉴定机构可以接受办案机关委托进行重新鉴定：

（一）原司法鉴定人不具有从事委托鉴定事项执业资格的；

（二）原司法鉴定机构超出登记的业务范围组织鉴定的；

（三）原司法鉴定人应当回避没有回避的；

（四）办案机关认为需要重新鉴定的；

（五）法律规定的其他情形。

第三十二条 重新鉴定应当委托原司法鉴定机构以外的其他司法鉴定机构进行；因特殊原因，委托人也可以委托原司法鉴定机构进行，但原司法鉴定机构应当指定原司法鉴定人以外的其他符合条件的司法鉴定人进行。

接受重新鉴定委托的司法鉴定机构的资质条件应当不低于原司法鉴定机构，进行重新鉴定的司法鉴定人中应当至少有一名具有相关专业高级专业技术职称。

第三十三条 鉴定过程中，涉及复杂、疑难、特殊技术问题的，可以向本机构以外的相关专业领域的专家进行咨询，但最终的鉴定意见应当由本机构的司法鉴定人出具。

专家提供咨询意见应当签名，并存入鉴定档案。

第三十四条 对于涉及重大案件或者特别复杂、疑难、特殊技术问题或者多个鉴定类别的鉴定事项，办案机关可以委托司法鉴定行业协会组织协调多个司法鉴定机构进行鉴定。

第三十五条 司法鉴定人完成鉴定后，司法鉴定机构应当指定具有相应资质的人员对鉴定程序和鉴定意见进行复核；对于涉及复杂、疑难、特殊技术问题或者重新鉴定的鉴定事项，可以组织三名以上的专家进行复核。

复核人员完成复核后，应当提出复核意见并签名，存入鉴定档案。

第三十六条 司法鉴定机构和司法鉴定人应当按照统一规定的文本格式制作司法鉴定意见书。

第三十七条　司法鉴定意见书应当由司法鉴定人签名。多人参加的鉴定，对鉴定意见有不同意见的，应当注明。

第三十八条　司法鉴定意见书应当加盖司法鉴定机构的司法鉴定专用章。

第四十条　委托人对鉴定过程、鉴定意见提出询问的，司法鉴定机构和司法鉴定人应当给予解释或者说明。

第四十一条　司法鉴定意见书出具后，发现有下列情形之一的，司法鉴定机构可以进行补正：

（一）图像、谱图、表格不清晰的；

（二）签名、盖章或者编号不符合制作要求的；

（三）文字表达有瑕疵或者错别字，但不影响司法鉴定意见的。

补正应当在原司法鉴定意见书上进行，由至少一名司法鉴定人在补正处签名。必要时，可以出具补正书。

对司法鉴定意见书进行补正，不得改变司法鉴定意见的原意。

第四十二条　司法鉴定机构应当按照规定将司法鉴定意见书以及有关资料整理立卷、归档保管。

第四十三条　经人民法院依法通知，司法鉴定人应当出庭作证，回答与鉴定事项有关的问题。

第四十四条　司法鉴定机构接到出庭通知后，应当及时与人民法院确认司法鉴定人出庭的时间、地点、人数、费用、要求等。

第四十五条　司法鉴定机构应当支持司法鉴定人出庭作证，为司法鉴定人依法出庭提供必要条件。

第四十六条　司法鉴定人出庭作证，应当举止文明，遵守法庭纪律。

第十二节 《最高人民法院关于人民法院民事调解工作若干问题的规定》（法释〔2004〕12号）（2020年12月23日第二次修正）摘选

第二条 当事人在诉讼过程中自行达成和解协议的，人民法院可以根据当事人的申请依法确认和解协议制作调解书。双方当事人申请庭外和解的期间，不计入审限。

当事人在和解过程中申请人民法院对和解活动进行协调的，人民法院可以委派审判辅助人员或者邀请、委托有关单位和个人从事协调活动。

第三条 人民法院应当在调解前告知当事人主持调解人员和书记员姓名以及是否申请回避等有关诉讼权利和诉讼义务。

第四条 在答辩期满前人民法院对案件进行调解，适用普通程序的案件在当事人同意调解之日起15天内，适用简易程序的案件在当事人同意调解之日起7天内未达成调解协议的，经各方当事人同意，可以继续调解。延长的调解期间不计入审限。

第五条 当事人申请不公开进行调解的，人民法院应当准许。

调解时当事人各方应当同时在场，根据需要也可以对当事人分别作调解工作。

第六条 当事人可以自行提出调解方案，主持调解的人员也可以提出调解方案供当事人协商时参考。

第七条 调解协议内容超出诉讼请求的，人民法院可以准许。

第八条 人民法院对于调解协议约定一方不履行协议应当承担民事责任的，应予准许。

调解协议约定一方不履行协议，另一方可以请求人民法院对案件作出裁判的条款，人民法院不予准许。

第十条　调解协议具有下列情形之一的，人民法院不予确认：

（一）侵害国家利益、社会公共利益的；

（二）侵害案外人利益的；

（三）违背当事人真实意思的；

（四）违反法律、行政法规禁止性规定的。

第十一条　当事人不能对诉讼费用如何承担达成协议的，不影响调解协议的效力。人民法院可以直接决定当事人承担诉讼费用的比例，并将决定记入调解书。

第十二条　对调解书的内容既不享有权利又不承担义务的当事人不签收调解书的，不影响调解书的效力。

第十三条　当事人以民事调解书与调解协议的原意不一致为由提出异议，人民法院审查后认为异议成立的，应当根据调解协议裁定补正民事调解书的相关内容。

第十四条　当事人就部分诉讼请求达成调解协议的，人民法院可以就此先行确认并制作调解书。

当事人就主要诉讼请求达成调解协议，请求人民法院对未达成协议的诉讼请求提出处理意见并表示接受该处理结果的，人民法院的处理意见是调解协议的一部分内容，制作调解书的记入调解书。

第十三节　最高人民法院关于统一法律适用加强类案检索的指导意见（试行）（2020年7月）

为统一法律适用，提升司法公信力，结合审判工作实际，就人民法院类案检索工作提出如下意见。

一、本意见所称类案，是指与待决案件在基本事实、争议焦点、法律适用问题等方面具有相似性，且已经人民法院裁判生效的案件。

二、人民法院办理案件具有下列情形之一，应当进行类案检索：

（一）拟提交专业（主审）法官会议或者审判委员会讨论的；

（二）缺乏明确裁判规则或者尚未形成统一裁判规则的；

（三）院长、庭长根据审判监督管理权限要求进行类案检索的；

（四）其他需要进行类案检索的。

三、承办法官依托中国裁判文书网、审判案例数据库等进行类案检索，并对检索的真实性、准确性负责。

四、类案检索范围一般包括：

（一）最高人民法院发布的指导性案例；

（二）最高人民法院发布的典型案例及裁判生效的案件；

（三）本省（自治区、直辖市）高级人民法院发布的参考性案例及裁判生效的案件；

（四）上一级人民法院及本院裁判生效的案件。

除指导性案例以外，优先检索近三年的案例或者案件；已经在前一顺位中检索到类案的，可以不再进行检索。

五、类案检索可以采用关键词检索、法条关联案件检索、案例关联检索等方法。

六、承办法官应当将待决案件与检索结果进行相似性识别和比对，确定是否属于类案。

七、对本意见规定的应当进行类案检索的案件，承办法官应当在合议庭评议、专业（主审）法官会议讨论及审理报告中对类案检索情况予以说明，或者制作专门的类案检索报告，并随案归档备查。

八、类案检索说明或者报告应当客观、全面、准确，包括检索主体、时间、平台、方法、结果，类案裁判要点以及待决案件争议焦点等内容，并对是否参照或者参考类案等结果运用情况予以分析说明。

九、检索到的类案为指导性案例的，人民法院应当参照作出裁判，但与新的法律、行政法规、司法解释相冲突或者为新的指导性案例所取代的除外。

检索到其他类案的，人民法院可以作为作出裁判的参考。

十、公诉机关、案件当事人及其辩护人、诉讼代理人等提交指导性案例作为控（诉）辩理由的，人民法院应当在裁判文书说理中回应是否参照并说明理由；提交其他类案作为控（诉）辩理由的，人民法院可以通过释明等方式予以回应。

十一、检索到的类案存在法律适用不一致的，人民法院可以综合法院层级、裁判时间、是否经审判委员会讨论等因素，依照《最高人民法院关于建立法律适用分歧解决机制的实施办法》等规定，通过法律适用分歧解决机制予以解决。

十二、各级人民法院应当积极推进类案检索工作，加强技术研发和应用培训，提升类案推送的智能化、精准化水平。

各高级人民法院应当充分运用现代信息技术，建立审判案例数据库，为全国统一、权威的审判案例数据库建设奠定坚实基础。

十三、各级人民法院应当定期归纳整理类案检索情况，通过一定形式在本院或者辖区法院公开，供法官办案参考，并报上一级人民法院审判管理部门备案。

十四、本意见自 2020 年 7 月 31 日起试行。

第十四节 《最高人民法院统一法律适用工作实施办法》（法〔2021〕289号）摘选

为进一步规范最高人民法院统一法律适用工作，确保法律统一正确实施，维护司法公正、提升司法公信力，结合最高人民法院审判执行工作实际，制定本办法。

第一条 本办法所称统一法律适用工作，包括起草制定司法解释或其他规范性文件、发布案例、落实类案检索制度、召开专业法官会议讨论案件等推进法律统一正确实施的各项工作。

第二条 最高人民法院审判委员会（以下简称审委会）负责最高人民法院统一法律适用工作。

各部门根据职能分工，负责起草制定司法解释、发布案例等统一法律适用工作。

审判管理办公室（以下简称审管办）负责统一法律适用的统筹规划、统一推进、协调管理等工作。

第三条 各审判业务部门办理审判执行案件，应当严格遵守法定程序，遵循证据规则，正确适用法律，确保法律统一正确实施。

第四条 各部门根据职能分工，对法律适用疑难问题和不统一等情形，应当及时总结经验，通过答复、会议纪要等形式指导司法实践，条件成熟时制定司法解释或其他规范性文件予以规范。

第五条 研究室负责指导性案例的征集、审查、发布、编纂和评估等工作。其他部门发布的典型案例等不得与指导性案例的裁判观点、裁判标准相冲突，不得冠以指导性案例或指导案例等类似名称。

第六条 办理案件具有下列情形之一的，承办法官应当进行类案检索：

（一）拟提交审委会、专业法官会议讨论的；

（二）缺乏明确裁判规则或者尚未形成统一裁判规则的；

（三）重大、疑难、复杂、敏感的；

（四）涉及群体性纠纷或者引发社会广泛关注，可能影响社会稳定的；

（五）与最高人民法院的类案裁判可能发生冲突的；

（六）有关单位或者个人反映法官有违法审判行为的；

（七）最高人民检察院抗诉的；

（八）审理过程中公诉机关、当事人及其辩护人、诉讼代理人提交指导性案例或者最高人民法院生效类案裁判支持其主张的；

（九）院庭长根据审判监督管理权限要求进行类案检索的。

类案检索可以只检索最高人民法院发布的指导性案例和最高人民法院的生效裁判。

第七条　根据本办法第六条规定应当进行类案检索的案件，承办法官应当在审理报告中对类案检索情况予以说明，或者制作专门的类案检索报告。

类案检索说明或者报告应当客观、全面、准确反映类案检索结果，并在合议庭评议或者专业法官会议、赔偿委员会、司法救助委员会、审委会讨论时一并提交。类案检索报告应当随案归入副卷。

第八条　根据本办法第六条规定应当进行类案检索的案件，合议庭应当将案件统一法律适用标准情况纳入评议内容。

审理过程中公诉机关、当事人及其辩护人、诉讼代理人提交指导性案例或者最高人民法院生效类案裁判支持其主张的，合议庭应当将所提交的案例或者生效裁判与待决案件是否属于类案纳入评议内容。

第九条　待决案件在基本案情和法律适用方面与检索到的指导性案例相类似的，合议庭应当参照指导性案例的裁判要点作出裁判。

参照指导性案例的，应当将指导性案例作为裁判理由引述，但不得作为裁判依据引用。在裁判理由部分引述指导性案例的，应当注明指导性案例的编号。

第十条　待决案件拟作出的裁判结果与指导性案例、最高人民法院类案裁判法律适用标准不一致，或者拟作出的裁判结果将形成新的法律适用标准的，合议庭应当建议提交部门专业法官会议讨论；院庭长发现待决案件存在前述情形的，应当依照程序召集部门专业法官会议讨论。

前款规定的案件因涉密等原因不适宜提交专业法官会议讨论的，层报分管院领导批准可以直接提交审委会讨论。

第十一条 最高人民法院建立健全跨部门专业法官会议机制，研究解决跨部门的法律适用分歧或者跨领域的重大法律适用问题。

第十二条 部门专业法官会议和跨部门专业法官会议讨论案件应当形成案件讨论记录和会议纪要。案件讨论记录和会议纪要随案归入副卷。

跨部门专业法官会议纪要分送审委会委员和相关审判业务部门，审管办负责整理存档。

第十三条 各审判业务部门负责人应当按照审判监督管理权限，加强审判管理和业务指导，确保法律适用标准统一。

各审判业务部门应当对合议庭与专业法官会议意见、审委会决定不一致的案件进行分析研究，认真梳理总结审判执行实践中存在的法律适用不统一、不明确问题。审管办应当通过案件质量评查、群众来信等途径及时发现、收集、整理法律适用不统一、不明确问题。

第十四条 对于通过各种途径发现的具体法律适用不统一、不明确问题，审管办可以通过多种形式组织研究，提出解决方案提交审委会讨论，以审委会法律适用问题决议等形式明确具体裁判规则。

第十五条 最高人民法院建立统一法律适用平台及其数据库，审管办、研究室、中国应用法学研究所、人民法院信息技术服务中心根据各自职能分工，负责统一法律适用平台及其数据库的规划、建设、研发、运行维护和升级完善。

第十六条 最高人民法院发布的指导性案例，各审判业务部门的二审案件、再审案件、请示案件、执行复议监督案件，经专业法官会议、赔偿委员会、司法救助委员会、审委会讨论的案件，以及其他具有普遍指导意义的典型案件，裁判文书上网公开后，审管办应当及时组织编纂并纳入统一法律适用平台数据库。

死刑复核案件纳入统一法律适用平台数据库的标准和数量，由各刑事审判庭根据保密要求自行确定。

经专业法官会议讨论的案件，应当纳入统一法律适用平台数据库的，由各审判业务部门指定专人负责定期报送相关案件的专业法官会议纪要，随案纳入统一法律适用平台数据库。

第十七条　对纳入统一法律适用平台数据库的案例，应当及时进行检查清理。

各部门在工作中发现纳入统一法律适用平台数据库的案例已经不具有指导意义和参考价值，或者相关裁判已经被改判、撤销的，应当及时通知审管办进行更新。

第十八条　各部门应当加大对审判人员的业务能力培训，强化审判人员在法律解释、案例分析、类案检索、科技应用等方面能力的培养，全面提升审判人员统一法律适用的能力和水平。

第十九条　审判人员参加专业法官会议、梳理案件裁判规则等情况应当计入工作量。各部门和审判人员推荐或编纂案例被审委会确定为指导性案例，或者对具体法律适用问题的研究意见被审委会采纳形成审委会法律适用问题决议的，可以作为绩效考核时的加分项。

第二十条　本办法自 2021 年 12 月 1 日起施行。